PPT
设计与制作

案例 + 技巧 + 视频

唐莹 / 编著

全能手册

素材文件　结果文件　视频文件

从 Word 文字汇报、Excel 数据分析到 PPT 幻灯片演示

职场实例 · 思维导图 · 技巧速查 · 避坑指南

拓展技能 · 图解步骤 · 视频教学 · 资源附赠

U0234531

北京理工大学出版社
BEIJING INSTITUTE OF TECHNOLOGY PRESS

内 容 简 介

　　熟练使用 PPT 软件制作与设计幻灯片，已成为职场人士必备的职业技能。本书不仅讲解了 PPT 的制作思路、设计理念及相关方法，而且系统地讲解了 PowerPoint 软件的操作技巧。

　　全书共 13 章。首先从新手制作 PPT 的角度出发，讲解了 PPT 软件的操作技巧、颜色搭配与布局技巧、外观与页面设计技巧；然后讲解了 PPT 中文字、图片、图示、表格等元素的应用技巧；最后介绍了 PPT 中音频与视频的应用技巧、幻灯片中的动画与放映技巧等内容。

　　本书既适合无任何 PPT 设计基础的读者学习，也适合有基础但缺乏设计经验与技巧、缺乏设计灵感与美感的读者借鉴。同时，本书还可以作为广大职业院校、PPT 培训班的教材参考用书。

版权专有　侵权必究

图书在版编目（CIP）数据

　　PPT设计与制作全能手册：案例+技巧+视频：从 Word文字汇报、Excel数据分析到PPT幻灯片演示 / 唐莹编著. --北京：北京理工大学出版社，2022.3
　　ISBN 978-7-5763-1166-2

　　Ⅰ. ①P… 　Ⅱ. ①唐… 　Ⅲ. ①图形软件－手册 　Ⅳ. ①TP391.412-62

中国版本图书馆CIP数据核字（2022）第046905号

出版发行 / 北京理工大学出版社有限责任公司	
社　　址 / 北京市海淀区中关村南大街 5 号	
邮　　编 / 100081	
电　　话 / （010）68914775（总编室）	
（010）82562903（教材售后服务热线）	
（010）68944723（其他图书服务热线）	
网　　址 / http://www.bitpress.com.cn	
经　　销 / 全国各地新华书店	
印　　刷 / 三河市中晟雅豪印务有限公司	
开　　本 / 710 毫米 ×1000 毫米　1 / 16	
印　　张 / 17.5	责任编辑 / 曾　仙
字　　数 / 445 千字	文案编辑 / 曾　仙
版　　次 / 2022 年 3 月第 1 版　2022 年 3 月第 1 次印刷	责任校对 / 刘亚男
定　　价 / 89.00 元	责任印制 / 李志强

前　言

PPT 作为一个入门门槛极低，成品效果出色的工具，正被所有"正确认识"它的商业人士广泛运用。在商务办公中，PPT 的设计与制作几乎成为人人必备的一项基本职场技能。日常工作中，PPT 常用在辅助演讲、展示方案报告、项目招投标、产品发布、活动会议、视频宣传等活动中。可以说，PPT 是一个多面手，只要你敢想，很多事情它都可以做。

本书以制作 PPT 的常用软件 PowerPoint 为基础进行介绍，结合当前职场人士在工作中的需求，从 PPT 的制作原则和方法入手，展开介绍 PPT 的常用操作技能。

本书既适合无任何 PPT 设计基础的读者学习，也适合有基础但缺乏设计经验与技巧、缺乏设计灵感与美感的读者借鉴。一书在手，PPT 制作无忧！掌握本书技能，让升职加薪不是梦！

一、本书的内容结构

本书以"PPT 设计"为出发点，以短时间内"提高制作效率"为目标，充分考虑到职场人士和商务精英的实际需求，安排了近 300 个技巧，系统并全面地讲解职场中最常用、最常见的 PPT 设计方法和制作技能。全书共 13 章，具体内容如下：

第 1 ~ 4 章：主要针对 PPT 初学者，以及有一定 PPT 制作基础的用户，系统讲解如何设计吸引力强的 PPT，内容包括新手学好 PPT 的建议，PPT 设计流程、思路、原则及方法，PPT 的基本操作，以及 PPT 的版面布局、色彩搭配、设计原则等技巧，为 PPT 设计打下坚实的基础。

第 5 ~ 10 章：分别讲解 PPT 中文本、图片、图形、表格、图表、音频、视频等重要元素的应用技巧与展示方法，通过这些技能技巧的学习，切实掌握制作 PPT 的方法。

第 11 章：介绍 PPT 动画的添加与交互式幻灯片的制作方法，让 PPT 动起来。

第 12 章：介绍 PPT 与 Word 和 Excel 软件的协同办公，提升 PPT 的制作效率。

第 13 章：讲解 PPT 演讲的方法与技巧，最终完成 PPT 制作的整个闭环。

二、本书的内容特色

（1）以 PPT 设计过程讲解知识技能应用。本书从 PPT 设计原则、方法、技能三大层面，深刻剖析 PPT 设计、制作和演示的整个流程，案例涉及的领域宽泛，具体讲解时尽量在一个案例中不断完善，相关案例的参考性和实用性极强。以职场真实案例贯穿全书，学完马上就能应用。

（2）使用思维导图进行思路解析。本书设计有 13 个章首页的知识结构思维导图，以及 40 个内容组织的思维导图。所有内容展开讲解前，都配有细致的思维导图说明，以便读者厘清内容讲解思路，明白各技巧的制作要点和步骤，让学习逻辑更连贯，学习目标更有效。

（3）不仅讲解 PPT 设计方法，还传授相关技能技巧。除了 PPT 设计方法和操作技巧的详细讲解外，本书还在相关步骤及内容中合理安排了"小技巧"和"小提示"板块，及时引出学习经验、注意事项等内容，是读者学习或操作应用中的避坑指南。

（4）全程图解操作，并配有案例教学视频。本书在进行案例讲解时，为每步操作都配上对应的操作截图，并清晰地标注操作步骤的序号。本书相关内容的讲解，配有同步的多媒体教学视频，扫一扫相应的二维码，即可观看学习。

三、本书配套资源及赠送资料介绍

本书同步学习资料

❶ 素材文件：提供本书所有案例的素材文件，方便读者学习打开指定的素材文件，然后同步练习操作并进行学习。

❷ 结果文件：提供本书所有案例的最终效果文件，读者可以打开文件参考制作效果。

❸ 视频文件：提供本书相关案例制作的同步教学视频，读者可以扫一扫书中知识标题旁边的二维码即可观看学习。

额外赠送学习资料

❶ 600 个 PPT 设计模板文件。

❷ 20 分钟共 10 讲《从零开始：新手学 Office 办公应用》视频教程。

❸《电脑日常故障诊断与解决指南》电子书。

❹《电脑新手必会：电脑文件管理与系统管理技巧》电子书。

备注：以上资料扫描下方二维码，关注公众号，输入"sjqn02"，即可获取配套资源下载方式。

由于计算机技术发展较快，书中疏漏和不足之处在所难免，恳请广大读者指正。

读者信箱：2315816459@qq.com

读者学习交流 QQ 群：431474616

唐　莹

目　录

第 1 章　PPT 设计快速入门 1

1.1　PPT 入门必知 2
001　职场人士为什么要学 PPT 设计 3
002　新手学好 PPT 的 5 点建议 3
003　PPT 的类别 5
004　如何组织 PPT 的全文结构 6
005　掌握设计原则让 PPT 更出彩 8
006　PPT 的完整制作流程 9
1.2　让 PPT 吸引眼球的 5 种妙招 14
007　选择实用性强的内容 14
008　制作专业的主题 15
009　制作醒目的封面 16
010　制作清晰的目录 17
011　制作提神的转场页 19

**第 2 章　PowerPoint 2019 的基本
操作技巧 21**

2.1　界面管理与优化技巧 22
012　改变快速访问工具栏的位置 23
013　在快速访问工具栏中添加 / 删除
按钮 23
014　将功能区的按钮添加到快速访问
工具栏中 24
015　隐藏 / 显示功能区 24
016　新建常用工具组 24
017　启用 / 关闭 PowerPoint 2019 实时
预览 25
018　显示"开发工具"选项卡 26
019　禁止显示浮动工具栏 26
020　查看和设置演示文稿属性 26

2.2　演示文稿的基本操作技巧 27
021　新建空白演示文稿 28
022　根据模板新建演示文稿 28
023　新建一个与当前文档相同的演示
文稿 29
024　保存演示文稿 29
025　设置演示文稿定时自动保存 29
026　加密保存演示文稿 30
027　更改演示文稿的默认保存格式 31
028　将演示文稿保存为幻灯片放映
文件 31
029　快速打开最近使用过的演示文稿 ... 32
030　清除打开文件记录 32
031　更改 PowerPoint 2019 的默认模板 33
032　制作电子相册 33
2.3　视图查看与窗口缩放技巧 35
033　快速切换幻灯片视图 35
034　将喜欢的工作视图设置为默认
视图 35
035　改变幻灯片的显示颜色 36
036　使用网格线和参考线进行布局 36
037　指定幻灯片的显示比例 37
2.4　幻灯片的基本操作技巧 37
038　快速选择多张连续的幻灯片 38
039　选择多张不连续的幻灯片 38
040　快速移动幻灯片 38
041　快速复制幻灯片 38
042　更改幻灯片版式 39
043　使用"选择和可见性"窗格选择
重叠的幻灯片对象 39
044　快速切换到第一张或最后一张
幻灯片 39

045 使用"节"管理幻灯片.................40

046 避免演示文稿被修改.................40

第 3 章 PPT 布局与颜色搭配技巧... 42

3.1 PPT 布局的基础知识.................43

047 点、线、面的构成.................43

048 10 种常见的幻灯片布局样式...45

049 4 条 PPT 布局原则.................50

3.2 PPT 布局的常用技巧.................52

050 用图形引导内容的展开.................52

051 为不同内容设置不同的字体和
字形.................52

052 布局中的留白价值大.................53

053 凌乱也是一种美.................54

3.3 色彩搭配的基础知识.................54

054 无彩色与有彩色.................55

055 色彩的三要素.................55

056 色彩的对比应用.................57

3.4 PPT 配色的常用技巧.................60

057 配色的 3 个原则.................60

058 根据演讲环境选择基准色.................61

059 PPT 的背景要单纯.................61

060 利用秩序原理保持色彩均衡.................62

061 巧妙利用渐变色产生变化.................62

062 使用强调色产生对比效果.................63

063 使用主题快速统一风格.................64

第 4 章 PPT 幻灯片外观与页面
设置技巧.................65

4.1 幻灯片外观的设置技巧.................66

064 将好看的主题保存.................66

065 快速更改主题的颜色搭配.................67

066 快速更改主题的字体风格.................68

067 快速更改图形效果.................68

068 使用"格式刷"复制配色方案.................68

069 使用母版制作幻灯片主题.................69

070 使用母版设计幻灯片背景.................69

071 使用母版统一字体格式.................70

072 在母版中设置页眉和页脚.................71

073 在母版中添加对象.................72

074 复制其他演示文稿中的幻灯片主题...73

075 插入幻灯片母版.................73

076 选择和更改幻灯片版式.................74

077 插入需要的幻灯片版式.................75

078 删除母版中多余的版式.................76

079 重命名幻灯片母版和版式.................76

080 防止删除幻灯片引用的母版.................77

4.2 幻灯片的页面设置技巧.................77

081 设置幻灯片的大小.................78

082 设置幻灯片的方向.................78

083 为幻灯片添加页眉和页脚.................79

084 设置编号从第 2 张幻灯片开始...80

第 5 章 PPT 中文字的应用技巧... 81

5.1 PPT 中使用文字的注意事项.......82

085 PPT 中使用文字的 5 个原则...82

086 错别字不可有.................84

087 末尾词组不可断.................84

088 慎用艺术字.................85

5.2 PPT 中文本的设计技巧.................86

089 将文章转换成要点.................86

090 标题文本要简洁且具体.................87

091 重点内容要富于变化.................87

092 英文不要用太多大写.................87

093 10 种色彩可视度清晰的配色
方案.................88

094 6 种经典的字体搭配方案.................88

095 字体、字号的选择要适宜.................89

096 适度的间距让阅读更舒适.................89

097 字体要与主题内容相关.................90

098 用项目符号凸显要点.................90

099 让文字体现特殊效果的 3 种方法...90

第 6 章 PPT 中文本内容的编排
技巧.................92

6.1 文本内容的录入与编排技巧.........93

100 在占位符中输入文本......................93
101 使用文本框输入内容......................94
102 在幻灯片中插入特殊符号..............95
103 用公式编辑器插入公式..................95
104 为幻灯片添加自动更新的时间.......97
105 添加其他演示文稿的幻灯片..........98
106 快速导入外部文档..........................99
107 在剪贴板中选择需要粘贴
    的内容..99
108 让粘贴内容符合当前演示文稿
    的文本格式.................................100
109 设置自动选定整个单词................101
110 近距离快速移动文本....................102
111 近距离快速复制文本....................102
112 使用撤销/恢复功能修改幻灯片....102
113 让撤销操作突破20步....................103

6.2 文本字符格式的设置技巧............103
114 快速改变英文的大小写................104
115 根据系统提示快速修改文本内容...104
116 制作超大文字................................105
117 将字符设置为上标或下标............105
118 设置字符间距以增加文本长度.....106
119 快速替换演示文稿中的字体........107

6.3 文本段落格式的设置技巧.............108
120 提高和降低文本的列表级别.........108
121 为文本添加自定义项目符号.........108
122 为文本添加图片项目符号............110
123 更改项目符号或编号的颜色.........110
124 改变编号的起始数值....................111
125 根据需要为文本内容设置段落
    分栏..111

6.4 占位符和文本框的设置技巧........112
126 使用"自动调整选项"功能排列
    文本内容.......................................113
127 用图片填充占位符.......................113
128 设置文本框的形状效果................114
129 控制文本与文本框之间的距离....114
130 设置添加文本框时文本内容为
    固定格式.......................................115
131 使用滚动文本框显示更多内容.....115

第7章 PPT 中图片的应用技巧...118

7.1 PPT 中使用图片的技巧与原则....119
132 制作幻灯片常用的6种图片格式...119
133 使用图片的5个注意事项...........121
134 实现图文搭配的3种方式...........123
135 人物图片的使用原则...................126
136 风景图片的使用原则...................128
137 真实的图片更有感染力...............128
138 整体有时不如部分.......................128
139 善于裁剪图片...............................129
140 图片留白原则...............................130
141 人物图片的视线向外有奇效........130
142 图片太小也有招...........................131
143 图多不能乱...................................134
144 一图当多图用...............................136

7.2 图片的使用技巧............................137
145 插入计算机中保存的图片...........138
146 插入联机图片...............................138
147 插入屏幕截图...............................139
148 插入自动更新的图片...................140
149 将文本转换为图片.......................140
150 将文本框保存为图片...................141
151 将艺术字保存为图片...................142
152 调整图片的大小和位置...............143
153 将图片多余的部分裁剪掉...........144
154 多种多样的图片裁剪方式...........144
155 调整图片的亮度/对比度...........145
156 调整图片的颜色...........................146
157 快速将纯色的图片背景设置为
    透明色..147
158 去除复杂图片的背景...................148
159 为图片应用艺术效果...................149
160 为图片应用样式...........................150
161 为图片添加边框...........................151
162 为图片添加效果...........................152
163 更改图片的叠放顺序...................153
164 更改图片时保留已有格式...........154
165 指定图片分辨率以减小图片文件
    的大小..155

166 压缩图片让文档占用更少的
空间..155

167 将图片旋转和翻转以适应幻灯片
版面..155

168 调整多张图片的对齐方式............156

169 为多张图片应用图片版式............157

第 8 章 PPT 中图示化的内容表达
技巧 158

8.1 图示化的应用技巧 159

170 要点说明型文字幻灯片的
图示法 159

171 步骤推导型文字幻灯片的
图示法 160

172 数据关系型文字幻灯片的图示法 ... 160

8.2 使用概念图表达更清晰................161

173 概念图的各种形式 161

174 使用 SmartArt 图形更快捷........163

8.3 形状的使用技巧 164

175 插入需要的形状 165

176 常规编辑自选图形 165

177 设置形状的填充颜色 166

178 改变形状轮廓 167

179 复制形状 168

180 通过编辑顶点将自选图形转换为
任意形状 169

181 为形状应用样式 170

182 将多个形状对象组合 171

183 将多个形状合并为一个形状 172

184 对形状中的文本位置进行调整.....172

185 让图形只变形状不变格式 173

186 以形状为遮罩改变图片色调 174

8.4 SmartArt 图形的使用技巧..........175

187 插入 SmartArt 图形 176

188 在 SmartArt 图形中输入文本 176

189 添加与删除 SmartArt 图形中
的形状 177

190 更改 SmartArt 图形中形状的级别
和布局 177

191 调整 SmartArt 图形中形状
的位置 179

192 更改 SmartArt 图形中的形状 179

193 更改 SmartArt 图形的版式 180

194 为 SmartArt 图形应用样式........180

195 将文本转换为 SmartArt 图形 181

196 将 SmartArt 图形转换为文本 181

第 9 章 PPT 中表格与图表的
应用技巧 183

9.1 表格的使用技巧 184

197 拖动鼠标选择行 / 列数创建表格 ... 184

198 指定行 / 列数创建表格 185

199 手动绘制表格 185

200 添加和删除表格的行 / 列 186

201 调整表格的行高和列宽 187

202 平均分布表格的行或列 188

203 合并与拆分单元格 189

204 快速为单元格添加斜线 190

205 设置表格中文本的对齐方式 190

206 设置表格中文本的排列方向 191

207 套用表格样式美化表格数据 192

208 使表格中的数字按小数点对齐 ... 192

209 为表格添加边框和底纹 193

9.2 图表的基础知识 194

210 6 种常见的图表类型 195

211 选择图表类型的基本方法 196

212 排序数据勿用饼图 196

213 分成数据图表勿用条形图............197

214 趋势数据应用折线图 197

215 标准的图表格式包含的元素 197

216 美化图表的方法 198

217 强调图表数据的 5 种方法 200

9.3 图表的使用技巧 201

218 创建图表 202

219 编辑图表数据 202

220 更改图表类型 203

221 更改图表布局 204

222 为图表应用样式 205

223 设置条形图或柱形图中形状
    的间距...................205
224 分离饼图的扇区.............206
225 将折线图平滑化.............206
226 让图表中的数据显示更精确....207
227 更改图表的颜色.............208
228 将图表保存为模板...........209

第10章 PPT 中音频与视频的
   应用技巧..............210

10.1 音频文件的使用技巧..............211
229 插入计算机中保存的音频文件....211
230 让声音贯穿整个放映过程.......212
231 循环播放音乐...............212
232 只在部分幻灯片中播放声音.......212
233 为幻灯片添加配音旁白.........213
234 将音频文件多余的部分剪掉.......214
235 将声音图标更换为图片.........214
236 为音频添加淡入淡出效果.......215
10.2 视频文件的使用技巧..............216
237 插入计算机中保存的视频文件....216
238 在幻灯片中插入网络视频.......217
239 通过书签实现视频跳转播放.......218
240 将喜欢的图片设置为视频图标
    封面....................219

第11章 PPT 中幻灯片切换与
   动画的设置技巧..........221

11.1 PPT 要具有说服力..................222
241 用动画为幻灯片制造惊喜.........222
242 用链接让幻灯片拥有连贯性.......223
11.2 幻灯片切换效果的设置技巧........224
243 为幻灯片添加切换效果及切换
    声效....................224
244 设置幻灯片的切换效果.........226
245 设置幻灯片的切换时间和切换
    方式....................226
11.3 为幻灯片对象添加动画的设置
   技巧....................227

246 使用常规动画...............228
247 设置幻灯片对象的动画效果
    选项....................228
248 自定义路径动画.............229
249 调整路径动画的效果.........229
250 复制动画效果...............230
251 让同一个对象含有多种动画.......231
252 调整动画的播放顺序.........232
253 设置动画计时...............232
254 使用触发器触发动画.........234
255 为动画添加声效.............235
11.4 链接和动作的设置技巧..........236
256 利用动作制作交互式幻灯片......236
257 让幻灯片链接其他文件.........238
258 用超链接方式链接到网页.......238
259 设置超链接的屏幕显示.........239

第12章 PPT 的审阅、修订与协作
   技巧....................240

12.1 PPT 的审阅与修订技巧............241
260 用拼写检查错误.............241
261 隐藏拼写检查的波纹线.........242
262 为幻灯片添加批注...........242
263 对不懂的单词、短语或段落进行
    翻译....................243
264 对文本进行中文简繁转换......244
265 在自定义词典中指定专用词汇....244
266 使用"比较"功能完善演示
    文稿....................245
12.2 PPT 与 Word 和 Excel 的协作
   技巧....................247
267 在幻灯片中插入 Word 文档......247
268 将 Word 文档导入幻灯片进行
    演示....................248
269 将幻灯片转换为 Word 文档......248
270 在幻灯片中直接插入 Excel
    表格....................249
271 在 PPT 中导入 Excel 图表......249

第 13 章　PPT 的演讲、放映与输出技巧........................ 251

13.1　PPT 演讲前的检查与整理.........252

272　指定要放映的幻灯片.................. 252

273　根据场合选择需要播放的幻灯片.................................. 253

274　隐藏不需要放映的幻灯片........... 254

275　设置幻灯片的放映类型.............. 254

276　分配演讲时间....................... 255

277　了解 PPT 的周边设备及使用方法.................................. 256

13.2　PPT 演讲的技巧与方法.........257

278　准备演示材料.................... 258

279　PPT 演讲的 3 个法则............. 258

280　8 个基础的演讲技巧.................. 259

281　拓展演讲空间的两种方法........... 260

13.3　演示材料的制作技巧............... 260

282　为幻灯片添加备注..................... 261

283　通过讲义母版设置幻灯片的打印版面........................... 261

284　在讲义中添加 Logo 图片........... 262

13.4　幻灯片的放映技巧.................. 263

285　放映幻灯片........................... 263

286　跳转播放指定的幻灯片.............. 263

287　在放映过程中为重要内容添加标注.............................260

288　暂不显示幻灯片内容时切换到黑 / 白屏.........................265

289　在幻灯片放映过程中录制旁白.... 265

13.5　幻灯片的输出技巧.................. 266

290　保存特殊字体.......................266

291　将演示文稿打包.....................266

292　将演示文稿转成视频文件...........268

第1章

PPT 设计快速入门

优秀的 PPT 应该是赏心悦目的，并且能够触动观众内心。在现实生活中，不乏因为 PPT 制作得不好导致演讲或提案等失败的案例。为了引导新手制作专业而精美的 PPT，本章首先对 PPT 的基础知识和制作方法进行讲解。

以下是在 PPT 初学阶段常见的问题，请检测自己是否会处理或已掌握与其相关的知识。

√ 职场人士学习 PPT 到底有哪些好处？

√ 新手学习 PPT 主要需要哪些方面的内容？

√ 一份优秀的 PPT 应该如何组织全文结构？

√ 想要制作好的 PPT，需要遵守哪些原则？

√ 在制作 PPT 时，整个过程一般分为哪些步骤？每个步骤应该如何执行？

√ 想要制作吸引眼球的 PPT，可以在哪些方面下功夫？

通过本章内容的学习，可以解决以上问题，并掌握制作优秀的 PPT 的相关技巧。本章相关知识技能如下图所示。

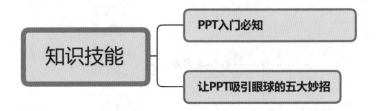

1.1 PPT 入门必知

有人认为 PPT 就是幻灯片，也有人认为 PPT 是 PowerPoint 的缩写，其实不然。PPT 实际上是指整个演示文稿，其不等同于幻灯片，每张幻灯片是 PPT 的组成对象。

要使用 PPT，首先应该对 PPT 有充分的认识。本节介绍一些 PPT 的入门知识，具体知识框架如下图所示。

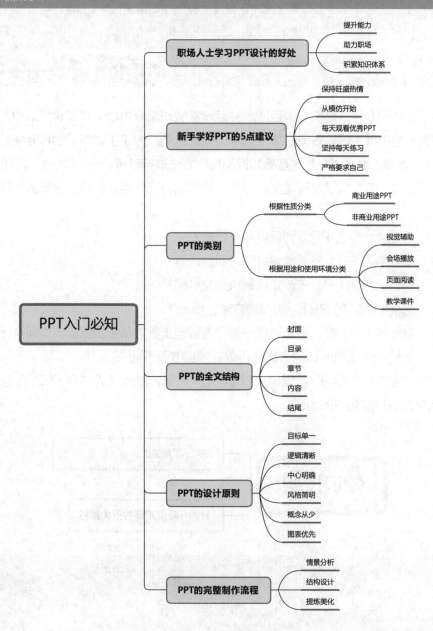

001　职场人士为什么要学 PPT 设计

在职场中，会 PPT 已经成为标配。为什么这么多职场人士要学 PPT 设计呢？

其实答案很简单，PPT 是职场中重要的沟通手段之一，而好的沟通是职场中最重要的一部分。简单来说，在部门开会、项目提案、展示思路、工作汇报、企业展示中，为了让其他人更好地了解自己要表达的意思，说服他们给予配合或提供资源，都要用到 PPT。

PPT 与常用的 Word 不同，Word 更看重的是内容，对于内容的理解来说，如何排版的影响并不是很明显，但 PPT 对排版的要求比较高。所以，很多职场人士学习 PPT 设计，只为在必要时能有一份拿得出手的 PPT。

学习 PPT 能带来什么好处呢？

1. 提升能力

PPT 设计技能是通用的、常用的、必备的职场技能，是一个人核心能力的重要组成部分。掌握这项技能，不论工作性质如何改变，都可以提升自己的职场竞争力。

另外，PPT 做得好并不仅仅是指 PowerPoint 等软件操作技能掌握得好、设计能力强，其背后更体现了制作者卓越的策划、演绎、归纳、提炼和演示等逻辑思维与逻辑表达的综合能力，这些都是职场中必不可少的通用能力。

2. 助力职场

PPT 设计作为职场通用技能，可以助力职业发展，主要体现在以下 3 个方面。

（1）因 PPT 获得心仪的职位。求职时，在其他能力都相近的情况下，可能就因为多掌握了 PPT 技能而被录用。

（2）因 PPT 成为重要人才。很多 PPT 高手制作的 PPT 会让客户、领导透过 PPT 发现其用心，并对其大加称赞。这些高手在完成工作任务后可能还会"无意间"优化公司的 PPT 模板、企业文化培训材料、产品宣传 PPT 等，从而使企业的整体 PPT 水平提升一个档次。个人能力得到展示后，就会获得更多的机会，甚至进行

重要的 PPT 设计，如股东大会 PPT、年会颁奖 PPT、战略规划白皮书 PPT 等，慢慢成为企业不可多得的特长型人才。

（3）因 PPT 减小工作阻力。如果你的 PPT 做得好，在周边同事遇到相关难题时你能给出一些技术上的指导，甚至在公司内部组织 PPT 技能培训，让大家更熟悉你，增强职场亲和力，就能减少沟通成本，可以使你的本职工作更容易开展。

3. 积累知识体系

把一些细碎的想法制作成 PPT，慢慢积累、优化、组合，最终形成自己的知识体系。当机会出现时，比如去某沙龙做分享，就可以在短时间内形成某一主题的系统内容。

用 PPT 的方式实施个人的知识管理，并进行分享，在受到鼓励后持续坚持分享，还可以在 PPT 方面独树一帜。

002　新手学好 PPT 的 5 点建议

一些新手在学习 PPT 的过程中，在查看模板、上网收集资料、组织语言之间循环往复，大量的重复操作花费了大量的时间，最后的结果还不一定令人满意。

从 PPT 界的很多"大神""达人"们总结的经验中进行概括，进阶成为 PPT 高手的方法主要有以下 5 点。

1. 保持旺盛热情

与学习任何技能一样，要想学好、学精，达到超出普通人的高度，首先应该保持对所学内容的热情。只有真正热爱 PPT，对 PPT 怀有浓厚的兴趣，才会甘愿将时间投入在它上面。当然，这种热情绝不能只是三分钟热度，遇到困难就退缩。

2. 从模仿开始

在 Office 三件套中，PPT 无疑是设计基因最强的。在做 PPT 时，不仅要求软件操作技术过关，而且对创意的要求也很高。

有自己的想法和风格固然重要，但是前车之鉴也是非常有必要学习的。模仿学习是快速提高学习效果的有效方法。创意通常也是从模仿开始的。

新手不应耻于模仿。试想，如果你都没见过美观的 PPT 长什么样，做出软件默认效果的 PPT 就觉得心满意足，或者凭自己的审美能力，继续折腾出一些自以为很好的平庸 PPT，这样怎么能够进步呢？

安德斯·艾利克森在《刻意练习》一书中，为所有有目的的技能应如何提高提供了以下方法。

（1）需要找到行业或领域中最杰出的从业者，向他们学习。

（2）需要找到一位能够布置练习作业的导师，不断去刻意练习，并让导师在练习的过程中提供大量的反馈，及时指出所存在的问题。

所以，第一步仍是模仿，这里说的模仿主要是指参考、借鉴他人优秀的架构思路和排版布局方法，而非直接照搬。从构思、版式到配色，再到动画，当你不断模仿那些优秀的设计（不拘于 PPT）时，能力、技巧、眼界都将不断进阶。模仿的同时也可以慢慢体会背后的创作逻辑，思考别人为什么这样做，思考自己是否还能在此基础上有所改进等。

3. 每天观看优秀 PPT

俗话说："熟读唐诗 300 首，不会作诗也会吟。"如果你见过大量优秀的 PPT，自然也会把自己的 PPT 做得很好。

坚持每天观看一些好的 PPT 作品，包括平面设计作品，对于培养自己的设计感非常重要。

演界网（http://www.yanj.cn）是一个专注于设计交易、专业 PPT 模板、PPT 图表、动态 PPT、PPT 动画、演示定制的综合平台，其主页如下图所示。

花瓣网（https://huaban.com）是设计师寻找灵感的地方。进入网站后，在搜索框中输入关键词（如 PPT），就能够搜索到很多参考案例、图片素材等，如下图所示。类似的设计网站还有很多，如站酷、优设、堆糖网等。

通过浏览设计类专业网站可以培养美感，此外，在微信、微博、知乎、头条号及各种短视频 App 中还活跃着很多 PPT 界的"大神"。多关注一些"大神"的微信公众号、微博和知乎专栏等，可以从他们发布的内容中学到很多有趣、有效的 PPT 技能，迅速提高自己的 PPT 水平。

在一些专业 PPT 论坛上，还能够找到很多志同道合的学习者，找到很多 PPT 难题的解决方案，可以汲取优秀 PPT 设计方案、版式的经验，甚至可以找到很多精美且免费的 PPT 模板，如知名的锐普 PPT 论坛（http://www.rapidbbs.cn），其主页如下图所示。

4. 坚持每天练习

很多技能的获得并没有什么神秘的法门，多练、多用即能成师。PPT 设计也一样，坚持每天动手练习才会更快、更熟练地制作 PPT。

如果工作中经常需要用到 PPT，尝试认真地面对每一次做 PPT 的任务，尝试每一次都做全新的排版，尝试做一份更多页面的 PPT 等，很快你就会强大起来。

5. 严格要求自己

虽说 PPT 设计离专业的平面设计还有一段距离，但从版面设计构思方面来讲是一样的。如果你抱着一种差不多的心理制作 PPT，进步的速度将大大减慢。在练习 PPT 制作的过程中，要严格要求自己，不满足于差不多，不满足于雷同，应该不断地追求完美。就像做设计一样，微调一下，再微调一下……带着一点纠结和自己较劲，直至作品让自己满意；和解决不了的问题死磕，询问他人、求助网络，想方设法也要解决，才能更高 PPT 技能。

003　PPT 的类别

工作中制作的大部分 PPT，其目的是更高效地传递信息，把事情讲清楚、说明白。动手制作之前，明白自己要做哪种 PPT，一定要学会将工作按重要度分类，不要过度设计，也不要设计不足。

PPT 拥有丰富的多媒体形式和便于编辑的特性，所以被广泛地运用于各种交流活动。根据性质可以分为商业用途 PPT 和非商业用途 PPT 两大类。

用于公开演讲、商务沟通、经营分析、页面报告、培训课件等正式工作场合的 PPT 称为商业用途 PPT。这类 PPT 基本上是为商业活动服务的，如用于工作汇报、政策宣传、产品推广、企业介绍等，所以需要承载很多内容。从风格上来看，商业 PPT 需要简洁、清晰，不要有任何累赘的语言。如下图所示为某餐饮美食产品的 PPT 封面，整体采用极简风格，文字、图片、用色都很简洁。

与此对应的就是非商业用途 PPT，主要用于个人相册、搞笑动画、自测题库等非正式场合，这类 PPT 能够以一种轻松、诙谐的方式进行制作，尽量使内容看起来更活泼。如下图所示为采用文艺风制作的普吉岛旅行记的 PPT 封面。

根据 PPT 的用途和使用环境分类，又可以将其分为以下 4 类。

1. 视觉辅助

视觉辅助，顾名思义，就是以视觉形式作为辅助。例如，在进行销售演示、产品发布、培训时，需要向观众展示一些要点或图片，此时 PPT 的功能就发挥出来了。如下图所示的图片只是提出一些要点，没有进行详细的说明。

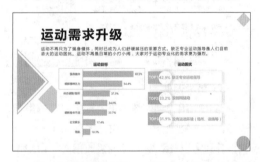

2. 会场播放

PPT 用于视觉辅助时是配角，而用于会场播放时则成为主角。此时的 PPT 可以作为自动演示的文件，将活动短片、产品介绍等内容专门放给观众看。作为自动演示的 PPT，通常都会图文并茂，有时还会配上音乐或声音解说，或者直接添加视频文件进行播放，如下图所示。

3．页面阅读

尽管用于文字排版的文档类型很多，但始终都没有一种文档具有能与 PPT 媲美的美感和灵活性。尤其是在一些公共场合放映宣传片，使用 PPT 可以给观众带来更强的视觉冲击力，观众在同一时刻看到相同的内容，也会更有利于对同一问题交换意见和看法，如下图所示。

4．教学课件

当 PPT 用于制作教学课件时，PPT 的篇幅较多，内容繁重。为了让讲述者有条不紊地演说，并且可以让观众清楚地接收信息，目录是必不可少的。为了让课件内容讲述起来更加连贯，一般情况下都会用较多的超链接对 PPT 进行放映，如下图所示。

004 如何组织 PPT 的全文结构

PPT 中的每一页称为幻灯片，每张幻灯片都是 PPT 中既相互独立又相互联系的内容。在具体制作时，应该如何安排这些幻灯片，每张幻灯片中的内容又该如何设计呢？

优秀的 PPT 在呈现内容时应该清晰、明了，制作之前应该具备清晰的流程思维，形成 PPT 制作的模型。

通常情况下，一个完整的 PPT 结构分为封面、目录、章节、内容和结尾 5 部分，如下图所示。

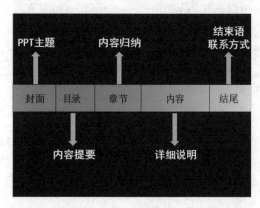

1．封面

封面是观众第一眼看到的页面，一定要美观、大方，给人一个美好而深刻的第一印象。在制作封面时，应该表现整个 PPT 所要表达的主题，还可以添加作者、制作时间、企业名称及其他企业元素等内容，如下图所示。

2．目录

目录的主要作用是把演示文稿的内容提炼成大纲，让观众了解 PPT 框架，对接下来的介绍有所准备。PPT 可以有目录，也可以没有目录。如果 PPT 的页数比较多，使用目录能更清晰地展现内容，如下图所示。

　　如果 PPT 的页数比较多，还可以在目录页前面制作摘要页，内容通常包括研究目的、方法、结果和结论等基本要素。在制作摘要页时，内容概括一定要完整，整个页面主要突出文本内容，少用图片等对象，如下图所示。

摘要：
　　现在房地产行业的广告可谓是千篇一律，如何才能让我们的项目在这百花齐放的状况下脱颖而出，让消费者接受？
　　在对项目、主题的定位过程中，我们充分结合了对项目本身、外部因素、消费者心理的分析结果，最后将项目定位为"老城区中的高品质社区"，主题为"老城·旧事·新风尚"。

3. 章节

　　章节也称转场页或过渡页，它主要是根据目录制作的，是目录的分段表现。最简单的过渡页可以直接将目录放入每段内容的前面，再将即将介绍的内容着重显示。为了避免转场页过于单调，也可以对其进行精心设计，如下图所示。

4. 内容

　　内容应该和章节标题相吻合。内容页占据了 PPT 中大部分的幻灯片，它的表现形式多种多样，可以采用文字、图片、图表、视频等多种素材进行设计，如下图所示。

5. 结尾

　　结尾也是 PPT 制作的一个重要组成环节，其方式多样，可以直接以致谢、结束语和联系方式等内容结束，如下图所示，也可以与观众进行一些互动。

　　有些 PPT 的内容页制作完成后，还会添加一张幻灯片用于对整个 PPT 内容进行归纳和总结，这一页称为总结页，主要起到对听众的激励作用。总结页可以将 PPT 所要表达的主题再次重申，也可以是对现状的概括，对未来的憧憬，如下图所示。

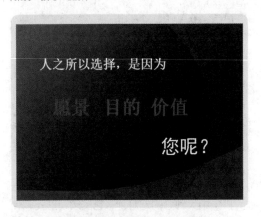

人之所以选择，是因为

愿景　目的　价值

您呢？

005　掌握设计原则让 PPT 更出彩

制作 PPT 不能快刀斩乱麻似的盲目添加内容。这样很容易造成主题混乱，让人无法抓住重点。

想让 PPT 更出彩，在制作时必须遵循以下 6 个设计原则。

1. 目标单一

制作 PPT 时不要想着将一份 PPT 用于多个场合，否则，将很难确定 PPT 的中心思想。

如果想将一份 PPT 应用于多个场合，为多个人群服务，那肯定需要添加不同主题的内容。这必然导致 PPT 没有重心，无法将所有主题讲透，观众自然也不可能完全了解 PPT 的内容。制作 PPT 时一定要坚守"一份 PPT，一个目标"的原则，这样才能制作出主题鲜明的 PPT。

2. 逻辑清晰

一份出彩的 PPT 必定有非常清晰的逻辑。只有逻辑清晰，制作 PPT 时才能循序渐进地添加合理的内容，这样也有利于 PPT 的观众厘清思路。

很多人在制作 PPT 时没有确定逻辑就开始动手，想到什么就直接添加，这样做出来的 PPT 通常都是一盘散沙。在制作 PPT 时应该先确定主题，然后围绕这个主题展开多个节点，最后用相关内容对这些节点进行说明，便可制作出逻辑清晰的 PPT。

3. 中心明确

播放类 PPT，中心非常明确，就是当前幻灯片中的内容，所以只要幻灯片中的内容主题明确即可。

而大部分 PPT 是视觉辅助类的，此时就有两个中心，分别是指演讲者和每一张幻灯片的话题中心。这时 PPT 在演讲中主要起辅助作用，它并不是演讲的中心，演讲者才是中心。制作 PPT 时不要将所有的内容全部罗列到幻灯片上，只要突出一个中心即可，同一时刻只让一个中心吸引观众的注意力，其余的都是点缀。这样观众从幻灯片上了解关键问题后，就会带着问题聆听演讲者的讲述，注意力也将更加集中。

4. 风格简明

优秀的 PPT 应该打造出简洁而鲜明的风格，而不是依靠繁多的效果。如果内容和效果太多，可能让幻灯片页面显得非常杂乱。一般情况下，一个 PPT 应该做到不超过 3 种字体、不超过 3 种色系、不超过 3 种动画效果。

如下图所示，很容易受杂乱的颜色干扰，而忽略了内容。

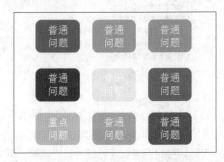

将图片色彩进行统一和简单处理，就容易体现出要讲述的"重点问题"，如下图所示。

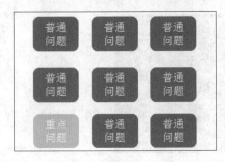

5. 概念简化

如果幻灯片上的信息太多，会让人感到信息太密集，看不过来。每张幻灯片传达 5 个概念效果最好。通常，处理 7 个概念刚好；如果超过 9 个概念，负担就太重了，应该重新组织。

如下图所示，内容太多，不利于快速记忆，并且版面布局也不是很美观。

对幻灯片内容进行合理的归纳和简化，可以给人一种简洁、明了的感觉，更利于观众对幻灯片内容的接收，如下图所示。

6. 图表优先

业界有一句非常盛行的八字真言，即"文不如表，表不如图"。人的习惯是先看简单的，再看复杂的，所以先看图表，再看文字。在幻灯片中添加内容时，首先应该考虑使用图片表达，其次是表格，最后考虑使用文本内容。

下面 3 张图片，分别使用了文字叙述、表

格罗列和图表 3 种表现方式，虽然表现的内容相同，但其效果迥然不同。通过比较可以看出，使用图表可以让数据更加醒目，观众一看便知各个数据所占的比重。

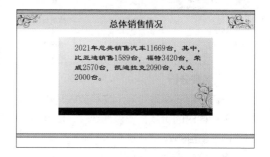

006 PPT 的完整制作流程

一份优秀的 PPT 不仅需要有良好的外观，更需要有条理清晰的内容。在制作 PPT 前，一定要用心构思，确立 PPT 的框架。

PPT 的完整制作流程大致可以分为 3 个阶段，即情景分析、结构设计、提炼美化，如下图所示。

1. 情景分析

情景分析主要是对演示文稿放映环境的分析，包括面对的听众，演讲的环境，以及演讲所需达到的目的。

● 分析听众

制作演示文稿，一定要根据听众的思维构思幻灯片的逻辑结构，这样才能制作出符合听众口味的演示文稿。

分析听众主要考虑以下几个问题。

（1）听众是谁？听众既包括在演讲现场的人，也包括场外可能听到的人，比如事后与现场听众进行讨论的人。知道在听众中都有谁，这对达到演讲目的是至关重要的。

（2）听众知道些什么？演示 PPT 时，幻灯片内容并不是越多越好。听众想了解的是自己不知道的、新鲜的事物。所以听众知道得少，你就多讲；听众知道得多，你就少讲，总之不要讲废话。

（3）听众的偏好是什么？每位听众的审美观不尽相同，在制作 PPT 前一定要对听众的价值取向有所了解。制作的 PPT，不论是内容、风格还是信息传达方式，都应尽可能让更多人接受。

（4）听众的感受怎样？在制作 PPT 时一定要考虑听众的感受。展现的内容越接近他们的兴趣中心，就越容易得到他们的认可。

（5）怎样激发他们的兴趣？一般来说，每个人都受到不同动机的驱使，有不同的兴趣、需要和满意度，这些因素都有可能造成听众对演讲的感受不一致。为了避免这些问题，在制作 PPT 时，应尽量选择对大多数听众具有价值的内容。

● 分析环境

只有让 PPT 的风格与现场气氛融为一体，才能让演讲现场的整体氛围更加融洽。这就需要在制作前对 PPT 的放映环境进行了解和分析，只有对放映环境充分了解后才能适时地调整幻灯片内容。具体方案见下表。

环境分析表

分析内容	状况与策略
听众人数	参与人数越多，屏幕上的文字就要显示得越大，以便坐在后排的听众也能清晰地看到；人数较少，可以分发相关材料，增加互动交流页面，提供沟通的途径
会场大小	会场较大，使用的投影布也应该比较大，为了让图片等内容显示得更清晰，PPT 应该使用较大的分辨率；会场较小时，可以使用较小的分辨率，提高 PPT 的显示速度
设备	如果会场有讲台、课桌、投影、白板、麦克风等设备，应该将 PPT 中的内容做得稍微精简一些。因为可以借助丰富的设备让演讲形式多样化，而不是单单依靠 PPT；如果设备单一，如只有一台计算机，幻灯片的内容应该尽量丰富多彩，让演讲的内容表现得更直观和更生动
时间	如果时间充裕，可以把 PPT 的页数做得多一些，将内容得更详细些；如果演讲时间较短，则应减少幻灯片的页面，尽量将幻灯片内容做得精练
会场气氛	在比较正式的场合中，应该将幻灯片的内容做得更加专业，多用专业术语，布局尽量规范；在比较活泼的会场中，应该让幻灯片更加生动形象，语言诙谐幽默

● 分析目的

只有掌握 PPT 的演讲目的，在设计 PPT 时才能有所侧重。下面以产品推广类的演示文稿为例对演讲目的进行详细介绍。

（1）传递信息。希望听众明白演讲意图、目的、产品、技术。基于这个目的，在演讲时需要从细节出发，对产品进行详细阐述。

（2）刺激思维。希望听众注意到产品的优势，比较该产品与其他产品的不同。基于这个目的，在演讲时可以多用表格，以更好地进行对比。

（3）说服听众。希望听众赞同产品的优势、理解产品的不足、相信企业的承诺。基于这个目的，在演讲时可以多讲企业的发展历史、企业文化，使观众的信任感更强。

（4）付诸行动。希望听众以实际行动支持产品，也就是发生购买行为。基于这个目的，在演讲时可以多介绍一些优惠活动。

制作幻灯片时，首先要明确该幻灯片的目的，只有明确了目的才能够着手寻找达到目的的方法。下面介绍几个典型 PPT 中需要注意的要点，具体内容见下表。

目的分析表

目的	关注内容	制作要求
下级对上级汇报工作	业绩完成情况	符合规范，图表说话
上级对下级宣讲政策	政策变化带来的影响	形象直观，清晰易懂
总经理对领导介绍公司	公司形象和实力	大气美观，多用高质量图片和动画
顾问对客户咨询交流	问题的解决方案	多用专业的分析模板和流程图
销售对客户推荐产品	产品价值和特性	清晰诱人的产品图片
专家对用户讲解技术	技术特性的沟通	结合业务，提供细节
讲师对他人传播理念	理念顿悟，思维模式	一目了然，语言精练
老师对学生传授知识	知识的深入浅出	多媒体课件系统应用

2. 结构设计

在制作 PPT 前一定要有一个合理的结构设计，这样在编排 PPT 内容时才能有据可依，不至于内容混乱；否则演讲者在演示时，不仅可能让听众感到不知所云，甚至演讲者自己也会阵脚大乱。

结构设计实际上就是对 PPT 的逻辑和构思进行梳理，这需要结合具体的业务和制作目的来思考。可以先拟好提纲，再画简单的脚本，然后一步步完成 PPT 的内容设计，最后美化，

如下图所示。

● 确定主题

主题是演讲的灵魂，只有确立了主题，才能正确收集相关材料、安排结构、拟定讲稿，如下图所示。确定主题是设计结构的前提。下面就来介绍如何确立主题。

任何一个成功 PPT 的主题都应该是演讲目标、信息个性和听众心理三要素的和谐统一。演讲目标和听众心理在前面已经介绍过了，这里主要介绍信息个性。信息个性是指针对演讲内容进行提炼，找出具有独特优势的核心内容，然后在制作 PPT 时将这些内容放大，尽可能地让这些内容深入人心。

只有对听众有意义、有价值的主题，才是受听众欢迎的主题。下面针对主题的确立提供以下可参考的注意事项。

（1）选择生活中听众急需解答的问题。演讲是给别人听的，无论是哪一种演讲，其最终目的都是教育听众、感染听众。针对这一目的，选择的主题一定要具有给听众解答疑惑的特点。

（2）选择自己有真知灼见、有把握讲好的主题。人们都喜欢了解那些具有独到见解的观点，而不愿听那些别人讲了很多遍的老调。演讲者

演讲时，按照自己的思路说明观点不容易出错，也能够讲得更加深刻而生动。

（3）选择主题要单一。演讲时间是有限的，这就从客观上要求主题不能太多，篇幅不能太长。选择的主题应该单一，这样有利于演讲者将问题讲透彻、讲充分。

● 确定结构

演讲架构有三种：逻辑架构、故事体架构及正式架构。制作 PPT 一般使用正式架构，该架构的内容结构为：简介、传递主旨和结论。这样安排的目的是为了听众充分理解演讲者的意图，并对之留下深刻印象。三者所占的份量一般是简介 10%，主旨 85%，结论 5%。，如下图所示。

了解了 PPT 结构之后，下面介绍确定 PPT 结构的步骤，仅供参考。

（1）写出演示或汇报的目标。

（2）分析听众，找到最适合他们的表达方式。

（3）将构思 PPT 的过程绘制成思维导图。

（4）为每个核心要点寻找最有说服力的论据。

（5）及时记录下头脑中闪现的灵感，如下图所示。

在了解了确立 PPT 结构的方法后，下面提供几种常用的且较为典型的结构大纲。

① 工作总结，如下图所示。

| 上一阶段工作目标完成情况 | 工作创新和闪光点 | 存在的问题及对策 | 下一阶段工作目标 |

② 岗位竞争报告，如下图所示。

| 自我介绍及工作回顾 | 对竞聘岗位的认识 | 个人优势 | 未来工作思路和目标 |

③ 立项报告，如下图所示。

| 项目背景 | 项目价值分析 | 投入产出分析及风险评估 | 实施计划及经费 |

④ 培训课件，如下图所示。

| 培训主题培养目标 | 培训纪律考核方法 | 培训内容 | 课后练习 |

⑤ 学习汇报，如下图所示。

| 学习情况总体汇报 | 学习内容摘要交流 | 个人心得 | 落实建议 |

⑥ 公司介绍，如下图所示。

| 公司概况发展定位 | 成长历程资质荣誉 | 产品介绍成功案例 | 未来规划合作建议 |

⑦ 项目启动大会，如下图所示。

| 项目的价值和意义 | 对项目的期望和要求 | 项目团队成员及职责 | 项目的考核奖惩方法 |

⑧ 解决方案，如下图所示。

| 项目背景 | 问题诊断 | 解决方案 | 实施计划 |

⑨ 同行对比，如下图所示。

| 分析背景 | 对比指标体系 | 差距分析 | 改进措施 |

● 确定内容

确定 PPT 的结构大纲之后，添加内容就容易得多了。只需要根据大纲中的标题内容制作幻灯片文本，然后添加合适的素材即可。

完整地展现 PPT，可以通过封面、目录、章节、内容和结尾 5 部分来表达。

3. 提炼美化

将需要讲述的内容添加到 PPT 中后，还需要对幻灯片进行提炼美化，让 PPT 成为一份既能说服听众的演讲稿，又是一份赏心悦目的设计作品。

● 精简内容

在为 PPT 添加内容的过程中，会用到各种各样的素材，使用时一定要取其精华、去其糟粕，做到精益求精。如下图所示的两张幻灯片是内容精简前后的对比。

PowerPoint的优点

- PowerPoint的第一个优点是，可以通过高效能极简单的操作，将自己的构想简单迅速地整合
- PowerPoint的第二个优点是，利用图形、图表、影像、动画、声音等，就可以制作出具有说服力的简报
- PowerPoint的第三个优点是，把简报存储成网络格式，就可以实现线上（online）简报

PPT的优点

简便的操作性
——可以简单迅速地整合自己的构想
利用多媒体产生丰富的表现力
——图形、图表、影像、动画、声音等
广泛无限的沟通传达
——互联网、局域网传播

● 设计外观

一般情况下，在制作 PPT 时使用的都是空白的模板，没有任何外观设计，这样添加内容时可以灵活布局。但内容添加完成后，为了让幻灯片看起来不那么单调，还应该为其设计专业精美的外观。

设置 PPT 外观时可以使用统一的模板快速完成美化。如果需要自定义风格，则必须使每张幻灯片的风格保持一致。

如果每张幻灯片的风格各异，从视觉上会让观众觉得所介绍的内容关联性差。如下图所示的两张幻灯片，采用的色彩和图形明显不同，这样会让人觉得 PPT 的内容脱节，不利于观众的思维跟上演讲者的讲述。

● 调整布局

为 PPT 设置外观后，尤其是使用 PowerPoint 预设的主题外观，会对幻灯片内容的位置产生非常大的影响。为了让内容与幻灯片页面融为一体，还应该调整幻灯片内容的布局。

● 设置放映

设置放映主要包括设置放映方式和放映效果。合理地利用 PowerPoint 提供的相关功能，可以让幻灯片增色不少。

✎ 读书笔记

1.2 让 PPT 吸引眼球的 5 种妙招

在 1.1 节中介绍了 PPT 的制作流程，接下来需要考虑的是如何将 PPT 制作得精彩出众。本节介绍 5 种妙招，让 PPT 吸引眼球，更加精美，具体知识框架如下图所示。

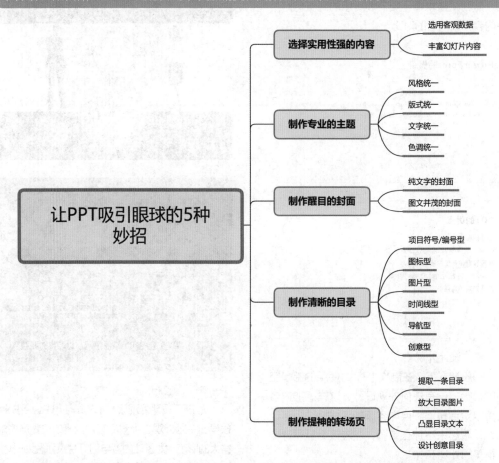

007　选择实用性强的内容

PPT 不同于一般的办公文档，它不仅要求内容丰富，而且需要具有非常好的视觉效果。因此，精彩的 PPT 是需要设计的，不仅是对 PPT 的配色、版式、布局等进行设计，而且需要对 PPT 的内容进行设计，只有这样，才能设计出优秀的 PPT。

PPT 要想引起观众的共鸣，首先选用的内容就得贴近生活。在制作 PPT 时一定要选用真实可信的内容，并用通俗易懂的语言表述出来。

1. 选用客观数据

PPT 的最终目的是演示、展示，形式是为内容服务的，这也是首要原则。所以，PPT 要选用客观数据。

只有通过调研，才能掌握足够真实的数据。对这些数据进行分类、汇总、提炼之后，将其适当地展示在 PPT 中，更有效地对 PPT 主题进行说明，以提高说服力。

如下图所示的两张幻灯片中，后一张添加了调研获取的数据，论证的观点使用事实说话；前一张幻灯片给人的感觉是纸上谈兵，没有实际数据，很难让人彻底赞同论证的观点。

2. 丰富幻灯片内容

在制作幻灯片时，要尽量使幻灯片简洁，并适当地添加一些内容让幻灯片更加吸引观众。在阐述一些文字内容时，可以配上适当的图片，让幻灯片内容更加形象。如下图所示，图片与文字表达的是同一个意思，但只有图片可能难以理解，只有文字又显得单调，两者相结合则刚好互补不足。

如下图所示，设计者主要想介绍不合适

的着装，但在正文中并没有再次使用否定词语，而是使用了一张表示拒绝、否定的图片，这样看起来更加形象。丰富幻灯片内容的方法有很多，可以根据实际需要充分发挥自己的想象力。

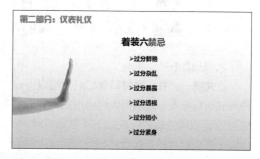

008　制作专业的主题

有些 PPT 的内容很精彩，都是言之有物的珍品，美化方面却拖了后腿，显得不够专业。

PPT 要体现专业性，在设计时应该遵循大同原则，关键要做到"统一"二字，即风格统一、版式统一、文字统一、色调统一。下面对这些内容逐一进行介绍。

1. 风格统一

在制作幻灯片时，每张幻灯片的主题色彩应该大体相同。如果某一张或少数幻灯片的风格不一致，整体上就会显得格格不入，如下图所示。

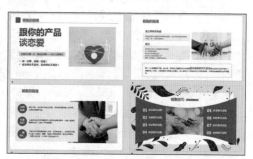

如果风格统一，在观看时幻灯片的过渡会非常自然，如下图所示。

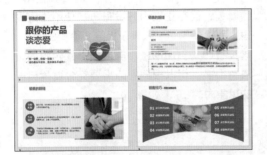

2. 版式统一

版式统一，并不是将每张幻灯片都以同一种版式进行布局，而是指为内容形式相同的幻灯片设置相同的版式。在如下4张幻灯片中，上面2张幻灯片的布局版式相同，观众自然会将这两张幻灯片联系起来；下面2张幻灯片的版式不同，很容易让人思维脱节，误认为两张幻灯片的内容关联不大。

3. 文字统一

在制作幻灯片时，文字内容的字体最好只使用两种，尽量不要超过3种，而且幻灯片的对应位置应使用相同的字体。例如，所有幻灯片中标题的字体一定要相同，正文的字体一定要相同。

4. 色调统一

这里所说的色调统一，并不是说主题只使用一个颜色，而是尽量使色彩不要太复杂。长时间看屏幕会感觉眼睛疲劳，如果PPT的色彩过于鲜艳和复杂，就会加深这种疲劳感。

一份完整的PPT所使用的主要颜色不要超过3种，简洁一点更容易出彩。如下图所示的

幻灯片主题色彩过多，还使用了渐变色，太过绚丽。

如下图所示的幻灯片非常简洁，主体内容非常醒目。

009 制作醒目的封面

一个好的封面应该与开场白同样精彩，能唤起听众的热情，使听众心甘情愿地留在现场并渴望听到后面的内容。

下面介绍如何制作醒目的PPT封面。

1. 纯文字的封面

纯文字的封面画面简洁明了、重点突出。制作起来也非常容易，直接根据PPT要讲的内容列出标题即可。

纯文字的封面虽然制作简单，但页面容易显得单调，可以为其设置具有渐变色的背景，添加演讲者名字和演讲时间等内容，或者对字体进行一些调整，又或者添加一些基本形状进行美化。但一定要注意，始终要突出PPT标题，如下图所示。

2. 图文并茂的封面

相对来说，图文并茂的封面应用得比较广泛。为了省时省力，制作这类封面时可以从网上下载现成的模板。在使用这些现成的模板时，一定要保证模板上的视觉要素与演示文稿的标题相关。

在制作图文并茂的封面时，一定要让文字与图片相得益彰。如果图片旁边有空白，应该将文字放在图片旁边，如下图所示。

如果图片占满了整个幻灯片页面，可以利用透明、渐变等方法在图片较为空旷的位置创造出一个可书写文字的位置，也可以直

接降低图片的色彩，制作为背景效果，如下图所示。

010　制作清晰的目录

用 PPT 进行演讲时，需要把所讲内容充分展现给观众，这就少不了目录的设计。清晰的目录结构能够让观众对 PPT 内容有一个大致的了解，有助于加深观众对 PPT 内容的理解。

下面介绍几种比较典型的目录设计方法。

1. 项目符号 / 编号型

项目符号 / 编号型目录是最常用的，也是最简单的。其制作方法为：将各项要点的文本内容罗列到幻灯片中，然后在文本前添加项目符号或编号即可。如下图所示。

2. 图标型

纯文本内容加项目符号或编号制作出的目录，会显得过于单调，尤其是在目录要点比较少的情况下，页面就会显得非常空旷。如果在制作PPT时希望让目录页的内容显得更加丰富，可以将项目符号或编号用图标来代替。如下图所示就是图标型目录。

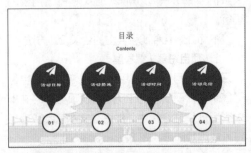

3. 图片型

图片型目录与图标型目录有些相似，图片型是以图片映衬目录标题。不同的是图标型目录中，图标只作为一种修饰，甚至只是用于填充空白部分，让页面显得不那么单调；图片型目录中的图片可以是装饰，也可以是突出的主要内容，以此吸引观众的注意力，如下图所示。

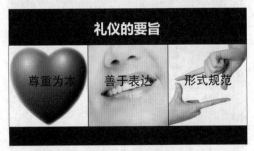

需要注意的是，图片型目录选用的图片必须符合标题所要表达的含义。

4. 时间线型

在 PPT 演讲时，除了自己要准备充分外，还要让听众对 PPT 的大致情况有所了解。因此，不仅要告诉听众所讲的内容，还应该告诉听众讲解大概要花的时间及每一章节的时间安排。使用时间线型目录可以很好地表现演讲者的意图，如下图所示。

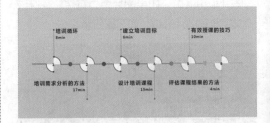

5. 导航型

导航型目录与网站的导航页面类似，这种方法特别适合制作自学用的课件，或者由观众自行播放的演示文稿。在制作这种目录时，可以为每个标题设置链接，这样可以很方便地跳转到需要观看的页面，如下图所示。

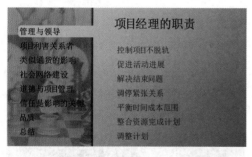

6. 创意型

在制作 PPT 的过程中，如果用户有更加符合主题的目录创意，也同样可以使用。下面列举几个创意型目录引导读者设计目录的思维。

● 使用流程图制作目录

有的目录的顺序性非常强，对于没有设计功底的初学者来说，如果要绘制一些表示先后顺序的图形对象，可能会不易实现。在制作这类目录时，可以考虑使用 SmartArt 图形，如下图所示。

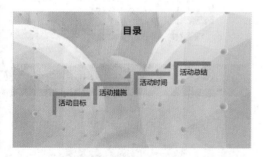

● 创建思维导图目录

在 1.1 节介绍过，在制作 PPT 时，首先需要对结构进行思考与设计。在制作目录时，不妨直接将思维过程以导图的方式展现出来，如下图所示。

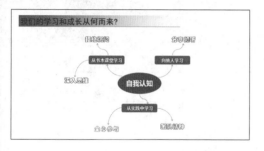

● 创建竖向排列表目录

通常情况下，目录都是以横向显示为主。为了带给观众耳目一新的感觉，在制作目录时，可以考虑使用竖向排列方式，如下图所示。

● 为目录添加背景

制作清晰夺目的目录不仅可以从标题的排版样式考虑，还可以从页面背景等多方面考虑。如下图所示，为目录添加一个背景，这又是另一种感觉。

011　制作提神的转场页

转场页一般用于页面比较多且演讲时间比较长的 PPT。转场页可以时刻提醒演讲者自己和听众即将讲解的内容。

在演讲长篇 PPT 时，为了避免听众疲乏，在设计转场页时，一定要将标题内容突出，这样才能起到为听众提神的作用。

1. 提取一条目录

制作转场页最简单的方法是将目录中的一个标题放在一个幻灯片页面上，然后将文本内容放大，如下图所示。

2. 放大目录图片

如果制作的目录是图片型，在制作转场页时可以直接将使用的图片放大，这样效果简单、美观大方、突出重点，如下图所示。

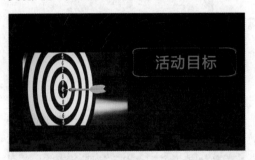

3. 凸显目录文本

如果 PPT 的目录采用的是图片型，还可以采取与放大目录图片相反的方法——将文字放

大，将图片缩小或减淡，如下图所示，原来的目录页是深色的夜晚风景图，这里减淡了背景的深色，并放大了文字内容。

4. 设计创意目录

如果制作 PPT 的时间比较充裕，也可以单独设计转场页，这样可以让整个 PPT 看起来更精致，如下图所示。

✏️ 读书笔记

_____

_____

_____

_____

_____

_____

_____

_____

_____

第 **2** 章

PowerPoint 2019 的基本操作技巧

PPT 广泛应用于商业演示、培训教学、会议报告、企业宣传等领域。下面以常用的 PowerPoint 2019 为蓝本，介绍 PowerPoint 的基本操作。实际上，PowerPoint 的界面友好，操作简单，并且各个版本的大部分操作基本相同。为了最大限度地提升用户的工作效率，PowerPoint 2019 在基础操作方面提供了非常多的技巧。

以下是一些 PowerPoint 2019 入门操作中常见的问题，请检测自己是否会处理或已掌握与其相关的知识。

√ 每个人都可以根据自己的使用习惯和常用功能来设置 PowerPoint 2019 的界面效果，具体应该怎样实现？

√ 当时间有限时，想快速完成 PPT 的制作，有哪些方法和技巧呢？

√ 最近打开过的 PPT，可以快速打开，应该如何操作？

√ 不同的视图有不同的作用，各种视图都适用于什么情况？

√ 根据页面展示内容的不同，为幻灯片应用不同的版式。

√ 在众多的幻灯片中，如何有规律地组织和管理它们？

通过本章内容的学习，可以解决以上问题，并学会更多 PPT 与幻灯片操作的技巧。本章相关知识技能如下图所示。

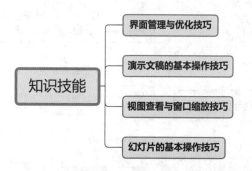

2.1 界面管理与优化技巧

PowerPoint 2019 的工作界面分为标题栏、功能区、幻灯片窗格、编辑区、备注栏、状态栏等部分，如下图所示。

❶标题栏：其中又可以分为多个部分，从左到右依次为快速访问工具栏、PPT 标题、窗口控制按钮组。

❷功能区：其中集成了 PowerPoint 2019 的常用功能选项与命令，主要分为"文件""开始""插入""设计""切换""动画""幻灯片放映"等多个选项卡，每个选项卡中又包含多个功能组。此外，当选择不同的对象时，会显示适合操作该对象的特定选项卡。

❸幻灯片窗格：可以在幻灯片窗格中浏览各幻灯片的缩略效果，更好地掌握整个 PPT 的效果，也可以进行幻灯片的顺序调整等操作。

❹编辑区：是 PowerPoint 2019 最主要的区域，用于编辑幻灯片内容，如输入文本或插入图片，进行具体的编辑操作等。

❺备注栏：用于输入应用于当前幻灯片的备注，以便在展示 PPT 时进行参考。这些内容在播放时是不会显示给观众的。

❻状态栏：位于主窗口底部，显示针对当前演示文稿的基本信息，包括幻灯片总页数、当前页数、当前使用主题，以及视图切换按钮与显示比例调整滑块等。

初次打开 PowerPoint 2019，显示的都是默认的一些设置。为了提高制作幻灯片的工作效率，可以根据个人的操作习惯或需求设置 PowerPoint 2019 的界面，以及优化一些功能等。本节具体知识框架如下图所示。

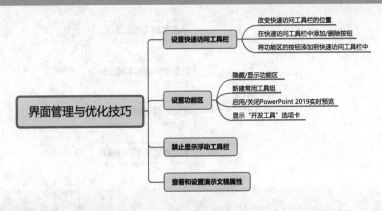

012　改变快速访问工具栏的位置

默认情况下，PowerPoint 2019 的快速访问工具栏在界面的左上角。有些用户可能觉得将工具栏放到功能区下方更方便，此时可以改变快速访问工具栏的位置。

扫一扫，看视频

可以根据自己的使用习惯调整快速访问工具栏的位置，具体操作方法如下。

步骤 01 ❶ 单击快速访问工具栏右侧的下拉按钮；❷ 在弹出的下拉列表中选择"在功能区下方显示"选项，如下图所示。

步骤 02 经过步骤 01 的操作，即可将快速访问工具栏移至功能区下方，如下图所示。

013　在快速访问工具栏中添加 / 删除按钮

快速访问工具栏是一个由常用命令组合而成的区域，通常将一些经常使用的命令按钮自定义在快速访问工具栏中，这样可以显著提高工作效率。

扫一扫，看视频

默认情况下，快速访问工具栏中只提供了保存、撤销和恢复按钮。可以根据自己的使用习惯添加其他功能按钮，具体操作方法如下。

步骤 01 ❶ 单击快速访问工具栏右侧的下拉按钮；❷ 在弹出的下拉列表中选择需要添加的常用命令，如果没有找到要添加的命令，可以选择"其他命令"选项，如下图所示。

步骤 02 打开"PowerPoint 选项"对话框，❶ 在左侧的列表框中选择需要添加的命令；❷ 单击"添加"按钮；❸ 单击"确定"按钮，如下图所示。

步骤 03 经过步骤 02 的操作，即可将"插入图片"按钮添加至快速访问工具栏中，如下图所示。

🔔 小技巧

如果在快速访问工具栏中添加了太多的按钮，反而会影响操作速度，可以将不常用的按钮删除。其方法是：在快速访问工具栏中需要删除的按钮上右击，在弹出的快捷菜单中选择"从快速访问工具栏删除"命令。

014 将功能区的按钮添加到快速访问工具栏中

扫一扫，看视频

　　如果所需添加到快速访问工具栏中的命令按钮在功能区中可以找到，可以更快捷地将按钮添加到快速访问工具栏中。

　　例如，要将功能区中的"图片"按钮快速添加到快速访问工具栏中，具体操作方法如下。

　　❶ 在功能区中选择"插入"选项卡；❷ 在需要添加到快速访问工具栏的"图片"按钮上右击；❸ 在弹出的快捷菜单中选择"添加到快速访问工具栏"命令，如下图所示。

015 隐藏/显示功能区

扫一扫，看视频

　　从 Office 2007 开始，将之前的菜单列表更改为功能区后，对 PowerPoint 的操作更加方便。但功能区在窗口中占据的位置比较多，在编辑 PPT 时，为了有更多的区域用于查看幻灯片，可以将功能区隐藏或显示。

　　默认情况下，功能区都是显示状态。下面根据情况隐藏和显示功能区，具体操作方法如下。

步骤 01 单击功能区右下角的"折叠功能区"按钮 ∧，即可隐藏功能区，如下图所示。

步骤 02 当功能区隐藏起来后，❶ 在功能区选

项卡的空白处右击；❷ 在弹出的快捷菜单中选择"折叠功能区"命令，又可以显示功能区，如下图所示。

小提示

　　按 Ctrl+F1 组合键，可以快速隐藏或显示功能区。

016 新建常用工具组

扫一扫，看视频

　　功能区中的每个选项卡包含多个命令，按照操作方式不同又划分成不同的组。有时候可能需要将更多的命令按钮添加到某一个选项卡中，这时就可以在该选项卡中新建一个工具组来放置这些按钮。

　　例如，可以自定义将常用的命令集合在新的工具组中，具体操作方法如下。

步骤 01 单击"文件"菜单按钮，如下图所示。

步骤 02 在显示出的"文件"菜单中选择"选项"命令，如下图所示。

步骤 03 打开"PowerPoint 选项"对话框，❶ 选择左侧的"自定义功能区"选项卡；❷ 在右侧列表框中选择需要添加到工具组的选项卡，这里选择"开始"选项卡；❸ 单击"新建组"按钮；❹ 自动选择新建的组，保持新建组的选择状态，继续单击"重命名"按钮，如下图所示。

步骤 04 打开"重命名"对话框，❶ 输入工具组的名称；❷ 单击"确定"按钮，如下图所示。

步骤 05 返回"PowerPoint 选项"对话框，❶ 在"常用命令"列表框中选择需要添加到新建工具组的命令；❷ 单击"添加"按钮；❸ 将需要的命令添加至常用工具组后，单击"确定"按钮，如下图所示。

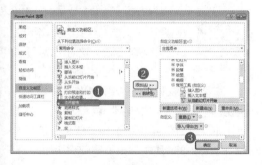

步骤 06 经过以上操作，返回窗口中，即可在"开始"选项卡中看到新建的"常用工具"组及其中添加的命令按钮，如下图所示。

017 启用/关闭 PowerPoint 2019 实时预览

扫一扫，看视频

默认情况下，当鼠标指针指向某一命令按钮、菜单命令或选项时，会显示相关的信息，说明该按钮、菜单命令或选项的具体作用，如下图所示。

这就是开启了 PowerPoint 2019 实时预览的效果。如果不希望出现这种预览效果，可以将其关闭，具体操作方法如下。

步骤 01 单击"文件"菜单按钮，在显示出的"文件"菜单中选择"选项"命令。

步骤 02 打开"PowerPoint 选项"对话框，❶ 取消选中"启用实时预览"复选框；❷ 单击"确定"按钮，如下图所示。

小提示

如果需要实时预览，则勾选"启用实时预览"复选框。

018 显示"开发工具"选项卡

扫一扫，看视频

默认情况下，PowerPoint 2019 功能区中是没有显示"开发工具"选项卡的。如果需要使用一些代码或各种控件等高级操作，则需要显示"开发工具"选项卡，具体操作方法如下。

步骤 01 单击"文件"菜单按钮，在显示出的"文件"菜单中选择"选项"命令。

步骤 02 打开"PowerPoint 选项"对话框，❶ 选择"自定义功能区"选项卡；❷ 在右侧的列表框中勾选"开发工具"复选框；❸ 单击"确定"按钮，如下图所示。

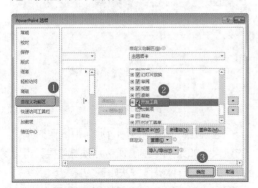

小技巧

在"PowerPoint 选项"对话框的"自定义功能区"选项卡中，在右侧列表框中取消选中某个复选框，可以隐藏功能区中对应的选项卡。如果要隐藏某个工具组，可以展开对应的选项卡下的内容，并在要隐藏的工具组名称上右击，在弹出的快捷菜单中选择"删除"命令。如果想让自定义的功能区快速恢复到系统默认状态，可以单击"重置"按钮，在弹出的下拉列表中选择"重置所有自定义项"选项。

019 禁止显示浮动工具栏

扫一扫，看视频

默认情况下，当选中幻灯片的文本内容时，选中内容的上方会出现一个浮动工具栏，如下图所示。

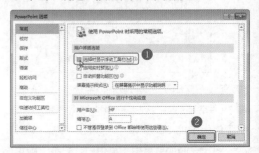

有时并不想使用该工具栏的功能，并且稍不留意就会点到其中的按钮。为避免这种麻烦，可以禁止显示浮动工具栏，具体操作方法如下。

步骤 01 单击"文件"菜单按钮，在显示出的"文件"菜单中选择"选项"命令。

步骤 02 打开"PowerPoint 选项"对话框，❶ 取消选中"选择时显示浮动工具栏"复选框；❷ 单击"确定"按钮，如下图所示。

020 查看和设置演示文稿属性

在查看一个演示文稿时，有时需要了解文档的作者、文档字数、文档大小等信息。这时可以打开文档的"属性"对话框进行查看。

查看演示文稿属性的具体操作方法如下。

步骤 01 ❶ 单击"文件"菜单按钮，在显示出的"文件"菜单中选择"信息"选项卡；❷ 单击右侧的"属性"按钮；❸ 选择弹出的"高级属性"命令，如下图所示。

步骤 02 打开该演示文稿的属性对话框，❶ 单击对话框中的各个选项卡即可查看相关的文稿属性；❷ 在文本框中输入内容也可以设置相关的属性；❸ 设置完成后，单击"确定"按钮，如下图所示。

小提示

在状态栏中也可以查看演示文稿的总页数和当前幻灯片编号及使用的主题等属性。

2.2　演示文稿的基本操作技巧

演示文稿的管理包括新建演示文稿、保存演示文稿、打开使用过的演示文稿等，在学习幻灯片设计之前，必须先掌握如何管理演示文稿。本节具体知识框架如下图所示。

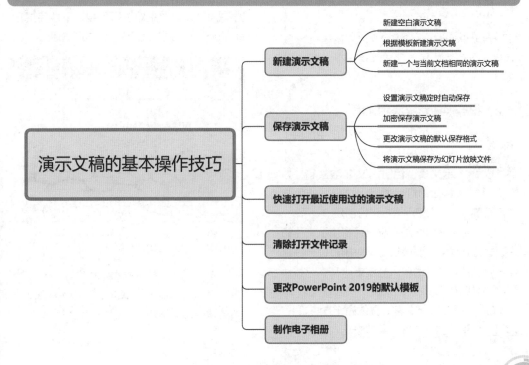

021　新建空白演示文稿

扫一扫，看视频

通常需要在 PowerPoint 2019 中新建空白演示文稿，然后根据需要输入演示文稿的内容。

启动 PowerPoint 2019 后，需要进行如下操作，才能新建空白演示文稿。

❶ 单击"文件"菜单按钮，选择"开始"选项卡；❷ 选择右侧的"空白演示文稿"选项，新建一个名为"演示文稿 1"（这里的数字会根据当前新建的演示文稿自动递增）的空白演示文稿，如下图所示。

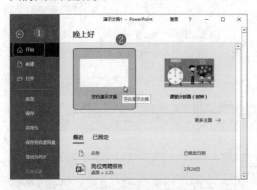

🔔 小提示

启动 PowerPoint 2019 后，直接选择"空白演示文稿"选项，即可新建一个空白演示文稿。

022　根据模板新建演示文稿

扫一扫，看视频

在 PowerPoint 2019 中提供了一些模板。如果需要制作一个演示文稿，但时间又非常紧急，为了让幻灯片能有一个良好的色彩搭配和布局，可以使用模板进行创建。

模板演示文稿就是系统已经将演示文稿的主题、整体框架、颜色搭配、对象占位符位置等内容设置完成，用户只需要更改文本或替换图片。例如，在 PowerPoint 2019 中创建一个"未来展望"主题的演示文稿，具体操作方法如下。

步骤 01 ❶ 单击"文件"菜单按钮，选择"新

建"选项卡；❷ 在右侧可以看到提供了许多主题，选择一个需要的主题，如下图所示。

步骤 02 在打开的对话框中显示该主题的样式，单击"创建"按钮，如下图所示。

步骤 03 开始对主题进行下载，下载完成后，即可创建该主题的演示文稿，如下图所示。

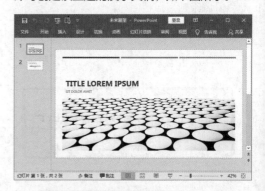

🔔 小技巧

在"新建"界面的搜索框中输入关键字，单击其后的"搜索"按钮 🔍，还可以搜索相关的演示文稿模板。

023　新建一个与当前文档相同的演示文稿

有时可能需要对当前文档进行其他处理，但又想保留当前页面效果，此时可以快速新建一个与当前文档完全相同的演示文稿。

扫一扫，看视频

创建一个与当前文档相同的演示文稿，具体的操作方法如下。

在当前文档窗口中单击"视图"选项卡"窗口"组中的"新建窗口"按钮，如下图所示。

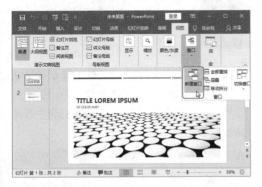

024　保存演示文稿

创建演示文稿后，需要将演示文稿保存起来，避免在编辑过程中因为各种意外丢失文件。

扫一扫，看视频

保存演示文稿时，可以保存到当前计算机硬盘中、网络的其他计算机中，或者 U 盘等可移动设备中。最常用的是保存到当前计算机硬盘中，具体操作方法如下。

步骤 01 ❶ 在"文件"菜单中选择"保存"选项卡；❷ 在中间列表中选择"浏览"命令，如下图所示。

步骤 02 打开"另存为"对话框，❶ 选择文件要保存的路径；❷ 输入文件名称；❸ 单击"保存"按钮，如下图所示。

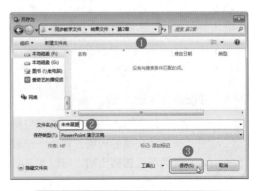

🔔 **小提示**

如果要保存演示文稿的副本，在"文件"菜单中选择"另存为"选项卡，进行相似操作即可。

025　设置演示文稿定时自动保存

在编辑演示文稿的过程中，要记得随时保存文件的最近编辑成果，避免因突然断电或计算机故障导致的损失。直接按 Ctrl+S 组合键即可快速保存当前演示文稿。

扫一扫，看视频

为减少不停保存演示文稿的烦琐操作，可以设置定时自动保存，具体操作方法如下。

打开"PowerPoint 选项"对话框，❶ 选择"保存"选项卡；❷ 勾选"保存自动恢复信息时间间隔"复选框；❸ 设置文档自动保存的间隔时间；❹ 单击"确定"按钮，如下图所示。

小技巧

在"PowerPoint 选项"对话框的"保存"选项卡中，在"保存演示文稿"栏的"默认本地文件位置"文本框中可以输入常用的文件夹位置，作为演示文稿的默认保存位置，避免每次都要选择保存位置。

026 加密保存演示文稿

扫一扫，看视频

为了防止他人窃取或擅自修改演示文稿的内容，导致一些重要信息泄露或出错，可以对文档进行加密保存。

加密演示文稿，需要在保存演示文稿时进行，具体操作方法如下。

步骤 01 ❶ 在"文件"菜单中选择"打开"选项卡；❷ 在中间列表中选择"这台电脑"，如下图所示。

步骤 02 打开"打开"对话框，❶ 选择文件的保存路径；❷ 选择需要打开的文件；❸ 单击"打开"按钮，如下图所示。

步骤 03 ❶ 在"文件"菜单中选择"另存为"

选项卡；❷ 在中间列表中根据文件的保存位置选择打开方式，这里选择"这台电脑"，如下图所示。

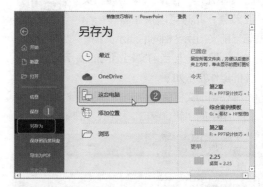

步骤 04 打开"另存为"对话框，❶ 选择文件要另外保存的路径；❷ 输入文件名称；❸ 单击"工具"下拉按钮；❹ 在弹出的下拉列表中选择"常规选项"选项，如下图所示。

步骤 05 打开"常规选项"对话框，❶ 在"打开权限密码"文本框中输入需要设置的打开该文件的密码，如"123"；❷ 单击"确定"按钮，如下图所示。

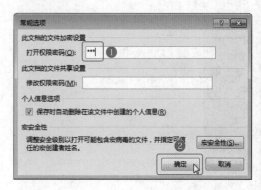

小提示

在"常规选项"对话框的"修改权限密码"文本框中还可以输入密码，为当前演示文稿设置编辑权限，只有输入正确的密码才能进行演示文稿的编辑操作。

步骤 06 打开"确认密码"对话框，❶ 在"重新输入打开权限密码"文本框中再次输入刚刚设置的密码；❷ 单击"确定"按钮，如下图所示。

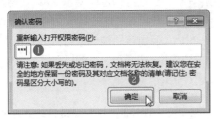

步骤 07 设置演示文稿的密码后，返回"另存为"对话框，单击"保存"按钮，即可完成对演示文稿的加密保存。

027　更改演示文稿的默认保存格式

在 PowerPoint 2019 中制作演示文稿后，要发送到其他安装了较低版本 Office 软件的计算机上，每次都需要在"另存为"对话框中将文件的保存类型设置为"PowerPoint 97-2003 演示文稿"格式。

扫一扫，看视频

PowerPoint 2019 默认的文档格式是"PowerPoint 演示文稿"，即 .pptx 格式。如果经常需要发送到其他安装了较低版本 Office 软件的计算机上，可以更改演示文稿的默认保存格式为"PowerPoint 97-2003 演示文稿"，即 .ppt 格式，以避免重复操作，具体操作方法如下。

打开"PowerPoint 选项"对话框，❶ 选择"保存"选项卡；❷ 在"将文件保存为此格式"下拉列表中选择"PowerPoint 97-2003 演示文稿"选项，作为默认保存格式；❸ 单击"确定"按钮，如下图所示。

028　将演示文稿保存为幻灯片放映文件

演示文稿制作完成后，想要发给别人观看，又担心内容被复制或修改。为了解决这个问题，可以将演示文稿保存为仅供放映的文件。这样观看者就无法进入编辑状态，对文档内容进行操作，具体操作方法如下。

扫一扫，看视频

步骤 01 打开素材文件（位置：素材文件 \ 第 2 章 \ 旅游宣传片 .pptx），❶ 在"文件"菜单中选择"导出"选项卡；❷ 在中间列表中选择"创建视频"命令；❸ 在右侧选择视频质量，如"全高清"；❹ 单击"创建视频"按钮，如下图所示。

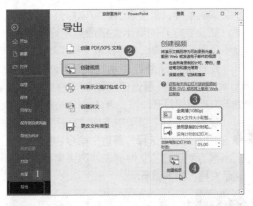

步骤 02 打开"另存为"对话框，❶ 选择文件的保存位置；❷ 输入文件名称；❸ 在"保存类型"下拉列表中选择需要的视频格式，如"MPEG-4 视频"格式；❹ 单击"保存"按钮，如下图所示。

在将演示文稿转换为视频前，需要查看 PPT 中音频和视频的播放方式，在"播放"选项卡中不能将"开始"设置为"单击时"，需要设置为"自动"，否则转换为视频后将无法播放插入的这些媒体文件。

029 快速打开最近使用过的演示文稿

扫一扫，看视频

要编辑已经保存的演示文稿，首先需要打开它。前面介绍了通过"打开"对话框打开演示文稿的方法，如果找到了要打开的演示文稿的图标，直接双击也可以打开该演示文稿。如果要打开的演示文稿最近刚好使用过，就不用重新在计算机中寻找该文件了。

要快速打开最近使用过的演示文稿，在 PowerPoint 2019 最近使用过的文件列表中找到该文档直接打开即可，具体操作方法如下。

❶ 在"文件"菜单中选择"打开"选项卡；❷ 在中间列表中选择"最近"命令；❸ 在右侧列出最近使用过的文件列表，选择需要打开的演示文稿，如下图所示。

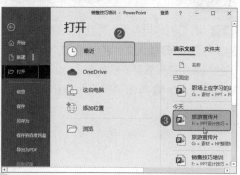

选择"最近"命令后，在右侧上方选择"文件夹"选项卡，可以看到最近使用过的文件夹列表，选择某个文件夹后，可以快速展开该文件夹中的文件列表，也可以快速打开相应文件。

030 清除打开文件记录

扫一扫，看视频

PowerPoint 2019 会自动记录最近打开过的演示文稿。这样方便再次对这些演示文稿进行操作，但也容易被他人打开并利用。因此，需要隐藏一些重要文件的打开记录。

在"PowerPoint 选项"对话框的"高级"选项卡中，可以设置 PowerPoint 2019 最近打开的文件数量，在"显示"栏的"显示此数量的最近的演示文稿"数值框中输入具体的数值即可。

将打开文件的记录清除，可以使用快捷菜单完成，具体操作方法如下。

❶ 在"文件"菜单中选择"打开"选项卡，在中间列表中选择"最近"命令；❷ 在右侧列出的最近使用过的文件列表中，右击需要清除打开记录的文件；❸ 在弹出的快捷菜单中选择"从列表中删除"命令，如下图所示。

小技巧

在最近使用过的文件列表中，每个演示文稿后面有一个锁定图标📌，单击该图标可以把对应的演示文稿固定在列表的最前方，方便再次使用该文件。再次单击该图标，可以取消固定该文件。

031　更改 PowerPoint 2019 的默认模板

默认情况下，启动 PowerPoint 2019 后，显示的是一个空白的演示文稿模板。一些企业中需要将文档外观统一，可能会要求采用统一模板制作演示文稿，这时可以将 PowerPoint 2019 的默认模板设置为常用的模板。

为 PowerPoint 2019 更改默认模板的操作方法如下。

步骤 01 打开已经制作好的模板文件（位置：素材文件 \ 第 2 章 \XX 公司 PPT 模板 .potx），在"文件"菜单中选择"保存"选项卡，在中间列表中选择"浏览"命令。

步骤 02 打开"另存为"对话框，❶ 选择默认模板所在位置"X:\Users\ 用户名 \AppData\Roaming\Microsoft\Templates"（X 表示系统所在的盘符，用户名是当前计算机的用户名称）；❷ 输入文件名"blank"；❸ 选择"PowerPoint 模板（*.potx）"保存类型；❹ 单击"保存"按钮，如下图所示。

小提示

如果需要 PowerPoint 恢复原来默认的空白模板，直接进入存放默认模板的位置，将添加的模板删除即可。

步骤 03 完成上述操作，再次启动 PowerPoint 2019 时就会根据指定的模板新建演示文稿，如下图所示。

032　制作电子相册

扫一扫，看视频

有些时候需要制作一些以图片展示为主的 PPT，有点类似电子相册。这类 PPT 不用一张一张幻灯片地进行制作，在 PowerPoint 2019 中可以快速生成。

例如，要制作 PPT 对一些设计效果图片进行展示，具体操作方法如下。

步骤 01 在任意 PowerPoint 2019 窗口中，❶ 单击"插入"选项卡"图像"组中的"相册"按钮；❷ 在弹出的下拉列表中选择"新建相册"选项，如下图所示。

步骤 02 打开"相册"对话框，单击"文件 / 磁盘"按钮，如下图所示。

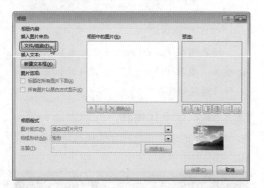

步骤 03 打开"插入新图片"对话框，❶ 选择保存图片的文件夹位置；❷ 选择需要制作为 PPT 的图片；❸ 单击"插入"按钮，如下图所示。

步骤 04 返回"相册"对话框，可以看到已经载入了选择的图片。❶ 在"相册中的图片"列表框中选择需要调整位置的图片；❷ 单击列表

框下方的箭头按钮，即可向上或向下调整所选图片的位置；❸ 在"图片版式"下拉列表中选择需要的图片排版效果，这里选择"1 张图片"选项；❹ 单击"创建"按钮，如下图所示。

步骤 05 经过以上操作，可以看到根据选择的图片和相应设置创建的 PPT，如下图所示。

✎ 读书笔记

_____

_____

_____

_____

_____

_____

_____

2.3 视图查看与窗口缩放技巧

在制作 PPT 时，很多用户可能会忽略视图查看与窗口缩放功能。充分掌握 PowerPoint 的视图查看与窗口缩放的技巧，可以更精确地对幻灯片进行编辑和布局。本节具体知识框架如下图所示。

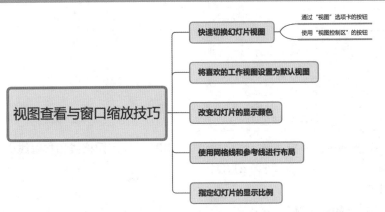

033　快速切换幻灯片视图

在 PowerPoint 2019 中提供了多种工作视图以满足不同的编辑需要，在 PPT 中进行不同的"工作"时，可以从这些视图中选择一种合适的视图来查看幻灯片效果。

在使用 PowerPoint 2019 编辑幻灯片时，经常会使用各种视图，可以通过"视图"选项卡的相应按钮进行切换。例如，要切换到幻灯片浏览视图，可以单击"视图"选项卡"演示文稿视图"组中的"幻灯片浏览"按钮，如下图所示。

实际上使用视图控制区的按钮更加方便快捷，直接单击视图控制区相应的按钮即可。如单击"阅读视图"按钮 ▦，即可切换至阅读

视图，如下图所示。

034　将喜欢的工作视图设置为默认视图

扫一扫，看视频

默认情况下，PowerPoint 2019 启动后的视图是普通视图。打开制作好的演示文稿，显示最后保存时的视图。如果想在每次打开演示文稿后都以自己常用的视图显示，可以对 PowerPoint 2019 的默认视图进行设置。

设置 PowerPoint 2019 的默认视图的具体操作方法如下。

步骤 01 打开"PowerPoint 选项"对话框，❶选择"高级"选项卡；❷在"显示"栏的"用此视图打开全部文档"下拉列表中，选择默认的幻灯片视图，如"幻灯片浏览"；❸ 单击"确定"按钮，如下图所示。

步骤 02 完成上述操作后，再次启动 PowerPoint 2019 或打开演示文稿时，幻灯片都会以幻灯片浏览视图显示。

035 改变幻灯片的显示颜色

扫一扫，看视频

默认情况下，幻灯片是以彩色显示的，在制作一些特殊的演示文稿时，可能需要将演示文稿设置为灰度或黑白模式。如果全部都使用灰色或黑白色的素材，收集起来可能很麻烦。可以先将 PPT 制作完成，然后直接使用灰度或黑白模式显示。

改变幻灯片的显示颜色的具体操作方法如下。

步骤 01 打开素材文件（位置：素材文件\第 2 章\工作总结 .pptx），在"视图"选项卡"颜色／灰度"组中选择需要的显示颜色，如"黑白模式"，如下图所示。

步骤 02 完成上述操作后，幻灯片会显示成黑白色，可以在"黑白模式"选项卡中进一步设置对象的颜色，这里选择"白"，如下图所示。

036 使用网格线和参考线进行布局

扫一扫，看视频

在制作 PPT 的过程中，对各个对象进行布局时，尤其是将对象进行对齐时，使用网格线和参考线作为参考，可以更直观地判断对象是否对齐。

当需要在幻灯片中使用网格线和参考线作为参考时，可以进行以下操作。

❶ 在"视图"选项卡的"显示"组中勾选"网格线"和"参考线"复选框；❷ 拖动水平或垂直参考线到需要的位置，如下图所示。

🔊 小提示

用鼠标拖动对象时，还会显示很多智能的线条，方便以合适的方式对齐需要对齐的对象，如居中对齐、顶端对齐、底端对齐、左对齐或右对齐等。

037　指定幻灯片的显示比例

对幻灯片进行编辑时，可以根据当前需要调整幻灯片的显示比例。例如，在幻灯片中对一个非常小的对象进行编辑，这时可以增大幻灯片的显示比例，以便更好地选择对象。

扫一扫，看视频

指定幻灯片的显示比例的具体操作方法如下。

步骤 01　单击"视图"选项卡"缩放"组中的"缩放"按钮，如下图所示。

步骤 02　打开"缩放"对话框，❶ 选中需要的

显示比例对应的单选按钮，如 200%，或选中"调整"单选按钮，在其后的数值框中输入需要的百分比值；❷ 单击"确定"按钮，如下图所示。

🔔 小技巧

单击"视图"选项卡"缩放"组中的"适应窗口大小"按钮，可以快速地让幻灯片以最适合当前窗口的比例显示。如果想随意放大或缩小窗口的显示比例，还可以在按住 Ctrl 键的同时，滚动鼠标滚轮进行调整。

2.4　幻灯片的基本操作技巧

幻灯片是演示文稿的主体，一个演示文稿可以包含多张幻灯片。在对幻灯片进行编辑前，需要掌握必要的基础操作技巧，包括幻灯片的新建、复制、移动、删除和使用节等，这样可以大大提高工作效率。本节具体知识框架如下图所示。

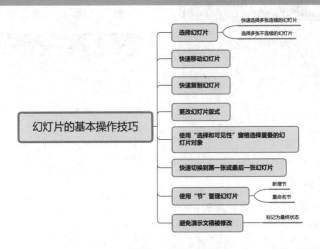

038　快速选择多张连续的幻灯片

扫一扫，看视频

在对幻灯片进行编辑时，如果需要同时复制多张连续的幻灯片，逐一复制非常浪费时间，一次性将这些需要的幻灯片选中后进行统一操作就会简便得多。

选择多张连续的幻灯片的具体操作方法如下。

❶ 单击多张连续幻灯片的起始页；❷ 按住 Shift 键单击多张连续幻灯片的结束页，即可选中两张幻灯片之间的多张幻灯片，如下图所示。

039　选择多张不连续的幻灯片

扫一扫，看视频

如果需要对不连续的多张幻灯片进行操作，也可以同时选中后再进行操作。选择多张不连续的幻灯片的具体操作方法如下。

❶ 单击需要选择的多张幻灯片中的一张；❷ 按住 Ctrl 键，依次单击需要选择的其他幻灯片，如下图所示。

040　快速移动幻灯片

在对幻灯片进行编辑时，可以使用剪切和

扫一扫，看视频

复制的操作对幻灯片进行移动。为了减少不必要的操作步骤，可以直接使用快速移动幻灯片的方法对幻灯片进行移动。

快速移动幻灯片的具体操作方法如下。

❶ 将鼠标指针指向需要移动的幻灯片；❷ 按住鼠标左键，拖动鼠标至需要移动到的位置。在移动幻灯片的过程中鼠标指针呈 状，如下图所示。

041　快速复制幻灯片

扫一扫，看视频

在对幻灯片进行编辑时，除了可以快速移动幻灯片外，还可以对幻灯片进行快速复制。

快速复制幻灯片的具体操作方法如下。

❶ 将鼠标指针指向需要复制的幻灯片；❷ 按住鼠标左键，在按住 Ctrl 键的同时拖动鼠标至需要复制到的位置。在复制幻灯片的过程中鼠标指针呈 状，如下图所示。

042　更改幻灯片版式

　　新建幻灯片后，如果发现该幻灯片版式不适合当前要添加的内容，可以删掉后再新建一张幻灯片。有时可能在编辑过程中才发现版式不符，删掉意味着前面的操作都白费了。这时可以选择更改幻灯片版式将其纠正过来。

扫一扫，看视频

　　对幻灯片版式进行更改的具体操作方法如下。

步骤 01 打开素材文件（位置：素材文件\第2章\销售技巧培训.pptx），❶ 选择需要更改版式的幻灯片；❷ 单击"开始"选项卡"幻灯片"组中的"幻灯片版式"按钮；❸ 在弹出的下拉列表中选择需要使用的幻灯片版式，如"标题和竖排文字"，如下图所示。

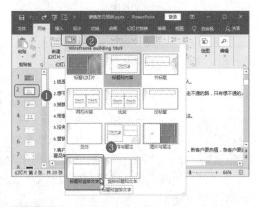

步骤 02 更改幻灯片版式后的效果如下图所示。

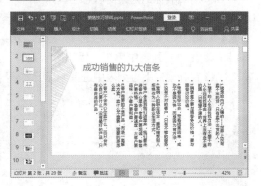

043　使用"选择和可见性"窗格选择重叠的幻灯片对象

　　如果幻灯片中的对象太多，尤其是有重

扫一扫，看视频

叠的对象，编辑时总是不容易选择。使用"选择"窗格可以非常方便地选择需要编辑的对象。

　　使用"选择"窗格，可以进行以下操作。

步骤 01 打开素材文件（位置：素材文件\第2章\工作总结.pptx），❶ 单击"开始"选项卡"编辑"组中的"选择"按钮；❷ 在弹出的下拉列表中选择"选择窗格"选项，如下图所示。

步骤 02 在显示出的"选择"窗格中选择选项即可选中幻灯片中对应的对象，如下图所示。

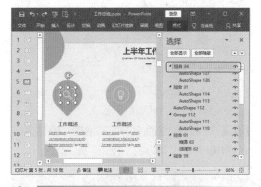

小提示

　　双击"选择"窗格中的选项，可以改变对象的名称，以便识别各个对象；单击选项右侧的"眼睛"图标 👁，可以将幻灯片中对应的对象隐藏或显示。

044　快速切换到第一张或最后一张幻灯片

　　制作包含多张幻灯片的长篇 PPT 时，使用滚动条翻动页面需要较长的时间。按快捷键可以快速返回第一张幻灯片或切换到最后一张幻灯片。

当需要返回第一张幻灯片时，可以在演示文稿窗口激活的状态下按 Home 键；当需要切换到最后一张幻灯片时，可以在演示文稿窗口激活的状态下按 End 键。

045 使用"节"管理幻灯片

扫一扫，看视频

在 PowerPoint 2019 中，"节"可以像文件夹一样组织幻灯片，还可以对这些节命名，甚至将一些节分配给其他人进行协作编辑，这为那些较庞大的演示文稿的管理提供了便利。

使用"节"管理幻灯片的具体操作方法如下。

步骤 01 ❶ 单击定位到需要新增节的位置；❷ 单击"开始"选项卡"幻灯片"组中的"节"按钮；❸ 在弹出的下拉列表中选择"新增节"选项，如下图所示。

步骤 02 打开"重命名节"对话框，❶ 输入节名称；❷ 单击"重命名"按钮，如下图所示。

步骤 03 单击节标题左侧的三角图标 ，可以

隐藏和显示本节标题下的幻灯片，如下图所示。

🔔 小技巧

在工作中，同时打开的演示文稿可能有多个，一般情况下，可以按 Alt+Tab 组合键切换窗口，但如果打开的文件太多，切换起来就比较麻烦。此时，在 PowerPoint 2019 中单击"视图"选项卡"窗口"组中的"切换窗口"按钮，在弹出的下拉列表中选择需要切换到的演示文稿窗口，即可实现演示文稿窗口间的切换。

046 避免演示文稿被修改

扫一扫，看视频

对于最终定稿的演示文稿，制作者往往不希望文件被随意修改。此时，可以将演示文稿标记为最终状态，禁止对演示文稿进行输入和编辑操作。

将演示文稿标记为最终状态的具体操作方法如下。

步骤 01 ❶ 在"文件"菜单中选择"信息"选项卡；❷ 在中间列表中单击"保护演示文稿"按钮；❸ 在弹出的下拉列表中选择"标记为最终"选项，如下图所示。

步骤 02 在弹出的提示对话框中单击"确定"按钮，如下图所示。

步骤 03 将演示文稿标记为最终状态后，会弹出提示对话框，单击"确定"按钮，如下图所示。

步骤 04 当演示文稿被标记为最终状态后，

PowerPoint 2019 窗口的编辑栏上方会显示相关的提示信息，如下图所示。如果需要对演示文稿进行编辑，单击提示信息中的"仍然编辑"按钮即可。

✎ 读书笔记

第3章

PPT 布局与颜色搭配技巧

　　PPT 不同于一般的办公文档，它不仅要求内容丰富，而且要求具有非常高的观赏性。因此，在制作 PPT 时一定要以设计者的眼光对每一张幻灯片、每一个对象精心雕琢。要想让 PPT 给人以精美的印象，首先要在风格上达成一致，主要包括让内容布局和颜色搭配保持一致。本章将针对这两个方面讲解一些实用技巧。

　　以下是一些 PPT 内容布局与颜色搭配中常见的问题，请检测自己是否会处理或已掌握与其相关的知识。

　　√　制作的 PPT 不好看，基础的布局知识都掌握了吗？

　　√　常见的 PPT 布局版式有哪些？你更喜欢使用哪些类型的布局？

　　√　想让 PPT 更富有设计感，应该掌握哪些布局原则，该如何实现？

　　√　对色彩的把控感强吗？常用的 PPT 配色方案都掌握了吗？

　　√　在选择 PPT 的颜色时，应该掌握哪些原则和技巧？

　　√　没有时间慢慢修改 PPT 的内容配色，有什么方法可以快速改变整体的配色效果？

　　通过本章内容的学习，可以解决以上问题，并学会更多 PPT 的设计理念和技巧。本章相关知识技能如下图所示。

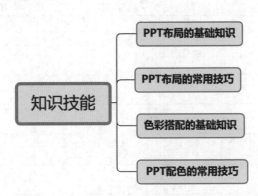

3.1　PPT 布局的基础知识

一个 PPT 成功与否，布局很关键，首先必须了解 PPT 布局方面的知识。懂得点、线、面构成的基础知识，参考 10 种常见的幻灯片布局样式，了解基础的 PPT 布局原则，才能做出优秀的 PPT。本节具体知识框架如下图所示。

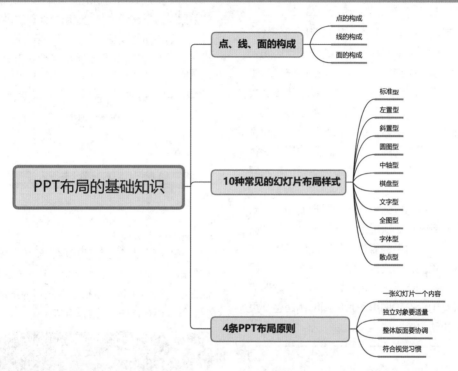

047　点、线、面的构成

点、线、面是构成视觉空间的基本元素，是表现视觉形象的基本设计语言。在 PPT 中，点、线、面又分别指代什么，应该如何运用呢？

PPT 设计实际上就是处理好点、线、面三者的关系，因为任何视觉形象或版式的构成，都可以归纳为点、线和面。一个按钮、一个文字是点，几个按钮或几个文字的排列形成线，而线的移动、数行文字或一块空白区域可以理解为面。

1.　点的构成

在 PPT 中，一个单独而细小的形象可以称为点。点是相比较而言的，它是 PPT 中相对微小的、单纯的视觉形象，如按钮、Logo 等。需要说明的是，并不是只有圆形才称为点，方形、三角形、自由形状都可以作为视觉上的点，点是相对线和面而存在的视觉元素。

点是构成 PPT 的基本单位，在 PPT 设计中，经常需要主观地加一些点。最常用的可能就是对并列关系的内容添加项目符号。如下图所示，在每条销售经验之前加个菱形。这些点在页面中就起到了活泼生动的作用。特别地，在这个页面中还根据项目符号的形状添加了左侧的多种菱形对象，如形状、图片、图标等，形成面的多种效果，使页面更加丰富。因此，只要使用得当，有些点甚至可以起到画龙点睛的作用。

当页面中有一个点时，它能吸引人的视线。有两个点时，人的视线就会在这两个点之间来回流动，当两个点错位排列时，则视线呈曲线摆动；当两个点有大小之别时，视线就会由大点流向小点，且产生透视效果，给人远近之感。当页面中有三个点时，视线在这三个点之间流动，会让人产生面的联想。在密集的相同形状的点中出现异形点时，则异形点更能引起人们的注意。

可见，点的排列所引起的视觉流动，引入了时间的因素。利用点的大小、形状、方向、位置、聚集、发散的变化，可以设计出富于节奏韵律的页面，最终也会给人带来不同的心理感受。如下图所示，为每项数据添加了圆形的点，并均匀分布在圆形图片的周围，让整个页面更加灵动。

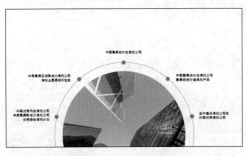

2. 线的构成

点的延伸形成线，线在页面中的作用是表示方向、位置、长短、宽度、形状、质量和情绪。线是分割页面的主要元素之一，是决定页面效果的基本要素。线分为直线和曲线两种，线还具有总体形状和两端的形状。线的总体形状有垂直、水平、倾斜、几何曲线、自由线这几种。

线是具有情感的，如水平线给人开阔、安宁、平静的感觉；斜线具有动力、不安、速度和现代意识；垂直线具有庄严、挺拔、力量、向上的感觉；曲线、折线、弧线具有强烈的动感，更容易引起视线的前进、后退或摆动，是最好的情感抒发手段。

将不同的线运用到页面设计中会获得不同的效果，可以充分地表达出所要体现的内容。

下图所示为销售培训流程，整个流程横向排列，能够非常清晰地显示各个环节的先后关系。

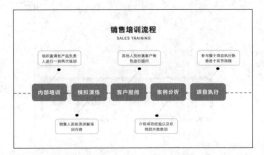

下图所示为企业经营思路，整个进程呈曲线分布，也能清晰地显示各个环节的先后关系，但曲线还隐含了整个过程可能还有很多细节需要展开或存在很多问题需要解决。

3. 面的构成

面是无数点和线的组合，面具有一定的面积和质量，占据空间的更多位置，相比点和线来说其视觉冲击力更强烈。

点的连续排列构成线，点与点之间的距离越近，线的特性就越显著；点的密集排列构成面，同样，点的距离越近，面的特性就越显著。

在 PPT 的视觉构成中，点、线、面既是基本的视觉元素，又是重要的表现手段。在确定 PPT 主体形象的位置和动态时，点、线、面是需要最先考虑的因素。

只有合理地安排好点、线、面的相互关系，才能设计出具有最佳视觉效果的页面，让 PPT 兼具艺术性和实用性。

如下图所示，幻灯片的亮点既不是某一点也不是某一条线，而是由多个点和多条线组成的整个页面。

048　10 种常见的幻灯片布局样式

在制作 PPT 时，版式布局并不是一成不变的，不同的内容需要采用不同的排版方式。

下面介绍 10 种常见的幻灯片布局样式，在制作 PPT 时可以作为参考。

1. 标准型

标准型是最常见的简单而规则的版面编排类型，一般是从上到下排列页面中的各种对象，如图片、图表、标题、说明文字、标志图形等。如下图所示，自上而下的排版样式符合人们的心理顺序和思维活动的逻辑顺序，能够产生良好的阅读效果。

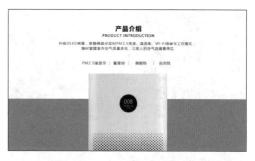

如果觉得按上下顺序排版的页面比较空旷，还可以根据内容搭配一张图片，在上下布局的情况下，下部将图片放在文字的一侧，使页面看起来更饱满，如下图所示。

2. 左置型

左置型是一种非常常见的版面编排类型，它往往将纵长型图片放在版面的左侧，使之与右侧横向排列的文字形成有力对比。这种版面编排类型十分符合人们的视线流动顺序，如下图所示。

除了直接在页面左侧放置图片外，也可以在整个页面的背景图片的左侧添加一个色块，其上放置该页面的主要内容，如下图所示。

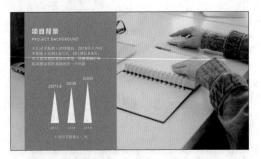

3. 斜置型

斜置型的幻灯片布局样式是指在构图时，将全部构成要素向右边或左边适当倾斜，使视线上下流动，画面产生动感。

如下图所示，通过在页面中插入倾斜的形状，让视线首先停留在书上，然后随之向下移动到右侧的形状上，再回到右上角的文字内容部分。

如下图所示，利用裁切后的图片来制造倾斜感，整个画面也产生了视线引导感。

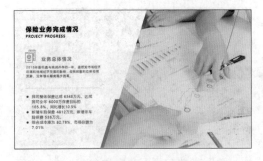

此外，还可以让文字或文字块的形状呈现倾斜效果，让文字或文字块之间产生层级关系，如下图所示。

4. 圆图型

将幻灯片进行圆图型布局时，应该用正圆或半圆构成版面的中心，在此基础上按照标准型的布局样式安排标题、说明文字和标志图形，如下图所示。

圆图型布局样式还经常用于过渡页，如下图所示，这样的布局样式在视觉上非常引人注目。

圆图型布局并非一定是将内容圈起来。如下图所示，在图片的下方绘制一个圆环，就可以让本不是重点的图片突出显示。

5. 中轴型

中轴型是一种对称的构图形态。标题、图片、说明文字与标题图形放在轴心线或图形的两边，具有良好的平衡感。

现在的幻灯片几乎都是扁平形，所以采用横向的中轴型设计比纵向的中轴型设计要多。下图所示为中轴型的过渡页的效果。

如果要制作中轴型的正文页幻灯片，根据视觉流动规律，在设计时要把诉求重点放在左上方或右下方，如下图所示。

当然，在设计时还可以通过插入形状强行将版面设计成中轴型，如下图所示，此时配色是关键，处理难度相对较大。

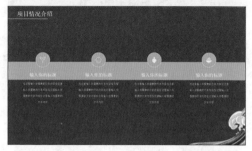

如果内容合适，也可以通过为左右两边设计不同的页面背景色，制作页面一分为二的效果，如下图所示。这种设计的关键是让页面断而不分，如将文字和图片显示在中轴线上，作

为左右两边的连接。

6. 棋盘型

在安排这类布局样式时，需要将版面全部或部分分割成若干等量的方块，相互之间明显区分，再作棋盘式设计，如下图所示。

也可以对其中的某些方块进行变形，或故意缺失，或变形为其他形状，如下图所示。

7. 文字型

如果幻灯片的主体是文字，也可以通过加强文字本身的感染力，使页面变得极具艺术性，如下图所示。

在这种编排中，文字是版面的主体，一定要注意让字体便于阅读。如果想让文字变得有吸引力，可以通过设置字体颜色来达到效果，而不是采用别出心裁的字体，如下图所示。

在编排文字效果时，还可以在页面中添加图标或图片，进行局部点缀，起到锦上添花的作用，如下图所示。

8. 全图型

全图型布局指用一张图片占据整个版面，图片可以是人物形象，也可以是创意所需要的特写场景，然后在图片的适当位置直接加入标题、说明文字或标志图形，如下图所示。

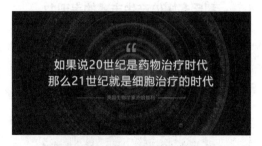

如果需要展示的图片不是特别美观，或者仅仅需要作为背景使用，可以在图片上添加不透明色块，再将文字显示在色块上，起到突出显示的作用，如下图所示。

全图形的效果更多的是用于 PPT 的封面，也可以和内容页一样，直接在图片上添加文字，或添加色块来突出显示文字，如下图所示。

9. 字体型

字体型布局就是为部分重点文字设置特殊的字体，获得个性化的效果。在进行字体型布局时，需要对标题、名称或标志图形进行放大处理，使其成为版面上主要的视觉元素，如下图所示。此变化可以增加版面的情趣，使人印象深刻。需要注意的是，在制作过程中一定要力求简洁、巧妙。

10. 散点型

在进行散点型布局时，需要将构成要素在版面上做不规则的排放，形成随意轻松的视觉效果。在布局时要注意统一气氛，进行色彩或图形的相似处理，避免杂乱无章。同时要突出主体，符合视觉流动规律，这样才能取得最佳效果，如下图所示。

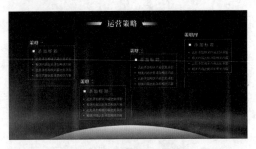

049　4条PPT布局原则

一份PPT能否取得成功，版面布局是否合理是非常关键的因素。什么样的版面才算布局合理呢？

要排列出页面清晰、重点突出的版面，首先需要了解以下4条PPT布局原则。

1. 一张幻灯片一个内容

如果一张幻灯片上的内容太多，不仅可能让幻灯片页面太过拥挤，还可能在演示时让演讲者和听众无法抓住重点。所以，一张幻灯片上只讲述一个内容。

如下图所示，一张幻灯片中介绍了两个内容，幻灯片就显得比较杂乱。

可以将其分解为两张幻灯片，如下图所示。

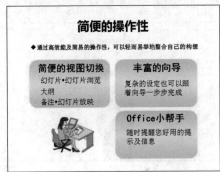

2. 独立对象要适量

在制作PPT时，每张幻灯片中的独立对象不能太多。一般情况下有2～4个单位区域即可，否则无法区分各个内容的主次关系，如下图所示。

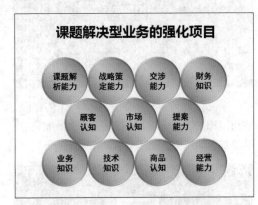

如果内容太多，可以将其整合。例如，对上图的内容进行归纳整理，用如下图所示的效果呈现。

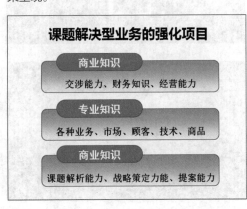

内容太多时，还可以通过区域划分来减少单位区域，如下图所示，为相同类型的对象添加透明效果，就可以明显地区分开。

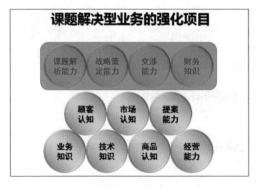

3. 整体版面要协调

在对幻灯片中的对象进行布局时，一定要考虑协调性，包括各对象之间的间距、长度、宽度等。尽量做到"横向同高，纵向同宽"，也就是将横向排列的对象设置为同一高度，纵向排列的对象设置为同一宽度。

下面两张图分别是凌乱版面和协调版面的对比，很明显第二张幻灯片更容易被人认可。

4. 符合视觉习惯

人的视觉习惯一般有以下几种顺序：从左到右、从上到下、顺时针、Z字形。在制作 PPT 时，视觉习惯很容易被人忽略，其实只要仔细一看，就会发现符合视觉习惯的布局和不符合视觉习惯的布局有很多区别。如下图所示，上面的图片看起来会不舒服，下面的图片遵循了从左到右的顺序，显得自然很多。

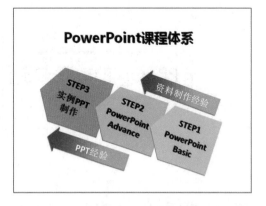

✎ 读书笔记

_____

_____

_____

_____

_____

_____

3.2 PPT 布局的常用技巧

如何抓住观众眼球？演示幻灯片时，观众首先看向哪里？关注幻灯片上的哪一点？如何让观众跟着演讲者的意图走？这些都是制作 PPT 时必须考虑的问题。本节围绕这些问题讲解 PPT 布局的常用技巧，具体知识框架如下图所示。

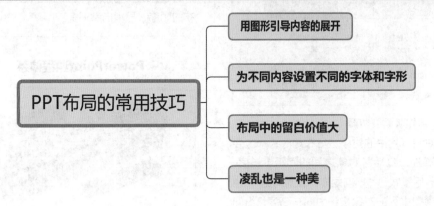

050　用图形引导内容的展开

如果幻灯片上的信息量很多，想让观众第一眼就注意到重点内容。可以从观众的阅读习惯考虑，使用图形引导更能突出焦点。

下图所示是公司会议流程的一张幻灯片，如果使用文字描述，一般而言，观众首先会注意标题，然后看左边的时间，最后看右边的文字，这样就无法将所有内容结合起来。

会议流程	
9:00	会议开始，领导致辞
9:30	销售部汇报
10:30	市场拓展部汇报
11:30	休息
13:30	讨论下季方案
15:30	会议结束

要解决这个问题，可以使用图形引导内容，

如给文字添加图形背景，从而使观众的视线横向移动，而不是竖向移动。

051　为不同内容设置不同的字体和字形

如果一张幻灯片上只有文字，且文字的字体和字形都一样，那么很难确定什么内容是作者首先要表达的。下图所示是公司制订营销计划前自我诊断的 5 个问题，看上去没有主次之分，给观众的感觉 5 个问题都是平等的。

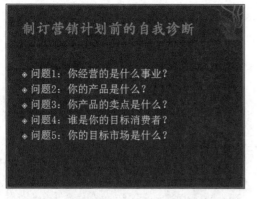

要解决这个问题，可以将需要特别注意的问题所在行的关键字放大，并设置为不同的字体，即可突出该要点。如下图所示，将"卖点"这个关键字放大并变更字体后，观众自然就会多加注意。

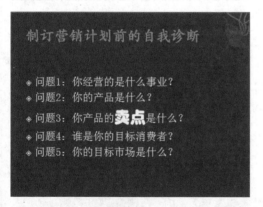

052 布局中的留白价值大

页面中不能没有空白，但也不能让留白使页面变得空旷，所以留白一定要适度。

虽然页面的信息太过密集不利于观众阅读，但太多的空白也会让人觉得什么重要信息都没有，要在两者之间达到平衡，使页面简洁而不失丰富。时刻都要注意视觉的平衡，空白可以让页面更精练、更简洁。

排版布局一定不能过于死板，用大量信息堆积而成的页面是最糟糕的。太多的信息会让人感觉信息太密集，看不过来。心理学家 George A.Miller 的研究表明，人一次性可以接收的信息量在 7 个比特左右为宜，因此，确保

每张幻灯片上的项目有 5 ~ 9 个时最佳，信息内容太多时要加强分组处理。如下图所示，给人的感觉就有些拥挤。

通过调整布局、具体内容的文字大小，以及在各个段落间适当地留出空间，就可以让文本内容显得更加清晰可辨，如下图所示。

布局图片为主的幻灯片也是一样，如果一张图片上的内容比较密集，又占满了整个页面，也会让人感到十分拥挤，如下图所示。

下图则让人感觉非常明亮，不那么臃肿。

053 凌乱也是一种美

如果需要在一个幻灯片中放置很多图片，这些图片的大小、形状又难以统一，整齐排列的效果总是给人一种僵硬、不自然的感觉，如下图所示。

可以将一些大小不一、形状不同的图形堆叠排列，形成乱中有序的效果，如下图所示。从一种似乎找不到焦点的状态下，也可以看到所需要的内容，这是聚焦的另一种表现。

总之，PPT 的设计需要把握的关键点是内容决定形式，即先把内容定下来，再决定如何排列，最后确定色调及一些细节。操作顺序上要先整体，再局部。最后回归到整体考察效果，调整不和谐之处。

3.3 色彩搭配的基础知识

对于一个成功的 PPT 来说，只有好的内容还远远不够，幻灯片的设计一定要时尚。搭配多变的色彩，增加一些独特的小点缀，才能增强演示文稿的吸引力。本节具体知识框架如下图所示。

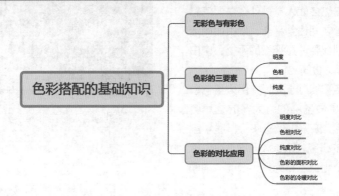

054　无彩色与有彩色

色彩一般分为无彩色和有彩色两大类。下面就对无彩色和有彩色进行详细介绍。

1. 无彩色

无彩色是黑色、白色及两者按不同比例混合所得到的深浅各异的灰色系列。在光的色谱上见不到这三种色彩，所以称为无彩色，如下图所示。

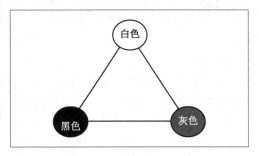

黑色是最基本和最简单的搭配，白底黑字或者黑底白字都非常清晰简明。如下图所示，该 PPT 采用黑底白字。灰色是中性色，可以和任何色彩搭配，也可以帮助两种对立的色彩实现和谐过渡。

2. 有彩色

凡带有某一种标准色倾向的颜色（也就是带有冷暖倾向的颜色），称为有彩色。光谱中的全部颜色都属于有彩色。有彩色是无数的，它以红、橙、黄、绿、蓝、紫为基本色。6 种基本色之间不同量的混合，以及基本色与黑、白、灰（无彩色）之间不同量的混合，会产生成千上万种有彩色。

6 种基本色又细分为三原色和二次色。

三原色是红、黄、蓝，在标准色环中，它们所在的点刚好形成一个等边三角形，如右图所示。

二次色是橙、紫、绿，处在三原色之间，形成另一个等边三角形，如右图所示。

通过对比可以发现，上述 6 种颜色的排列中，三原色之间总是间隔着一个二次色。

055　色彩的三要素

有彩色具有明度、色相、纯度的变化。这些变化形成了人们所看到的缤纷色彩。

有彩色的明度、色相和纯度是不可分割的，应用时必须同时考虑这三个因素。明度、色相、纯度是色彩最基本的三要素，也是人们正常视觉感知色彩的三个重要因素。

1. 明度

明度表示色彩的明暗程度，明度越大，色彩越亮。制作公益宣传、产品推广、教学课件类的 PPT，应该用一些鲜亮的颜色，让人感觉绚丽多姿、生机勃勃。明度越低，颜色越暗，用于企业介绍、主题报告类的 PPT 时，可以充满神秘感。制作一些个性化的 PPT 时，也可以运用一些暗色调来表达自己的风格。如下图所示为色彩的明度变化。

#712704	#04477C
#BD7803	#065FB9
#FE9D01	#049FF1
#FFBB1C	#70E1FF
#EED205	#CBF3FB

明度高是指色彩较明亮，明度低是指色彩较灰暗。没有明度关系的色彩，就会显得苍白

无力，只有加入明暗的变化，才能展现出色彩的视觉冲击力和丰富的层次感，如下图所示。

色彩的明度包括无彩色的明度和有彩色的明度。在无彩色中，白色的明度最高，黑色的明度最低，白色和黑色之间是从亮到暗的灰色系列；在有彩色中，任何一种纯色都有自己的明度特征，如黄色的明度最高，紫色的明度最低。

2. 色相

色相是指色彩的名称，是不同波长的光给人的不同色彩感受，红、橙、黄、绿、蓝、紫各自代表一类具体的色相，它们之间的差别属于色相差别。色相是色彩最基本的特征，是一种色彩区别于另一种色彩最主要的因素。最初的基本色相为红、橙、黄、绿、蓝、紫。在各色中间加上中间色，其头尾色相按光谱顺序为：红、橙红、黄橙、黄、黄绿、绿、绿蓝、蓝绿、蓝、蓝紫、紫、红紫，即十二基本色相，如下图所示。

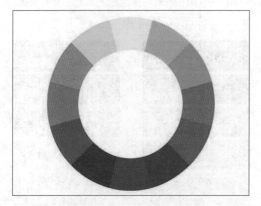

以绿色为主的色相，可能有粉绿、草绿、中绿等色相的变化，它们虽然是在绿色相中加

入了白与灰，在明度与纯度上产生了微弱的差异，但仍保持绿色相的基本特征。如下图所示，显示了绿色相的不同差异。

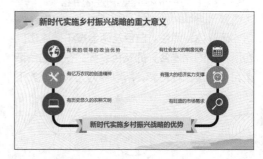

3. 纯度

纯度表示色彩的鲜浊或纯净程度，表明一种颜色中是否含有白或黑的成分。如果某色不含有白或黑的成分，便是纯色，其纯度最高；如果含有越多白或黑的成分，其纯度会逐渐下降，如下图所示。

不同的色相，不仅明度不相等，纯度也不相等。纯度体现了色彩内向的品格。同一色相，即使纯度发生了细微的变化，也会立即带来色彩品格的变化。有了纯度的变化，才使世界上有丰富的色彩。如下图所示，纯度高的画面非常鲜活明快。

如下图所示，较低的纯度显得灰暗朦胧。

056 色彩的对比应用

在一定条件下，不同色彩之间的对比会有不同的效果。在不同的环境下，多色彩给人一种印象，单一色彩又给人另一种印象。

各种纯色的对比会产生鲜明的色彩效果，很容易给人带来视觉与心理的满足。红、黄、蓝三种颜色是最极端的色彩，它们之间对比，哪一种颜色也无法影响对方。色彩对比的范畴不局限于红、黄、蓝三种，而是指各种色彩在界面构成中的面积、形状、位置及明度、色相、纯度之间的差别。色彩的对比应用使 PPT 色彩配合增添了许多变化，页面更加丰富多彩。

1. 明度对比

每种色彩都有自己的明度特征，因明度之间的差别形成的对比即为明度对比，如下图所示。明度对比在视觉上对色彩层次和空间关系的影响较大。如柠檬黄的明度高，蓝紫色的明度低，橙色和绿色的明度中等，红色与蓝色的明度中等偏低。

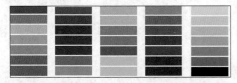

明度对比较强时，则光感强，清晰程度高，不容易出现误差。如下图所示为明度对比强的 PPT。

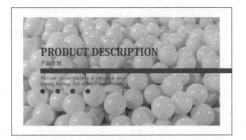

明度对比弱时，则显得柔和、静寂、柔软、单薄、晦暗，如下图所示。

对色彩应用来说，明度对比的正确与否是决定配色的光感、明快感、清晰感及心理作用的关键。在配色中，既要重视无彩色明度对比的研究，更要重视有彩色之间明度对比的研究，注意检查色彩的明度对比及其效果。

2. 色相对比

色相对比是指因为色相之间的差别形成的对比。确定主色相后，必须考虑其他色彩与主色相是什么关系，要表现什么内容及效果等，这样才能增强其表现力。

虽然色相的差别是因为可见光波长的长短差别形成的，但不能完全根据波长的差别来确定色相的差别和色相的对比度。因此在度量色相的差别时，不能只依靠测光器和可见光谱，而应借助色相环（简称"色环"），如下图所示。色相对比的强弱，决定了色相在色环上的距离。

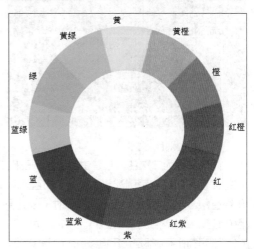

● 原色对比

原色对比是指红、黄、蓝三原色之间的对比。红、黄、蓝三原色是色环上最极端的三种颜色，表现了最强烈的色相气质，它们之间属于最强烈的色相对比，令人感受到一种极强烈的色彩冲突。如下图所示的幻灯片，体现了红、黄、蓝三原色之间的对比。

● 补色对比

在色环中色相距离在 180°的对比为补色对比，即位于色环直径两端的颜色为补色。一对补色在一起，可以使对方的色彩更加鲜明，如橙色与蓝色，红色与绿色等。如下图所示的幻灯片，整体采用冷色系的绿色组成大的背景，纯度较低，幻灯片下部主要是大红色组成的文本框，形成补色对比的效果，使红色更为凸显。补色对比的对立性使对立双方的色相更加鲜明。

● 间色对比

间色又称为二次色，它是由三原色调配出来的颜色，如红与黄调配出橙色，黄与蓝调配出绿色，红与蓝调配出紫色。在调配时，由于原色在分量上有所不同，所以能产生丰富的间色变化。如下图所示，都是运用橙绿色对比制作的演

示文稿封面，却给人不同的感觉，第一张比较沉稳，第二张比较活泼。

● 邻近色对比

在色环上色相距离在 15°以上、60°以下的对比称为邻近色对比。虽然它们在色相上有很大差别，但在视觉上比较接近，属于弱的色相对比。邻近色对比的最大特征是其明显的统一协调性，在统一中不失对比的变化，如下图所示的蓝青色幻灯片效果。

3. 纯度对比

纯度对比是指较鲜艳的颜色与含有各种比例的黑、白、灰的色彩对比，即模糊的浊色对比。色彩纯度可大致分为高纯度、中纯度、低纯度三种。未经调和的原色的纯度最高，间色多属中纯度的色彩，复色其本身纯度偏低，属于低

纯度的色彩范围。

如下图所示，鲜艳的蓝色与含灰的蓝色对比，可以比较出它们在纯度上的差异。

纯度对比可以体现在同一色相不同纯度的对比中，也可以体现在不同的色相对比中。

4. 色彩的面积对比

色彩的面积对比是指页面中各种色彩在面积上多与少、大与小的差别，色彩的面积会影响页面的主次关系。在同一视觉范围内，色彩的面积不同会产生不同的对比效果。

当两种颜色以相等的面积出现时，这两种颜色会产生强烈的冲突，色彩对比强烈，如下图所示。

如果将色彩的面积比例变换为 2∶1，一种颜色被减弱，整体的色彩对比也减弱了，如下图所示。

当一种颜色在整个页面中占据主要位置时，另一种颜色只能成为陪衬。这时，色彩对比的效果最弱，如下图所示。

同一种色彩，面积越大，明度、纯度就越强；面积越小，明度、纯度就越低。面积大的时候，亮的色彩显得更轻，暗的色彩显得更重。

根据设计主题的需要，在页面的面积上以一种颜色为主色，其他颜色为次色，使页面的主次关系更突出，在统一的同时又富有变化。

5. 色彩的冷暖对比

用冷暖差别形成的色彩对比称为冷暖对比。冷暖本来是人体皮肤对外界温度高低的触觉。太阳、炉火、烧红的铁块，其本身的温度很高，它们射出的红橙色有导热的功能，将使周围的空气、水和其他物体的温度升高，人的皮肤被它们射出的光照所及，也能感觉到温暖。大海、雪地等环境，是蓝色光最多的地方，蓝色光会导热，而大海、雪地有吸热的功能，因而这些地方的温度比较低，人们在这些地方会觉得冷。这些生活印象的积累，使人的视觉、触觉及心理活动之间具有一种特殊的、下意识的联系。

冷色与暖色是依据人的心理感觉对色彩的物理性分类，是人对颜色的物质性印象。红色光、橙色光、黄色光本身具有温暖的感觉，照射任何物体时都会产生暖和的感觉；相反，紫色光、蓝色光、绿色光有寒冷的感觉。如下图所示，斜线左下方的是冷色系，斜线右上方的是暖色系。

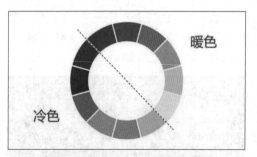

幻灯片冷暖色的对比效果如下图所示。

3.4 PPT 配色的常用技巧

人的视觉对色彩的感知度是非常高的，合理地使用配色可以获得意想不到的效果。配色主要可以分为两类：一种是渐层，另一种是强调。本节对配色的使用环境进行介绍，具体知识框架如下图所示。

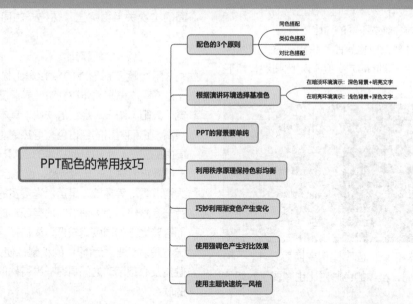

057 配色的 3 个原则

许多人把色彩称为"最经济的奢侈品"，正因为有了色彩，人们生活的环境、生存的世界才如此丰富多彩。色彩激发情感，颜色传递感情。合适的颜色具有强烈的说服力，能够激发人们在学习过程中的兴趣，增强人们的理解与记忆能力。PPT 的配色应该注意哪些方面呢？

色彩搭配的基本原则是较强或较突出的色彩不要用得太多，用少量较强的色彩与较淡的色彩搭配显得生动活泼，但是搭配比例反过来，会给人一种压迫感。下面介绍常用色彩搭配的3 个原则。

1. 同色搭配

同色搭配是最稳妥、最保守的方法。这种

方法可以构成一个简单、自然的背景，它能安定情绪，给人一种舒适的感觉。再加上其他色调的搭配，使整个色彩布局既沉稳而安静，又活泼而灵动，如下图所示。

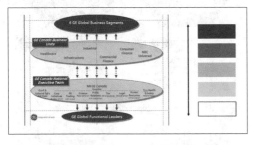

2. 类似色搭配

如果幻灯片运用强色或深色，采用类似色搭配是比较安全的方法，较易取得和谐和理想的效果。类似色搭配可以产生明快生动的层次效果，体现空间的深度和变化，如下图所示。

3. 对比色搭配

对比色搭配最显眼、最生动，也是最难掌握的色彩搭配方法。大胆地运用对比色搭配，可以给人强烈、鲜明的感觉，如下图所示。

058　根据演讲环境选择基准色

在幻灯片的设计中，可以添加颜色的对象，

包括背景、标题、正文、表格、图片、装饰图形等。它们被简单地分为背景对象和前景对象两大类。一般来说，幻灯片配色需要首先需要注意什么呢？

要制作一份演示文稿，首先要选择基准色，根据演讲环境的不同，有以下两种选项。

1. 在暗淡环境演示：深色背景 + 明亮文字

大多数演讲都是在室内进行的，为了达到最佳的显示效果，通常会关闭电灯等发光设备。在这类环境中进行演示，推荐使用深色背景（深蓝、灰等）+ 明亮文字（白色、浅色等）的组合，深色背景和环境比较协调，明亮文字使演讲的内容更加醒目，如下图所示。

2. 在明亮环境演示：浅色背景 + 深色文字

如果在室外或者灯光明亮的房间内进行演示，用深色背景配浅色文字的效果不佳，而用白色背景配深色文字会得到更好的效果，如下图所示。

059　PPT 的背景要单纯

在幻灯片的设计中，宁可让页面整体保持简洁、素雅，也不要花哨，具体怎么运用呢？

PPT 的背景要单纯。如果采用一些过于花哨而且与演讲主题无关的背景图片，只会削弱 PPT 要传达的信息。如果信息不能有效传达，再漂亮的背景都没有意义。很多幻灯片由于采用过于华丽的背景，反而影响内容，如下图所示。

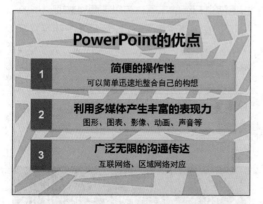

一般来说，使用纯色背景、柔和的渐变色背景、低调的图案背景都可以产生良好的视觉效果，可以使文字信息清晰可见，如下图所示。

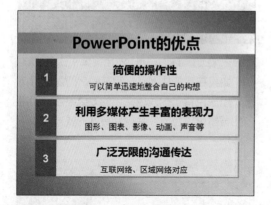

060　利用秩序原理保持色彩均衡

确定背景颜色以后，为幻灯片中的对象设置颜色也很关键，应该如何选取颜色呢？

为幻灯片或幻灯片中的对象选择配色时，可以采用秩序原理。如下图所示，在标准色彩中有一个正多边形，当需要配色的多个对象处于同一板块时，可以选择由顶点向内放射性取色；当多个对象属于多个板块并列时，可以选择在各个顶点所在的范围内取色。

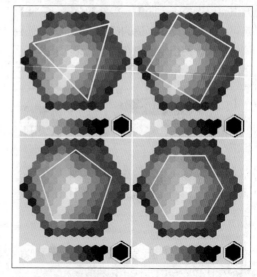

实际的应用效果如下图所示。

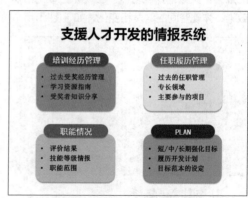

061　巧妙利用渐变色产生变化

如果背景对象有不同的颜色，所有背景色都应该和谐、统一，最好能设置某个主色调，形成近似色的组合。最简单的便是采用渐变色。

渐变是指颜色或形状逐渐、有规律地变化。渐变的形式在日常生活中随处可见，这种现象运用在视觉设计中能产生强烈的透视感和空间感，是一种有顺序、有节奏的变化。需要注意的是，渐变的程度在设计中非常重要，渐变的程度太大、速度太快，就容易失去渐变所特有的规律性效果，给人以不连贯和视觉上的跃动感；反之，渐变的程度太慢，会产生重复之感，但慢的渐变在设计中会达到细致的效果。

在幻灯片中运用渐变效果能使对象的层次感、立体感更强烈，从而制作出的幻灯片更专业、更精美。如下图所示，幻灯片用渐变模式填充背景，看上去极具立体感。

渐层使用一种适度变化而有均衡感的配色，它的色彩变化样式让人非常容易接受，如下图所示。渐层配色一般用于表现递进的关系，如事物的发展变化等。

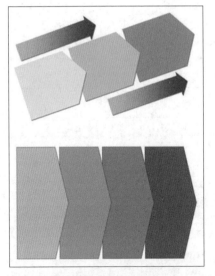

实际的应用效果如下图所示。

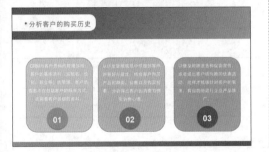

062 使用强调色产生对比效果

在演示文稿中，前景对象的颜色一定要和它所在背景区域的颜色形成某种对比，这样才能突出前景信息。具体操作过程中有哪些技巧呢？

在演示文稿的制作中，为了说明内容，常需要使用图片或照片。如果图片用作背景，可以设置为冲蚀效果或重新着色（具体操作方法将在第 7 章讲解）；如果需要突出显示图片，就需要调整它的对比度，使其更突出。如下图所示为设置重新着色后的绿色图片，与文字很好地结合在一起。

强调色是色调中的重点用色，是需要结合面积因素和可视度考虑的。一般要求强调色的明度和纯度高于周围的色彩，在面积上要小于周围的色彩，否则起不到强调作用。如下图所示的图表看不出什么特别之处。

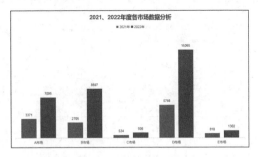

对图表使用强调色后，2022 年 D 市场的数据就会特别醒目，如下图所示。

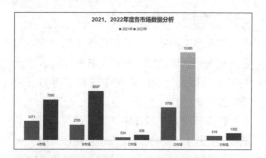

063 使用主题快速统一风格

如果对颜色搭配不在行，可以使用主题快速创建具有专业水准、设计精美、美观时尚的演示文稿。

主题是一套统一的设计元素和配色方案，是为演示文稿提供的一套完整的格式集合，其中包括主题颜色（配色方案的集合）、主题文字（标题文字和正文文字的格式集合）和相关

主题效果（如线条或填充效果的格式集合）。

使用主题快速统一演示文稿风格前后的对比效果如下图所示。

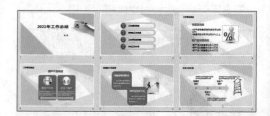

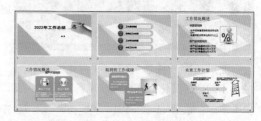

📝 **读书笔记**

_____

_____

_____

_____

_____

_____

_____

_____

_____

_____

_____

_____

_____

_____

_____

第4章

PPT 幻灯片外观与页面设置技巧

幻灯片要抓住观众的眼球，给人以精美的印象，除了需要拥有丰富的内容外，首先要在风格上达成一致。因此，幻灯片的外观和页面设置是必不可少的环节。本章将主要针对幻灯片外观和页面设置介绍一些比较实用的技巧。

以下是统一规范 PPT 的外观风格和页面设置中常见的问题，请检测自己是否会处理或已掌握与其相关的知识。

√ 遇到好看的主题，为了方便后期使用可以保存下来，该如何设置？

√ 格式刷可以快速复制配色方案，该如何设置？

√ 要自定义设计个性的幻灯片，可以先使用母版设置统一的部分。如何在母版中插入占位符、对象、页眉页脚？

√ 幻灯片的背景决定了整个 PPT 的基调，该如何设置？

√ 一个幻灯片母版中包含多种版式，如何管理和编辑这些版式？

√ 幻灯片的页面大小、方向和页眉页脚都可以设置，如何操作？

通过本章内容的学习，可以解决以上问题，并学会 PPT 幻灯片外观与页面设置技巧。本章相关知识技能如下图所示。

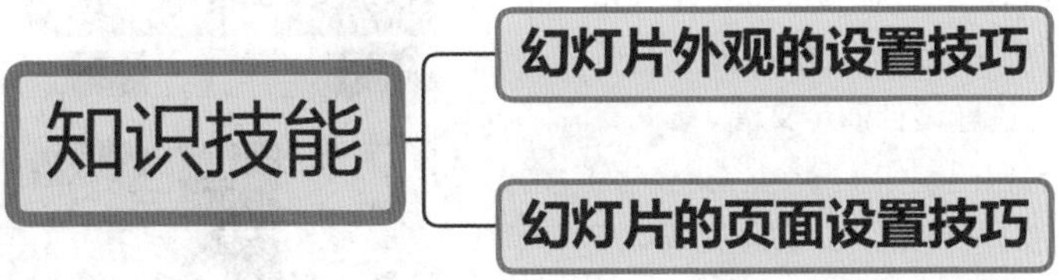

知识技能 ── 幻灯片外观的设置技巧

幻灯片的页面设置技巧

4.1 幻灯片外观的设置技巧

幻灯片外观主要是指一个演示文稿中所有幻灯片的统一性，而不是对单独的某一张幻灯片的外观进行设置。合理地对幻灯片外观进行设置，不仅可以增强演示文稿的专业性和美观度，而且可以节省大量时间。本节具体知识框架如下图所示。

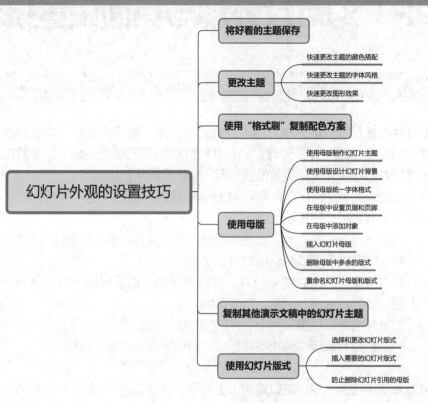

064 将好看的主题保存

扫一扫，看视频

PowerPoint 2019 提供了大量精美的主题，可以根据需要选择不同的主题设计演示文稿。

当自己制作了一个比较好的幻灯片主题，可以将主题保存起来，以便在同类演示文稿中使用，这适合经常需要编排类别相同演示文稿的用户。当浏览其他演示文稿时，如果发现比较感兴趣的主题，也可以将主题保存下来。

保存主题的具体操作方法如下。

步骤 01 单击"设计"选项卡"主题"组中"快速样式"右侧的"其他"按钮，如

下图所示。

🔔 **小技巧**

如果要为当前幻灯片应用主题，只需要

在"设计"选项卡的"主题"组中选择需要应用的主题样式。

步骤 02 在弹出的下拉列表中选择"保存当前主题"选项,如下图所示。

步骤 03 打开"保存当前主题"对话框,❶ 在"文件名"文本框中输入主题名称;❷ 单击"保存"按钮,如下图所示。

步骤 04 完成上述操作后,再次启动 PowerPoint 2019,即便不打开之前使用的演示文稿,在主题列表中同样可以看到该演示文稿的主题,如下图所示。

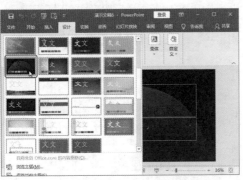

小提示

如果要在一个演示文稿中应用多个主题,则选择要应用其他主题的幻灯片,在内置主题样式上右击,然后在弹出的快捷菜单中选择"应用于选定幻灯片"命令。

065　快速更改主题的颜色搭配

扫一扫,看视频

有时候 PPT 的配色不适合 PPT 的放映环境,如果对幻灯片的图片和文字颜色逐一进行修改会增加大量的工作。为了处理这些临时的问题,可以直接对幻灯片主题的颜色搭配进行更改,具体操作方法如下。

步骤 01 打开素材文件(位置:素材文件\第 4 章\工作总结 .pptx),单击"设计"选项卡"变体"组中列表框右侧的"其他"按钮,如下图所示。

步骤 02 ❶ 在弹出的下拉列表中选择"颜色"选项;❷ 在弹出的下级列表中选择颜色搭配方案,如"凸显",如下图所示。

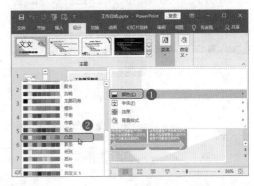

步骤 03 更改演示文稿的颜色搭配后，各张幻灯片的效果如下图所示。

 小技巧

在"颜色"下级列表中某一配色方案上右击，在弹出的快捷菜单中可以选择将该配色应用于选定幻灯片或所有幻灯片。另外，选择"新建主题颜色"命令，可以设计自己的颜色方案。

066　快速更改主题的字体风格

扫一扫，看视频

完成幻灯片制作后，发现字体并没有达到预期的效果，这时对幻灯片进行逐一修改非常麻烦。如果直接从主题上对字体风格进行修改就轻松多了。

对主题的字体风格进行更改，具体操作方法如下。

❶ 单击"设计"选项卡"变体"组中列表框右侧的"其他"按钮；❷ 在弹出的下拉列表中选择"字体"选项；❸ 在弹出的下级列表中选择字体风格，如"都市"，如下图所示。此时，所有幻灯片的字体风格都进行了更改。

067　快速更改图形效果

扫一扫，看视频

在幻灯片中使用了大量的图形、表格等对象时，最好将这些对象的显示效果统一。逐一进行设置会非常麻烦，可以使用一种非常快捷的方式进行设置。

快速更改图形效果的具体操作方法如下。

❶ 单击"设计"选项卡"变体"组中列表框右侧的"其他"按钮；❷ 选择"效果"命令；❸ 选择形状效果，如"视点"，如下图所示。此时，所有幻灯片中的图形效果都进行了更改。

068　使用"格式刷"复制配色方案

扫一扫，看视频

如果要将一张幻灯片的配色方案复制到其他幻灯片，重新进行配色设置是比较麻烦的。这时可以用"格式刷"实现配色方案的复制。

使用格式刷复制配色方案的具体操作方法如下。

步骤 01 打开素材文件（位置：素材文件\第4章\转型销售技巧培训.pptx），❶ 选择具有所需配色方案的幻灯片；❷ 单击"开始"选项卡"剪贴板"组中的"格式刷"按钮，如下图所示。

步骤 02 当鼠标指针变为 状时，单击另一张需要使用相同配色方案的幻灯片，如下图所示。此时，可将复制的配色方案应用到该幻灯片上。

069　使用母版制作幻灯片主题

幻灯片母版存储有关演示文稿的主题和幻灯片版式的所有信息，包括背景、颜色、字体、效果、占位符大小和位置等。母版通常用于对演示文稿中的每张幻灯片进行统一的样式更改，包括对以后添加到演示文稿中幻灯片的样式进行更改，这对包含大量幻灯片的演示文稿特别适用。

扫一扫，看视频

为了不影响内容的排版效果，最好先统一幻灯片的风格，再进行内容布局。

如果希望演示文稿中的每张幻灯片都应用同一种主题效果，可以设置幻灯片母版的主题效果，然后为不同的版式添加具体的设计。使用母版制作幻灯片主题的具体操作方法如下。

步骤 01 单击"视图"选项卡"母版视图"组中的"幻灯片母版"按钮，如下图所示。

步骤 02 进入幻灯片母版编辑状态，❶ 在左侧窗格中选择需要设置的幻灯片母版，这里选择主母版；❷ 单击"幻灯片母版"选项卡"编辑主题"组中的"主题"按钮；❸ 在弹出的下拉列表中选择需要的主题样式，如下图所示。

步骤 03 经过以上操作后，即可为当前幻灯片母版中的所有版式应用选择的主题，如下图所示。后续可以为不同的版式添加具体的设计，如设置占位符格式、插入图片等对象。设置完成后，单击"关闭母版视图"按钮，退出幻灯片母版编辑状态。

小技巧

PowerPoint 2019 中还提供了讲义母版和备注母版两种类型的母版。讲义母版用来控制讲义的打印格式。通过讲义母版，可以将多张幻灯片打印在一张纸上，使用起来很方便；备注母版用来设置备注信息的格式，使备注也能具有统一的外观。

070　使用母版设计幻灯片背景

扫一扫，看视频

当 PowerPoint 2019 中预设的主题不适合表达幻灯片内容时，还可以通过幻灯片母版自定义设置幻灯片的主题。一般先为演示文稿中的每张幻灯片或部分版式的幻灯片母版

应用相同的背景，然后在背景上添加或设置一些通用的元素。

例如，要为幻灯片母版设置统一的幻灯片背景，具体操作方法如下。

步骤 01 单击"视图"选项卡"母版视图"组中的"幻灯片母版"按钮，进入幻灯片母版编辑状态。

步骤 02 ❶ 单击选择需要设置的幻灯片母版；❷ 单击"幻灯片母版"选项卡"背景"组中的"背景样式"按钮；❸ 在弹出的下拉列表中选择一种背景样式，如果没有满意的样式也可以选择"设置背景格式"选项，如下图所示。

步骤 03 在弹出的"设置背景格式"窗格中，❶ 选择需要的背景填充方式，如选中"渐变填充"单选按钮；❷ 设置渐变色；❸ 单击"关闭"按钮，如下图所示。

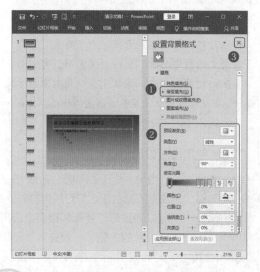

选择背景的颜色后，如果要保留其他颜色，则可以通过亮度进行调整，透明度主要用于显示主题背景，透明度越高，主题背景越清晰。若选中"图片或纹理填充"单选按钮，可设置背景为图片或纹理。

071 使用母版统一字体格式

扫一扫，看视频

使用母版可以快速对演示文稿进行批量修改，前提是，在设计幻灯片母版的效果时，需要对相应的内容进行设置并应用。

例如，为了省去编辑幻灯片时对字体设置的操作，可以在设计幻灯片母版时，对幻灯片中的字体格式进行统一。

使用母版统一字体格式的具体操作方法如下。

步骤 01 进入幻灯片母版编辑状态，❶ 选择要修改字体的母版版式；❷ 选择需要设置字体格式的"标题"占位符；❸ 选择"开始"选项卡；❹ 在"字体"组中设置字体、字号、颜色等字体格式，在"段落"组中设置对齐等段落格式，如下图所示。

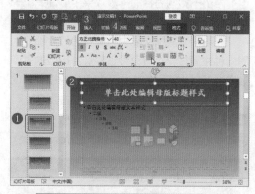

每一个幻灯片母版下方默认有多个版式，前面介绍的都是通过母版设置幻灯片的整体外观。根据制作幻灯片的需要，还可以单独选中某个版式进行设置，其操作方法与设置主体母版的方法相同。

步骤 02 ❶ 选择幻灯片中的"正文"占位符；❷ 利用"字体"组和"段落"组对正文文本的格式进行设置，如下图所示。

072　在母版中设置页眉和页脚

当需要在演示文稿的所有幻灯片中添加统一的日期、时间、编号、公司名称等页眉和页脚信息时，可以通过幻灯片母版快速实现。

扫一扫，看视频

继续上一个案例，在演示文稿中通过幻灯片母版对页眉和页脚进行设置，具体操作方法如下。

步骤 01 进入幻灯片母版编辑状态，❶ 选择要设置页眉和页脚效果的母版，这里选择主母版；❷ 单击"插入"选项卡"文本"组中的"页眉和页脚"按钮，如下图所示。

步骤 02 打开"页眉和页脚"对话框，❶ 勾选"日期和时间"复选框；❷ 选中"固定"单选按钮，在其下的文本框中将显示系统当前的日期和时间；❸ 勾选"幻灯片编号"复选框；❹ 勾选"页

脚"复选框，在其下的文本框中输入页脚信息，如输入公司名称；❺ 勾选"标题幻灯片中不显示"复选框；❻ 单击"全部应用"按钮，如下图所示。

🔔 小提示

在"页眉和页脚"对话框中，选中"幻灯片编号"复选框，表示为幻灯片依次添加编号；选中"标题幻灯片中不显示"复选框，表示添加的日期、页脚和幻灯片编号等信息不在标题幻灯片中显示。

步骤 03 经过以上操作，即可为所有幻灯片添加设置的日期和编号，❶ 选择幻灯片母版中最下方的 3 个文本框，❷ 在"开始"选项卡"字体"组中将字号设置为"14"，❸ 单击"字体颜色"按钮 A· 右侧的下拉按钮，在弹出的下拉列表中选择字体颜色，如下图所示。

步骤 04 返回幻灯片的普通视图中，即可查看到除首页外的幻灯片中设置的页眉和页脚效

果，如下图所示。

073 在母版中添加对象

扫一扫，看视频

为企业制作的演示文稿，通常需要加上企业的 Logo，是一张一张插入的吗？

在母版中可以像在普通视图中一样，插入各种对象。通过幻灯片母版，可以避免一张一张地插入对象，而且可以统一对象的大小和位置。例如，要使用母版添加 Logo，具体操作方法如下。

步骤 01 进入幻灯片母版编辑状态，❶ 选择要统一添加 Logo 的母版版式；❷ 单击"插入"选项卡"图像"组中的"图片"按钮；❸ 在弹出的下拉列表中选择"此设备"选项，如下图所示。

步骤 02 打开"插入图片"对话框，❶ 选择存放 Logo 的路径；❷ 单击要插入的 Logo 图片；❸ 单击"插入"按钮，如下图所示。

步骤 03 ❶ 将插入的 Logo 图片拖动至母版右上角，并调整到合适的大小；❷ 单击"图片工具 格式"选项卡"调整"组中的"颜色"按钮；❸ 在弹出的下拉列表中选择"设置透明色"选项，如下图所示。

步骤 04 当鼠标指针变成 ✎ 形状时，在图片白色底纹处单击，去除白色背景，设置为透明色，如下图所示。

步骤 05 返回幻灯片普通视图中，即可看到应用了该版式的幻灯片中设置的图标效果，如下图所示。

074 复制其他演示文稿中的幻灯片主题

幻灯片是否美观，背景十分重要。默认情况下，新建的幻灯片都是以纯白色为背景。为了使幻灯片版面美观，可以为演示文稿中的幻灯片设置背景，包括纯色背景、渐变色、纹理或图案及图片背景等，与在幻灯片母版中设置背景的方法一样。

扫一扫，看视频

当需要制作一个与现有演示文稿背景相同的演示文稿时，如果重新在幻灯片母版中设置会显得非常多余。因此，可以像设置文档格式一样进行复制。

PowerPoint 2019 提供了主题复制的功能，使用格式刷即可完成。例如，要将"转型销售技巧培训"演示文稿中的主题效果复制到"大学生职业规划书"演示文稿中，具体操作方法如下。

步骤 01 打开素材文件（位置：素材文件\第4章\转型销售技巧培训.pptx、大学生职业规划书.pptx），❶ 在"转型销售技巧培训"演示文稿的幻灯片窗格中选择需要复制背景的幻灯片；❷ 单击"开始"选项卡的"格式刷"按钮，如下图所示。

在选择幻灯片时只能在幻灯片窗格中操作，否则会选中幻灯片中的对象，那样使用格式刷只能对选中对象的格式进行复制。

步骤 02 切换到"大学生职业规划书"演示文稿，单击幻灯片窗格中的幻灯片，如下图所示。

步骤 03 经过以上操作，即可复制得到相同的背景和版式，如下图所示。

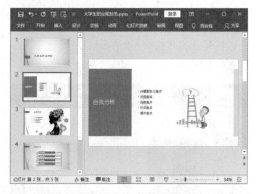

小提示

总的来说，在幻灯片母版视图中的操作与普通视图下的操作基本相同，只是效果和目的不同。在幻灯片母版中进行操作是对所有幻灯片风格的确立，在普通视图中无法更改。

075 插入幻灯片母版

在同一演示文稿中，由于幻灯片内容不

同，可以为其设置不同母版，以表现不同主题。

扫一扫，看视频

继续上一个案例，在"大学生职业规划书"演示文稿中插入第 3 个幻灯片母版，具体操作方法如下。

步骤 01 进入幻灯片母版编辑状态，❶ 将鼠标指针定位在母版列表的末尾；❷ 单击"幻灯片母版"选项卡"编辑主题"组中的"主题"按钮；❸ 在弹出的下拉列表中选择一种主题样式，如下图所示。

步骤 02 经过以上操作，即可在选择位置的下方以符号 3 的方式插入新的母版及其版式，如下图所示。

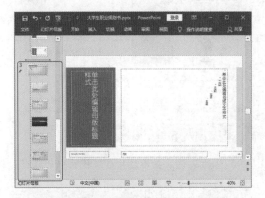

🔔 小技巧

通过格式刷的方式复制主题，实际上是在演示文稿中复制了幻灯片母版。在幻灯片母版编辑状态下，单击"幻灯片母版"选项卡"编辑母版"组中的"插入幻灯片母版"按钮，

可以直接插入空白的、没有任何格式的母版。

076 选择和更改幻灯片版式

扫一扫，看视频

一套幻灯片母版中包含多个版式。新建幻灯片时，可以先选择合适的幻灯片版式，再设计页面内容。如果已经制作了幻灯片效果，但对版式不太满意，也可以更改幻灯片版式。

步骤 01 ❶ 选择需要新建幻灯片位置的前一张幻灯片；❷ 单击"开始"选项卡"幻灯片"组中的"新建幻灯片"按钮；❸ 在弹出的下拉列表中选择一种幻灯片版式，如下图所示。

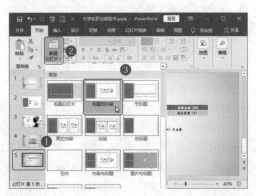

步骤 02 经过以上操作，即可在选择位置的后面插入一张所选幻灯片版式的幻灯片，如下图所示。此后就可以在占位符文本框中输入内容或插入对象了。

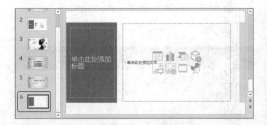

步骤 03 ❶ 选择需要改变幻灯片版式的幻灯片；❷ 单击"幻灯片"组中的"幻灯片版式"按钮；❸ 在弹出的下拉列表中选择一种幻灯片版式，如下图所示。

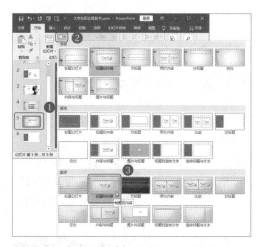

步骤 04 经过以上操作，即可改变所选幻灯片的版式，并对其中的内容自动进行排版，如下图所示。

077　插入需要的幻灯片版式

在母版视图中除了可以插入幻灯片母版外，还可以在母版视图中插入版式，以便自定义新的版式。

扫一扫，看视频

继续上一个案例，在"大学生职业规划书"演示文稿的第 2 个幻灯片母版视图中插入自定义版式，具体操作方法如下。

步骤 01 进入幻灯片母版编辑状态，❶ 在第 2 个幻灯片母版中选择第 3 个版式；❷ 单击"幻灯片母版"选项卡"编辑母版"组中的"插入版式"按钮，如下图所示。

步骤 02 经过以上操作，即可在选择的版式下插入一个相同的版式，❶ 对该版式进行设计；❷ 单击"关闭母版视图"按钮，如下图所示。

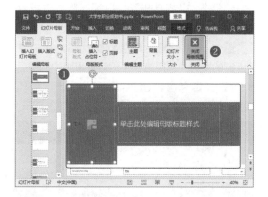

步骤 03 返回幻灯片普通视图中，❶ 将鼠标指针移动到第 3 张幻灯片之前并单击；❷ 单击"开始"选项卡"幻灯片"组中的"新建幻灯片"按钮；❸ 在弹出的下拉列表中显示插入的版式，选择"自定义版式"选项，如下图所示。

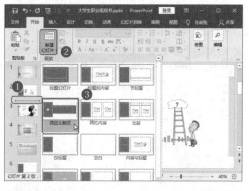

步骤 04 经过以上操作，即可创建一张应用所

选择版式的幻灯片，在页面中插入图片，并在文本占位符中输入文字，如下图所示。

078 删除母版中多余的版式

扫一扫，看视频

当母版视图中的幻灯片母版和幻灯片版式过多，且某些幻灯片母版或幻灯片版式无用时，可以将其删除，以便对版式进行管理，具体操作方法如下。

步骤 01 进入幻灯片母版编辑状态，❶ 按住 Ctrl 键的同时，选择第 3 个幻灯片母版中的最后 3 个版式；❷ 单击"幻灯片母版"选项卡"编辑母版"组中的"删除幻灯片"按钮，如下图所示。

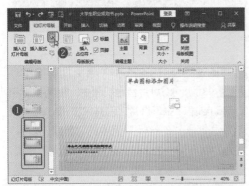

步骤 02 经过以上操作，即可将选择的幻灯片版式删除，如下图所示。

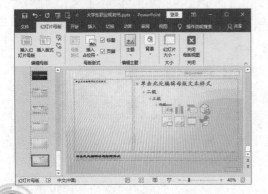

079 重命名幻灯片母版和版式

扫一扫，看视频

对于插入的幻灯片母版和版式，为了方便记忆或查找，可以对幻灯片母版和版式重命名。

例如，要对"大学生职业规划书"演示文稿中插入的幻灯片母版和版式进行重命名操作，具体操作方法如下。

步骤 01 进入幻灯片母版编辑状态，❶ 选择第 2 个幻灯片母版中的第 4 个版式；❷ 单击"幻灯片母版"选项卡"编辑母版"组中的"重命名"按钮，如下图所示。

小提示

选择幻灯片版式后，在其上右击，在弹出的快捷菜单中选择"重命名版式"命令，也可以重命名幻灯片版式。

步骤 02 打开"重命名版式"对话框，❶ 在"版式名称"文本框中输入幻灯片母版的版式名称，如输入"横版节标题"；❷ 单击"重命名"按钮，如下图所示。

步骤 03 经过以上操作，即可将幻灯片母版命名为更改的名称，❶ 将鼠标指针移动到幻灯片母版上，即可显示幻灯片母版的名称，以及所应用的幻灯片；❷ 单击"关闭母版视图"按钮，如下图所示。

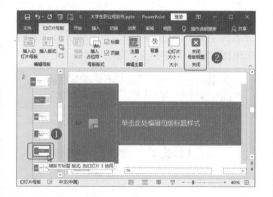

步骤 04 返回幻灯片普通视图中，❶ 单击"开始"选项卡"幻灯片"组中的"幻灯片版式"按钮；❷ 在弹出的下拉列表中可以看到命名幻灯片母版中版式后的效果，如下图所示。

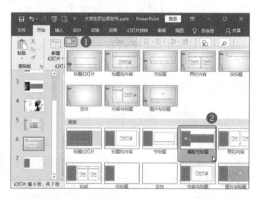

080　防止删除幻灯片引用的母版

扫一扫，看视频

　　编辑演示文稿时，如果删除了引用某个幻灯片母版的所有幻灯片，这个母版也将被删除。为了避免增加不必要的操作，可以对幻灯片母版进行保存，具体操作方法如下。

　　进入幻灯片母版编辑状态，❶ 在需要保留的幻灯片母版（如第 1 个幻灯片母版）上右击；❷ 在弹出的快捷菜单中选择"保留母版"命令，如下图所示。

4.2　幻灯片的页面设置技巧

　　根据放映环境的不同和打印需求，对幻灯片进行页面设置是非常有必要的。本节介绍一些幻灯片的页面设置和打印技巧，具体知识框架如下图所示。

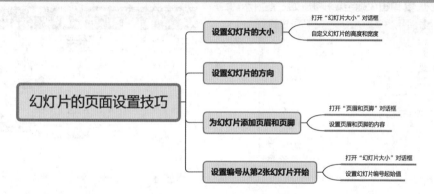

081 设置幻灯片的大小

扫一扫，看视频

PowerPoint 2019 中内置了标准（4∶3）和宽屏（16∶9）两种幻灯片大小，宽屏（16∶9）是 PowerPoint 2019 默认的幻灯片大小。需要应用标准（4∶3）幻灯片大小时，可以单击"设计"选项卡"自定义"组中的"幻灯片大小"按钮，在弹出的下拉列表中选择"标准（4∶3）"。如果需要设置为其他的幻灯片大小，该如何操作呢？

当内置的幻灯片大小不能满足需要时，可以自定义幻灯片大小，具体操作方法如下。

步骤 01 打开素材文件（位置：素材文件 \ 第 4 章 \ 职场人心理素质培训 .pptx），❶ 单击"设计"选项卡"自定义"组中的"幻灯片大小"按钮；❷ 在弹出的下拉列表中选择"自定义幻灯片大小"选项，如下图所示。

步骤 02 打开"幻灯片大小"对话框，❶ 在"宽度"数值框中输入幻灯片的宽度值，如 33 厘米；❷ 在"高度"数值框中输入幻灯片的高度值，如 19 厘米；❸ 单击"确定"按钮，如下图所示。

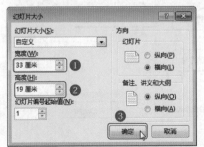

步骤 03 打开 Microsoft PowerPoint 对话框，

提示是要最大化内容大小还是按比例缩小，这里选择"确保适合"选项，如下图所示。随后，即可将幻灯片调整到自定义的大小。

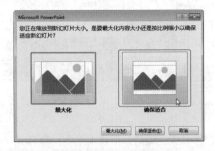

小提示

如果是对制作好的幻灯片大小进行调整，设置自定义大小后，将打开 Microsoft PowerPoint 对话框，选择"最大化"选项，将使幻灯片内容充满整个页面；选择"确保适合"选项，将按比例缩放幻灯片大小，以确保幻灯片中的内容能适应新的幻灯片大小。

082 设置幻灯片的方向

扫一扫，看视频

在默认情况下，PowerPoint 2019 的幻灯片页面采用横向排列。但在一些特殊场合或安排一些需要纵向排列的内容时，可能需要将页面设置为纵向排列。

设置页面方向的具体操作方法如下。

步骤 01 ❶ 单击"设计"选项卡"自定义"组中的"幻灯片大小"按钮；❷ 在弹出的下拉列表中选择"自定义幻灯片大小"选项，如下图所示。

步骤 02 打开"幻灯片大小"对话框，❶ 在"幻灯片"栏中选中"纵向"单选按钮；❷ 单击"确定"按钮，如下图所示。

步骤 03 打 开 Microsoft PowerPoint 对 话 框，选择"确保适合"选项，如下图所示。

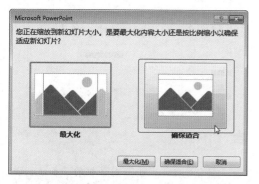

步骤 04 返回普通视图中，可以看到更改页面方向后的效果，如下图所示。

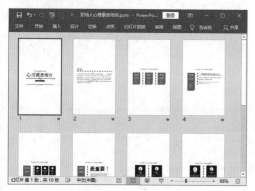

083　为幻灯片添加页眉和页脚

在制作幻灯片时，可以利用 PowerPoint 2019 提供的页眉和页脚功能，为每张幻灯片添加相对

扫一扫，看视频

固定的信息，如页码、日期和时间及自定义信息等。

为幻灯片添加页眉和页脚的具体操作方法如下。

步骤 01 单击"插入"选项卡"文本"组中的"页眉和页脚"按钮，如下图所示。

步骤 02 打开"页眉和页脚"对话框，❶ 勾选"日期和时间"复选框，在"预览"框中可以看到要在幻灯片中显示的位置；❷ 勾选"幻灯片编号"复选框；❸ 勾选"页脚"复选框，并在下方的文本框中输入页脚的内容；❹ 单击"全部应用"按钮，即可为所有幻灯片添加页脚（如果只在当前幻灯片中设置页脚，则单击"应用"按钮），如下图所示。

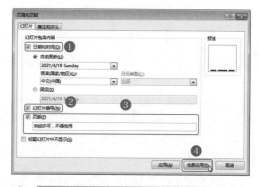

小提示

普通幻灯片只能设置页脚，没有页眉。在"页眉和页脚"对话框的"备注和讲义"选项卡中，可以为备注和讲义设置页眉和页脚。

步骤 03 完成上述操作后，幻灯片页面下方会显示页脚文字，如下图所示。

084　设置编号从第 2 张幻灯片开始

扫一扫，看视频

　　制作的演示文稿中，通常第 1 张幻灯片是封面，一般情况下都不希望在封面中插入编号。此时可以设置编号从第 2 张幻灯片开始，具体操作方法如下。

步骤 01 单击"设计"选项卡"自定义"组中的"幻灯片大小"按钮；在弹出的下拉列表中选择"自定义幻灯片大小"选项。

步骤 02 打开"幻灯片大小"对话框，❶ 设置"幻灯片编号起始值"为 0；❷ 单击"确定"按钮，如下图所示。

步骤 03 完成上述操作后，第 2 张幻灯片的编号显示为 1，如下图所示。

小提示

　　在"幻灯片大小"对话框的"备注、讲义和大纲"栏中，可以设置备注、讲义和大纲幻灯片的方向。

✏ 读书笔记

_____

_____

_____

_____

_____

_____

_____

_____

_____

_____

_____

第5章

PPT 中文字的应用技巧

文字是 PPT 的主体，PPT 要展现的内容和要表达的思想，主要是通过文字表达出来并让观众接受的。掌握 PPT 中文本的设计技巧，是编排与设计 PPT 的基本要求。本章主要介绍文字在 PPT 中的应用。

以下是在文字编排中常见的问题，请检测自己是否会处理或已掌握与其相关的知识。

- √ 幻灯片中的文字排版需要掌握一些基本的原则，都有哪些内容？
- √ 幻灯片中的文字会自动换行，可否出现末尾词组分成两行显示的效果？该如何处理呢？
- √ 文字类的 PPT 是不是只能表现为大段大段的文字？有什么优化办法吗？
- √ 幻灯片中的一些重要标题应该如何确定？
- √ 文字的字体、字号、颜色、间距如何设置才比较合适？
- √ 并列关系的内容需要添加项目符号，应该如何操作？

通过本章内容的学习，可以解决以上问题，并学会为幻灯片添加文本的相关技巧。本章相关知识技能如下图所示。

知识技能 —— PPT中使用文字的注意事项

PPT中文本的设计技巧

5.1 PPT 中使用文字的注意事项

在 PPT 中制作文字内容不同于在 Word 文档中制作，使用大段文字是非常枯燥的。在制作 PPT 时，一定要让文字像图片一样有艺术感。尤其在使用特殊文字时一定要注意，使用得好可以让幻灯片增色不少，但如果使用得不好，很可能让整个 PPT 毁于一旦。下面就对这些特殊文字的使用进行介绍。各位读者需要注意，如果没有把握，千万不要使用特殊文字。本节具体知识框架如下图所示。

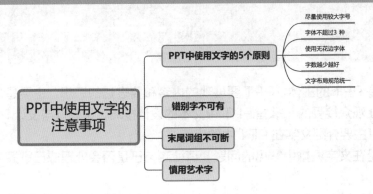

085 PPT 中使用文字的 5 个原则

PowerPoint 2019 和其他文本编辑软件一样，都可以为文字设置丰富的格式。在制作 PPT 时一定要讲原则，不能根据个人的喜好随便选择字体，需要注意以下 5 个原则。

1. 尽量使用较大字号

如果要保证会议现场最后一排的观众也能清晰地看到幻灯片中的内容，就需要对字号进行设置。原则上，标题字号不低于 32 磅（建议 55 磅），正文字号不低于 25 磅（建议 32 磅）。如果文字过小，在较大的会场中，后排的观众不一定都能看得清幻灯片中的内容，如下图所示。

如下图所示，文字内容非常醒目，观众在远距离也能看到幻灯片的内容。

2. 字体不超过 3 种

为了突出文字效果，在设置字体时，很多人往往选择多种字体，其实字体多了反而达不到突出文字的目的，尤其是在同一张幻灯片中设置多种字体，反而给人一种华而不实的感觉。

一个完整的 PPT 最多使用 3 种字体。例如，所有的标题使用一种字体，所有的正文使用一种字体。下面两张图中的幻灯片就是字体种类过多和字体种类适宜之间的对比。

3．使用无花边字体

无花边字体是指边角方正圆滑的字体，花边字体是指在边角上带有装饰性图案。无花边字体在屏幕上显示时清晰可辨，会议现场的每个人都可以看得清楚，如下图所示。

花边字体虽然看起来美观，但不容易看清，如下图所示。

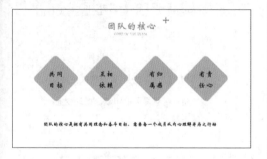

典型的无花边字体有：中文的黑体、华文细黑，英文的 Arial、Microsoft Sans Serif；典型的花边字体有：中文的宋体、华文新魏，英文的 Times New Roman。

4．字数越少越好

在演讲过程中，幻灯片仅作为一种大纲提示，如果幻灯片上的文本内容过多，观众就需要花费大量的时间去阅读幻灯片上的文字，可能会直接忽视演讲者。制作幻灯片时，在能够说明问题的情况下，字数越少越好，如果能用图像内容说明一切，甚至可以选择一个字都不写。如果文本内容必须添加，可以对其进行重新整合，如下图所示。

5．文字布局规范统一

这里所讲的布局规范，主要是指将文本内容在幻灯片中对齐排列，包括文本与图片要对齐，文本与文本要对齐。

例如，用下面两张图的幻灯片进行对比，各个对象对齐的幻灯片比没有对齐的幻灯片看起来更加专业。

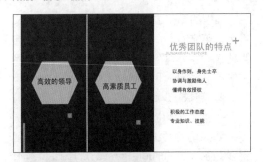

除了每张幻灯片中的文本内容要规范以外，整个 PPT 的文本内容也要规范统一。如下图所示，每张幻灯片的标题、正文内容一定在同一位置。这样，即使页面版式稍有不同，也会呈现统一的美感。

这一点实现起来比较简单，只需要设计相应的幻灯片版式，将需要统一的元素或需要统

一位置的对象添加到版式中即可。

086　错别字不可有

制作让人眼前一亮的文本内容，除了要掌握前面介绍的一些原则外，一些细节也不能忽略。在幻灯片中使用文字时首先要避免错别字。一张幻灯片中的内容本来就少，如果再出现错别字，那实在是太不应该了。文字通常需要设置得比较大，错别字很容易被观众发现。这样可能导致观众认为演讲者的态度不认真，产生各种负面影响。

087　末尾词组不可断

输入幻灯片中的文字会自动根据文本框或占位符的大小换行显示，很多人忽略了对换行要求的检查。

在幻灯片中添加文本内容时，一定要进行合理的安排，尤其是在每一行的末尾，如果有词组或短语，不能让其分为两行显示。

如下图所示的排版，第一行末尾的文字与第二行开始的文字原本是一个词组，却被分到两行中，看起来不太舒服。

引进**教练型**管理模式，建立支持企业持续发展的组织，推动企业快速发展。

经过修改后的效果如下图所示，看起来好了很多。在制作幻灯片时，如果多注意这些细节，就可以提高 PPT 的整体水平。

引进**教练型**管理模式，建立支持企业持续发展的组织，推动企业快速发展。

088　慎用艺术字

除了普通文字，PowerPoint 2019 中还提供了一种特殊文字——艺术字。

PowerPoint 2019 中自带了多种艺术字效果，在计算机中安装的字体基础上，可以设计丰富的文字效果，如下图所示。

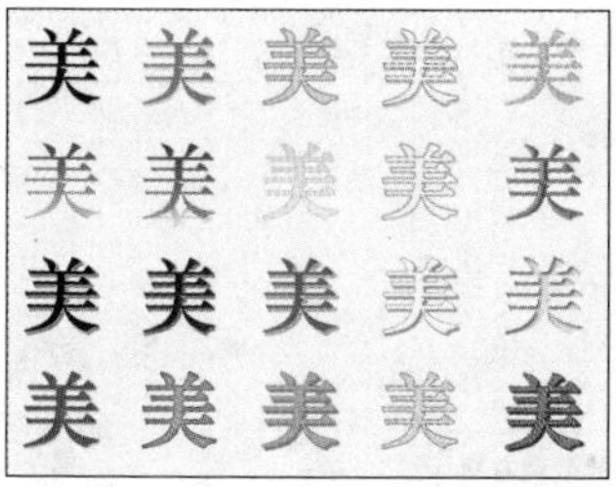
美 美 美 美 美
美 美 美 美 美
美 美 美 美 美
美 美 美 美 美

选择预置的艺术字效果后，还可以通过“绘图工具 格式”选项卡的“艺术字样式”组来调试自己喜欢的颜色和效果。单击该组右下角的“对话框启动器”按钮，在打开的“设置形状格式”对话框中可以进行更为精细的设置。

虽然艺术字看起来非常漂亮，但是它的颜色一般比较艳丽，而幻灯片通常追求简约美，所以不是所有幻灯片都适合使用艺术字。

下面两张幻灯片是使用了艺术字和未使用艺术字的效果对比，未使用艺术字的幻灯片看起来更加清晰，更加舒适。

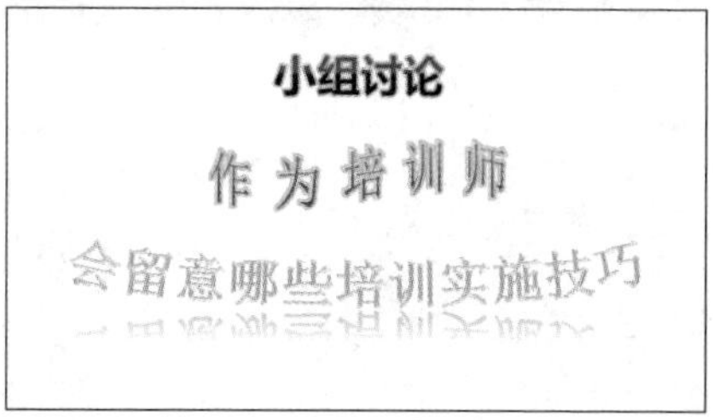
小组讨论
作为培训师
会留意哪些培训实施技巧

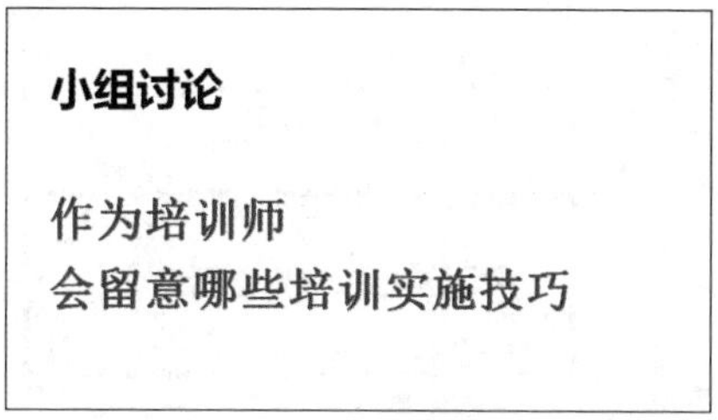
小组讨论
作为培训师
会留意哪些培训实施技巧

读书笔记

5.2 PPT 中文本的设计技巧

5.1 节介绍了文字型幻灯片的注意事项，以及在幻灯片中设置文本格式的原则。为了能够更好地处理幻灯片中的文本内容，本节介绍一些在幻灯片中文本的设计技巧，具体知识框架如下图所示。

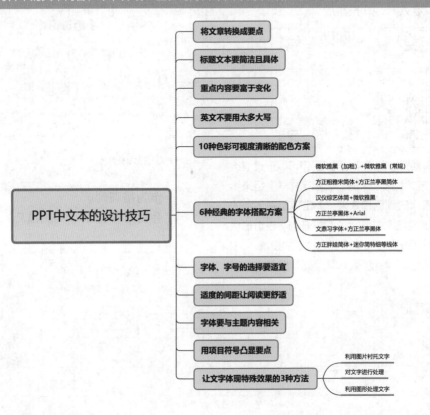

089 将文章转换成要点

在 PPT 中制作文本内容，不同于在 Word 文档中，切忌使用大段文字。

用于视觉辅助的 PPT，切忌使用文章式的大段文字。在演讲过程中没有人有耐心阅读这些长篇大论。条理清晰、要点明确的幻灯片才是观众想要看到的，在制作幻灯片时，一定要将大段文本进行整合，安排成多个要点。

下面两张幻灯片分别是将文字转换成要点前后的效果对比。

PowerPoint的优点

PowerPoint的第一个优点是，通过高效能及简易的操作，使自己的构想可以简单迅速地整合；PowerPoint的第二个优点是，利用图形、图表、影像、动画、声音等，就可以制作出具有说服力的幻灯片；PowerPoint的第三个优点是，PPT可以保存为多种形式，甚至直接发布到互联网进行本地和互联网共享。

PowerPoint的优点

简便的操作性
——可以简单迅速地整合自己的构想
利用多媒体产生丰富的表现力
——图形、图表、影像、动画、声音等
广泛无限的沟通传达
——互联网络、区域网络对应

090　标题文本要简洁且具体

一张幻灯片中最引人注目的应该是标题。标题文本应该如何拟定呢？

标题并不是说明一切内容的文本，它仅作为一个提示，标题文本一定要简洁且具体。如下图所示的幻灯片中的标题，虽然比较简洁，但表达上让人感觉不明确，不知道"具体工作事项是什么"。

下图所示的幻灯片中的标题非常明确地告诉观众"落实员工培训目标"，非常具体。

091　重点内容要富于变化

按照模板制作的统一版式、统一字体的PPT 就是好的 PPT 吗？会不会给人太刻板的印象？

虽然制作 PPT 的主要原则是简洁、一致，但适当地让文本内容有些变化，可以使幻灯片达到更好的效果。如下图所示的幻灯片，虽然已经将其主要内容进行了提炼，但是希望表达的重点更加突出，可以将部分要点或短语用着色的方式突出显示。

PowerPoint的优点

简便的操作性
——可以简单迅速地整合自己的构想

利用多媒体产生丰富的表现力
——图形、图表、影像、动画、声音等

广泛无限的沟通传达
——互联网络、区域网络对应

PowerPoint的优点

简便的操作性
——可以简单迅速地整合自己的构想

利用多媒体产生丰富的表现力
——图形、图表、影像、动画、声音等

广泛无限的沟通传达
——互联网络、区域网络对应

092　英文不要用太多大写

如果必须在 PPT 中添加英文，或者制作纯英文的 PPT，在制作时又有哪些方面需要注意呢？

在英文文本中，标点和空格占用的空间比较小，而英文大写又比小写占用的空间大。如果使用太多大写的英文，空格和标题与文本之间的间距就更难体现，这样非常不利于内容的查看，如下图所示。

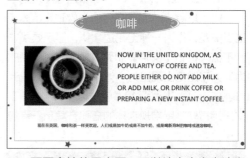

而更多地使用小写，可以让文本内容清晰可辨，整体结构也更加美观，如下图所示。

093　10 种色彩可视度清晰的配色方案

PPT 中不仅要在布局方面需要注意色彩搭配，设计漂亮的外观，还要在用色方面考虑色彩对观众阅读方面产生的影响。

在制作 PPT 时很多人会为文字的颜色设置而苦恼。制作幻灯片时，既要让文字与背景搭配清晰，又不失美观度。下图提供了 10 种可供参考的、比较常见的文字与背景的配色方案。

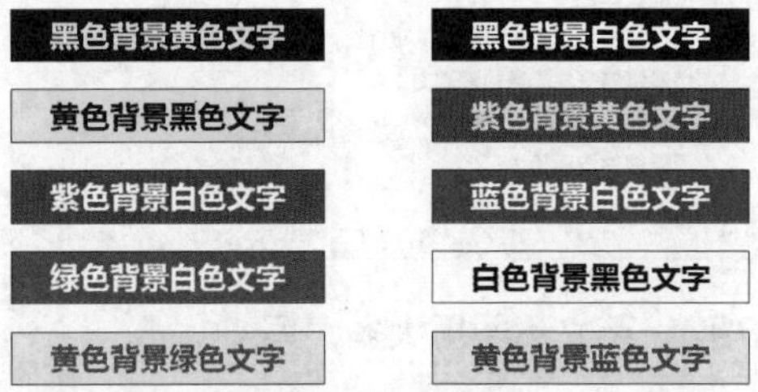

黑色背景黄色文字
黑色背景白色文字
黄色背景黑色文字
紫色背景黄色文字
紫色背景白色文字
蓝色背景白色文字
绿色背景白色文字
白色背景黑色文字
黄色背景绿色文字
黄色背景蓝色文字

094　6 种经典的字体搭配方案

为了让 PPT 更规范、美观，同一份 PPT 一般选择不超过 3 种字体（标题、正文使用不同的字体）。

下面介绍 6 种经典的字体搭配方案。

1. 微软雅黑（加粗）+ 微软雅黑（常规）

Windows 操作系统自带的微软雅黑字体简洁、美观，作为一种无花边字体，显示效果非常不错。将 PPT 文件复制到其他计算机中播放时，为了避免出现因为字体缺失而导致的设计“走样”问题，标题采用微软雅黑加粗字体，正文采用微软雅黑常规字体的搭配方案是不错的选择，如下图所示。

CHIFFO前锋
面向行业：
标杆式的【家庭热水器行业产品】，全面的产品功能、基于前锋军工基础而衍生的稳固的产品品质、西南热水器行业奠基者的全新力作。
面向市场：
多年风雨后您忠实的朋友，全新呵护您的生活和您的家庭、以其稳固的产品质量、全面的产品功能、超值的产品性价比，同您共同梦想新生活！

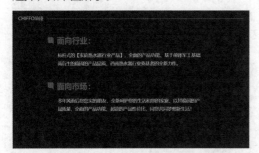

商务场合的 PPT 常用该字体搭配方案，在时间比较仓促，无暇在字体上花费心思时，也推荐使用该方案。

使用该方案需要对字号大小的美感有较好的把控能力，设计时应在不同的显示比例下查看、调试，直到合适为止。

2. 方正粗雅宋简体 + 方正兰亭黑简体

方正粗雅宋简体 + 方正兰亭黑简体的字体搭配方案清晰、严肃、明确，非常适合用于政府、事业单位中公务汇报等较为严肃场合的 PPT，如下图所示。

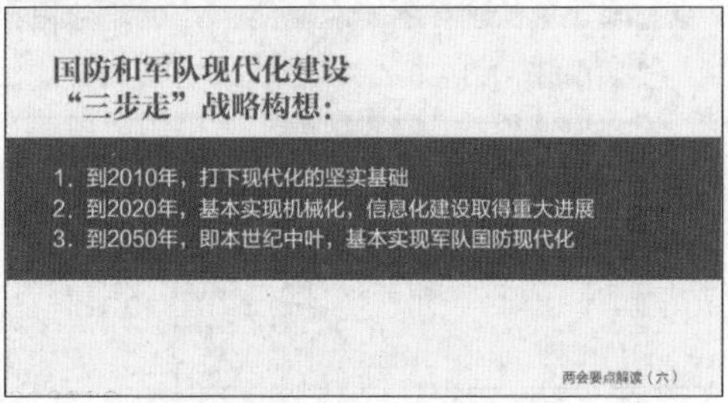

国防和军队现代化建设
“三步走”战略构想：
1. 到2010年，打下现代化的坚实基础
2. 到2020年，基本实现机械化，信息化建设取得重大进展
3. 到2050年，即本世纪中叶，基本实现军队国防现代化
两会要点解读（六）

3. 汉仪综艺简体 + 微软雅黑

如下图所示的幻灯片，右侧部分标题采用汉仪综艺简体，正文采用微软雅黑字体，既不失严谨，又不过于古板，简洁而清晰。

这种字体搭配方案适合学术报告、论文、教学课件等类型的 PPT 使用。

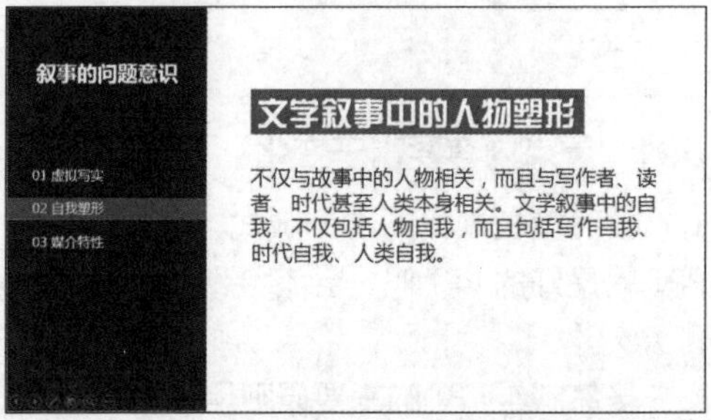

叙事的问题意识
01 虚拟写实
02 自我塑形
03 媒介特性
文学叙事中的人物塑形
不仅与故事中的人物相关，而且与写作者、读者、时代甚至人类本身相关。文学叙事中的自我，不仅包括人物自我，而且包括写作自我、时代自我、人类自我。

4. 方正兰亭黑体 +Arial 英文字体

在设计中添加英文，能有效提升时尚感、国际范。这种情况下英文只是作为一种辅助设计感的装饰。

PPT 的设计也一样，可以为部分内容添加一些英文。Arial 是 Windows 操作系统自带的一款不错的英文字体，它与方正兰亭黑

体搭配，能够让 PPT 形成现代的商务风格，间接展现公司的实力，如下图所示。

将英文字符的亮度调低一些（或增加透明度），与中文字符构成一定的区别，整个页面的效果会因为有了层次感而变得更好。

5. 文鼎习字体 + 方正兰亭黑体

文鼎习字体 + 方正兰亭黑体的字体搭配方案适用于中国风类型的 PPT，主次分明、文化韵味强烈。如下图所示是中医企业讲述企业文化的一页 PPT。

6. 方正胖娃简体 + 迷你简特细等线体

方正胖娃简体 + 迷你简特细等线体的字体搭配方案轻松、有趣，适用于儿童教育、漫画、卡通等轻松场合下的 PPT。如下图所示是语文课本教学中的一页 PPT。

095　字体、字号的选择要适宜

在制作幻灯片时，并非知道了字体格式的使用原则就能制作出让人满意的文字型幻灯片。只有合适的字体用在合适的位置才能达到所期望的效果。

下面用一个表格来说明幻灯片各个区域中文本内容的字体设置标准。

区域	字体	字号
标题	中文：**微软雅黑**、**黑体**、**宋体**、**华文琥珀**、**隶书**、**幼圆**等 英文：Arial、**Arial Black**等	32、36、40、44、48
正文	中文：**黑体**、宋体、楷体、仿宋等 英文：Arial、Times New Roman、Courier New 等	20、24、28、32
装饰文字	中文：**华文琥珀**、*方正舒体*、隶书等 英文：Broadway、SHOWCARD GOTHIC 等	视布局设计而定
图形 / 图表	视外观风格而定	14、16、18、20

小提示

在设置标题字体时，使用加粗效果更好；在设置字号时，每两个相邻级别的字号差别不要大于 4。

096　适度的间距让阅读更舒适

只有字体和字号设置到位还不够，文本间

距也是一个容易忽视的方面。

行距包括标题与标题之间、标题与正文之间、正文的行与行之间等，选择合适的行距既不拥挤，又不空旷。

下面两张幻灯片是设置行距前后的对比效果，很明显下图比上图更加清晰明了，看起来更加舒适。

097　字体要与主题内容相关

前面介绍了制作幻灯片如何设置字体，是不是完全按照这些推荐的字体进行设置就行呢？

在实际操作中，不能按部就班，凡事都有例外。如下图所示是小米产品介绍的一页 PPT，采用了豪放的毛笔书法字，笔力遒劲，气魄宏大，极具张力，有效地增强了气势和设计感。

此外，让文本内容及字体选用与 PPT 要表达的主题更加贴切，会使页面效果更好。例如，要制作"沁园春·长沙"这首词的幻灯片，为了再现毛主席大气磅礴的书法风格，可以使用毛主席字体来显示内容。

098　用项目符号凸显要点

如果多段文本内容之间的关系是并列的，可以为段落设置项目符号。

在幻灯片中罗列文本要点时，添加合适的项目符号可以让文本内容更加突出，从版面上也能让其显得不那么单调。如下图所示就是使用默认的项目符号和选定项目符号的区别。

099　让文字体现特殊效果的 3 种方法

要让文字体现特殊效果，最好的方式就是自己设计，这样文字内容与主题能紧密地联系在一起。下面就举几个具有特殊效果的文字案例。

1. 利用图片衬托文字

要突出文本内容，不一定从文字格式设置出发，使用图片对文字进行衬托也是不错的方法。例如，在制作幻灯片时，如果只是单纯地将文字写在幻灯片上，就会显得非常单调，缺乏视觉说服力，如下图所示。

可以将页面分成两部分，或者使用"对号"图片，并用两种颜色分隔，这样既能与文字的含义相对应，又能让画面生动起来，如下图所示。

小提示

制作上面的第一张幻灯片很容易，只需要在一个纯色背景上绘制一块自选图形进行纯色填充。第二张幻灯片则需要找到合适的素材，如果会使用 Photoshop 之类的图形图像软件，制作这些简单的图形会非常容易。

2. 对文字进行处理

文本内容不仅可以设置字体格式，为了让文字具有更加丰富多变的效果，可以对文字进行类似图片的操作。例如，将"反"字上下颠倒，效果更加新颖，更有视觉冲击力，如下图所示。

3. 利用图形处理文字

在处理文字时，可以使用自选图形进行辅助。例如，在幻灯片中输入"消失"字样，如果只是将文字摆在幻灯片上会显得非常死板，而绘制一个自选图形，并设置合适的透明度将文字部分遮挡，可以使整个页面有一种动感，如下图所示。

第6章

PPT 中文本内容的编排技巧

文本内容是 PPT 的最基本元素。如何才能在编辑 PPT 文本内容时达到事半功倍的效果呢？那就必须懂得善用文本内容的编排技巧。本章主要介绍编排 PPT 中文本内容的相关技巧。

以下是文本内容在编排中常见的问题，请检测自己是否会处理或已掌握与其相关的知识。

√ 要在幻灯片中插入一些特殊符号，怎样实现呢？

√ 要将已经存在的一些内容复制到幻灯片中，有哪些方法？

√ 如何近距离快速移动、复制文本？

√ 常用的文本字符格式设置技巧有哪些？

√ 如何为文本段落设置项目符号和编号？

√ 文本是否总显示在文本框的边线上？文本框的相关设置如何操作？

通过本章内容的学习，可以解决以上问题，并学会为幻灯片添加文本的相关操作技巧。本章相关知识技能如下图所示。

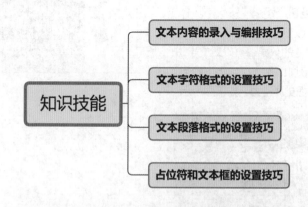

6.1 文本内容的录入与编排技巧

根据录入与编辑文本的需要，PowerPoint 2019 提供了很多相关的技巧，下面就为读者逐一介绍，具体知识框架如下图所示。

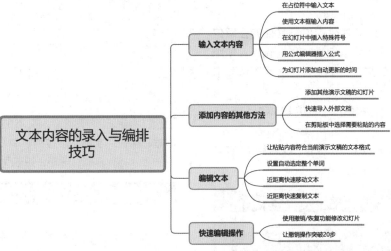

100　在占位符中输入文本

文本是演示文稿中的主体，一份演示文稿要展现的内容需要通过文本来实现。在编排幻灯片时，首先需要做的就是在各张幻灯片中输入相应的文本内容。

扫一扫，看视频

创建幻灯片后，可以直接在占位符中输入文本。文本占位符是一种带有虚线边缘的框。创建幻灯片后，其中包含提示"添加标题""添加副标题"或"添加文本"内容的虚框，这些就是占位符。在占位符中输入文本的具体操作方法如下。

步骤 01 新建一个空白演示文稿，在首页幻灯片中包含标题占位符和副标题占位符。将鼠标指针移动到上方的标题占位符中单击，即可将文本插入点定位在该占位符中，如下图所示。

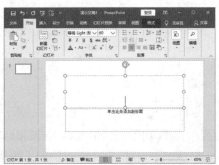

步骤 02 切换到相应的输入法，直接输入文字内容。使用相同的方法在下方的副标题占位符中输入内容，完成后的效果如下图所示。

101 　使用文本框输入内容

扫一扫，看视频

　　无论是哪种版式的幻灯片，能够输入文本内容的占位符都是有限的。如果在设计幻灯片母版时，需要输入的文本内容并不在同一位置，则可以在幻灯片中插入文本框来输入内容。

　　当需要在幻灯片除占位符之外的任意位置输入文本时，可以使用文本框输入，使用该方法输入的文本将不会在"大纲"选项卡中显示。

　　使用文本框输入内容的具体操作方法如下。

步骤 01 单击"插入"选项卡"文本"组中的"文本框"按钮，如下图所示。

步骤 02 当鼠标指针呈 ↓ 形状时，按住鼠标左键（按住鼠标左键后，指针会变成"＋"形状）不放，拖动鼠标绘制文本框，最后松开鼠标左键，如下图所示。

步骤 03 绘制文本框后，直接在其中输入文本内容，如下图所示。

步骤 04 ❶ 选择刚刚输入文本的占位符和文本框；❷ 在"字体"下拉列表中设置字体，这里选择"微软雅黑"选项，如下图所示。

步骤 05 分别选择每个占位符和文本框，在"字号"下拉列表中设置字号，也可以通过单击"增大字号"按钮 A˄ 或"减小字号"按钮 A˅ 快速调整字号大小，如下图所示。

102　在幻灯片中插入特殊符号

为了能够让幻灯片中某些文本更加醒目，方便引起观众的注意，可以在输入文本内容时，适当地插入一些特殊符号。

扫一扫，看视频

例如，需要使用特殊符号突出副标题的内容，可以进行以下操作。

步骤 01 ❶ 单击定位到需要插入特殊符号的位置；❷ 单击"插入"选项卡"符号"组中的"符号"按钮，如下图所示。

步骤 02 打开"符号"对话框，❶ 在"字体"下拉列表中选择需要插入的符号类型；❷ 单击选择需要插入的符号；❸ 单击"插入"按钮，如下图所示。

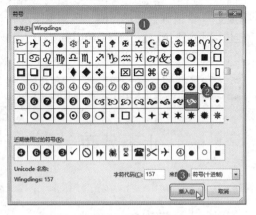

🎁 小提示

常用的符号类型主要有 Wingdings、Wingdings 2、Wingdings 3。

步骤 03 ❶ 选择需要插入的其他符号；❷ 单击"插入"按钮；❸ 插入完成后，单击"关闭"按钮，关闭对话框，如下图所示。

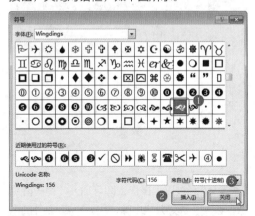

步骤 04 返回文档中，可以看到插入的特殊符号。选择其中一个符号，将其移动到副标题文本的右侧，如下图所示。

103　用公式编辑器插入公式

扫一扫，看视频

在创建比较专业的演示文稿时，不可避免地需要用到一些公式并在幻灯片中表示出来。PowerPoint 2019 提供了强大的公式编辑器，能够快速创建出精美、专业的公式。

为了讲解公式编辑器的使用方法，下面以创建一个"正态分布"公式为例，介绍具体的操作方法。

步骤 01 ❶ 单击"插入"选项卡"符号"组中的"公式"按钮；❷ 在弹出的下拉列表中查看有没有与要输入公式类似的公式案例，以便节约输入公式的时间。这里选择"傅里叶级数"选项，如下图所示。

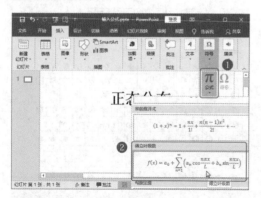

步骤 02 经过以上操作，即可插入"傅里叶级数"公式，选择公式中除 "$f(x)=$" 以外的内容，按 Delete 键删除，如下图所示。

步骤 03 ❶ 将文本插入点定位在 "$f(x)=$" 之后；❷ 单击"公式工具 设计"选项卡"结构"组中的"分式"按钮；❸ 在弹出的下拉列表中选择"分式（竖式）"选项，如下图所示。

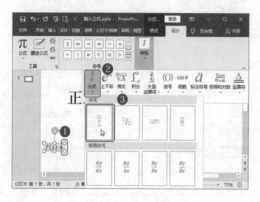

步骤 04 ❶ 输入分子，并单击分母文本框；❷ 单击"结构"组中的"根式"按钮；❸ 选择"平方根"选项，如下图所示。

步骤 05 ❶ 在根号中输入 2；❷ 在"符号"组中单击 π 按钮，如下图所示。

步骤 06 ❶ 按键盘上的→键，将文本插入点定位到根式外；❷ 在"符号"组中单击 σ 按钮，如下图所示。

步骤 07 ❶ 按键盘上的→键，将文本插入点

定位到整个分数外；❷单击"上下标"按钮；❸选择"上标"选项，如下图所示。

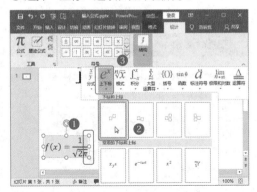

步骤 08 输入 e；❶按照前面介绍的"分数"和"上下标"的输入方法将公式剩余部分制作完成；❷选择整个公式，并拖动鼠标指针将其移动到合适的位置；❸单击"开始"选项卡"字体"组中的"增大字号"按钮 A^，让公式变得更大一些，如下图所示。

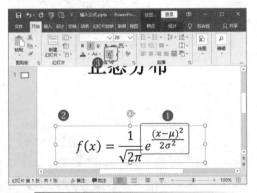

🔔 **小技巧**

PowerPoint 2019 中还提供了"墨迹公式"功能，在"公式"下拉列表中选择"墨迹公式"选项，即可打开"数学输入控件"对话框，在其中的输入范围内书写输入需要的公式内容，系统可自动识别。书写时注意尽量工整一些，如果系统没有识别正确，还可以擦除相应笔画后重新输入。

104　为幻灯片添加自动更新的时间

在放映 PPT 时，一般都会在第一张或最后

扫一扫，看视频

一张幻灯片中添加演讲日期。通常情况下，PPT 的制作日期和放映日期并不在同一天，为了避免忘记修改日期，可以为幻灯片添加可以自动更新的时间。这样每次打开 PPT 都会显示与当前一致的时间。

当需要为幻灯片添加可以自动更新的时间时，可以进行以下操作。

步骤 01 打开素材文件（位置：素材文件 \ 第 6 章 \ 读书文化 .pptx），❶选择需要添加日期和时间的幻灯片；❷单击"插入"选项卡"文本"组中的"日期和时间"按钮，如下图所示。

步骤 02 打开"页眉和页脚"对话框，❶勾选"日期和时间"复选框；❷选中"自动更新"单选按钮，单击选择日期格式；❸单击"应用"按钮，如下图所示。

步骤 03 返回文档中，可以看到在幻灯片左下角插入的日期，如下图所示。可以用鼠标调整该文本框的位置，设置其中的文字格式。

 小提示

　　如果一开始选择了要插入日期和时间的文本框，单击"日期和时间"按钮，将打开"日期和时间"对话框，在其中也可以选择日期格式，勾选"自动更新"复选框，单击"确定"按钮，便可以添加自动更新的日期和时间。

105　添加其他演示文稿的幻灯片

扫一扫，看视频

　　在制作演示文稿时，有时可能会用到一些其他演示文稿中已经制作好的内容。为了节省时间，可以直接将已经制作好的演示文稿中的幻灯片添加到当前正在制作的演示文稿中，具体操作方法如下。

步骤 01 ❶ 单击"开始"选项卡"幻灯片"组中的"新建幻灯片"下拉按钮；❷ 在弹出的下拉列表中选择"重用幻灯片"选项，如下图所示。

步骤 02 显示"重用幻灯片"任务窗格，单击"浏览"按钮或"打开 PowerPoint 文件"链接，如下图所示。

步骤 03 打开"浏览"对话框，❶ 单击选择目标演示文稿所在的位置；❷ 选择需要使用幻灯片所在的目标演示文稿；❸ 单击"打开"按钮，如下图所示。

步骤 04 在"重用幻灯片"任务窗格中会显示该演示文稿的所有幻灯片，单击需要添加到当前演示文稿的幻灯片，如下图所示。

106　快速导入外部文档

在 PowerPoint 2019 中，除了在幻灯片中输入文本外，有些内容如果已经在其他文档中使用过，可以通过下面的步骤直接导入演示文稿中，提高工作效率。

扫一扫，看视频

步骤 01 ❶ 新建一张幻灯片；❷ 单击"插入"选项卡"文本"组中的"对象"按钮，如下图所示。

步骤 02 打开"插入对象"对话框，❶ 选中"由文件创建"单选按钮；❷ 单击"浏览"按钮，如下图所示。

步骤 03 ❶ 在"浏览"对话框中选择要插入的文件；❷ 单击"确定"按钮，如下图所示。

步骤 04 返回"插入对象"对话框，单击"确定"按钮，如下图所示。

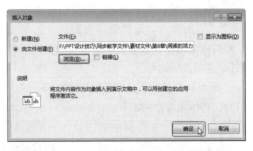

步骤 05 在幻灯片中可以看到导入的文本。将其他文件中的文本导入幻灯片后，导入的文本会被视为对象，无法直接编辑，如下图所示。

步骤 06 双击该导入的对象，进入独立的文本编辑窗口，就可以对文本进行编辑了，如下图所示。编辑完成后，单击对象外的任意位置，可以返回演示文稿的普通编辑状态。

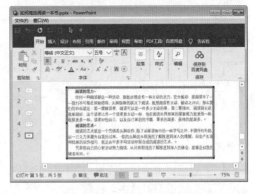

107　在剪贴板中选择需要粘贴的内容

在编辑幻灯片时，有时需要复制或移动的

内容和次数比较多。如果每次粘贴都要返回原处再进行复制或剪切会非常麻烦，为了省去烦琐的操作，可以使用剪贴板。在编辑幻灯片的过程中，最近复制或剪切的内容都会被保存在剪贴板中。

例如，要使用剪贴板粘贴内容制作一张幻灯片，具体操作方法如下。

步骤 01 ❶ 选择需要复制的内容所在的幻灯片；❷ 选择要复制的内容，按 Ctrl+C 组合键进行复制，如下图所示。

步骤 02 ❶ 选择需要复制到的幻灯片；❷ 单击"开始"选项卡"剪贴板"组右下角的"对话框启动器"按钮；❸ 显示"剪贴板"任务窗格，在其中单击选择需要粘贴的内容，如下图所示。

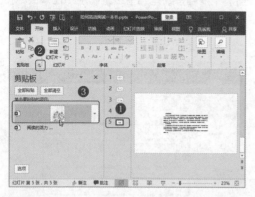

步骤 03 经过以上操作，即可将剪贴板中选择的内容粘贴到该幻灯片中，粘贴时会保持该对象在原有幻灯片中的一切属性，包括位置等，如下图所示。

步骤 04 ❶ 新建一张空白幻灯片；❷ 单击"剪贴板"任务窗格中的图片，再次粘贴到新的幻灯片中；❸ 单击"剪贴板"任务窗格中之前复制的文本内容，将其粘贴到幻灯片中，如下图所示。

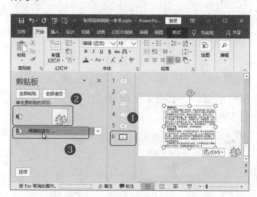

108 让粘贴内容符合当前演示文稿的文本格式

在编辑幻灯片时，经常会使用复制文本功能。为了避免复制内容的格式与文档不统一，可以使用"只保留文本"粘贴方式，让粘贴的内容自动以粘贴位置的格式显示。

如果需要让粘贴内容符合当前的文本格式，具体操作方法如下。

步骤 01 ❶ 选择第 6 张幻灯片；❷ 单击"开始"选项卡"幻灯片"组中的"新建幻灯片"按钮；❸ 在弹出的下拉列表中选择"内容与标题"版式，如下图所示。

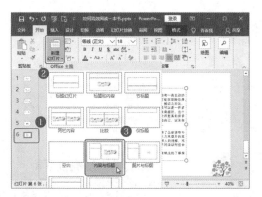

步骤 02 ❶ 选择第 6 张幻灯片；❷ 选择文本框中的所有内容，按 Ctrl+C 组合键进行复制，如下图所示。

步骤 03 ❶ 选择刚刚新建的幻灯片；❷ 将文本插入点定位在正文占位符中；❸ 单击"开始"选项卡"粘贴板"组中的"粘贴"下拉按钮；❹ 在弹出的下拉列表中单击"只保留文本"按钮，如下图所示。

步骤 04 经过以上操作，新粘贴的内容会按照当前占位符中设置的格式显示。因为是占位符，所以字符大小会根据内容的多少自动调整，如下图所示。

109　设置自动选定整个单词

扫一扫，看视频

在对文本进行编辑时，如果要选择某一个中文词组或英语单词，为了避免选择错误，可以采用双击的方法自动选定整个词组或单词，如下图所示。

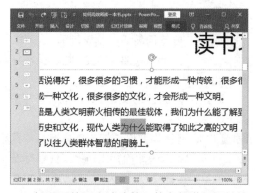

如果要使用上述功能，就必须进行相关的设置，具体操作方法如下。

步骤 01 选择"文件"选项卡，在弹出的"文件"菜单中选择"选项"命令，如下图所示。

步骤 02 打开"PowerPoint 选项"对话框，❶ 选择"高级"选项卡；❷ 勾选"选定时自动选定整个单词"复选框；❸ 单击"确定"按钮，如下图所示。

110 近距离快速移动文本

扫一扫，看视频

在对文本内容进行移动时，如果移动的距离较近，则不需要使用剪切、粘贴等复杂操作，直接将需要移动的文本进行拖动即可。

近距离快速移动文本的具体操作方法如下。

步骤 01 ❶ 选择需要移动的文本内容，将鼠标指针移动到选中的内容上；❷ 按住鼠标左键，当鼠标指针变为形状时，拖动鼠标指针至目标位置，然后松开左键即可完成移动，如下图所示。

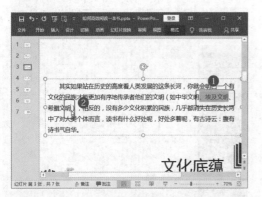

步骤 02 完成移动后的效果如下图所示。

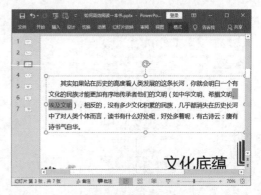

111 近距离快速复制文本

在对文本内容进行复制时，如果复制的距离较近，可以使用拖动的方式对文本进行复制，这样可以省去复制、粘贴等多个操作步骤。

选择需要复制的文本内容，将鼠标指针移动到选中的内容上，然后按住 Ctrl 键的同时按住鼠标左键，当鼠标指针变为形状时，拖动鼠标指针至目标位置，然后松开左键即可完成复制。

112 使用撤销／恢复功能修改幻灯片

扫一扫，看视频

在编辑幻灯片的过程中，对某些内容进行反复修改是难免的。每次都进行删除和添加内容操作比较烦琐。为了避免出现这些不必要的问题，可以使用撤销和恢复功能对幻灯片进行修改。

当操作错误时，可以使用撤销功能恢复到错误操作之前的状态，单击快速访问工具栏中的"撤销"按钮即可。连续单击"撤销"按钮，可以恢复到多步操作之前的状态，如下图所示。

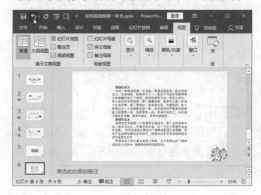

如果在进行撤销时，撤销的步骤太多，使用恢复功能可以返回到撤销前的状态，单击快速访问工具栏中的"恢复"按钮 ⟳ 即可。连续单击"恢复"按钮，可以恢复到多步撤销之前的状态，如下图所示。

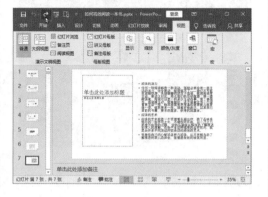

113　让撤销操作突破 20 步

在默认情况下，PowerPoint 2019 的撤销

扫一扫，看视频

操作最多只能进行 20 次。有时候在对幻灯片进行编辑时，需要撤销的会不止 20 步。这时需要让撤销操作突破 20 步，具体操作方法如下。

在"文件"菜单中选择"选项"命令，打开"PowerPoint 选项"对话框。❶ 选择"高级"选项卡；❷ 在"编辑选项"栏的"最多可取消操作数"数值框中设置可撤销步骤的值；❸ 单击"确定"按钮，如下图所示。

6.2　文本字符格式的设置技巧

本节主要介绍在幻灯片中设置文本字符格式的技巧。使用这些技巧可以提高工作效率，可以设置一些通过常规操作无法达到的字符效果。本节具体知识框架如下图所示。

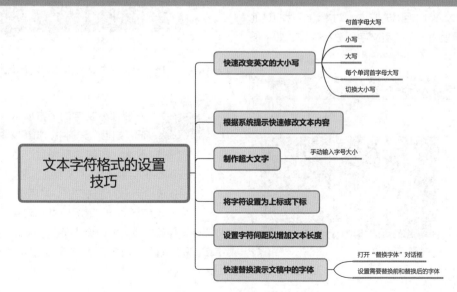

114 快速改变英文的大小写

扫一扫，看视频

在幻灯片编辑过程中，难免会遇到输入英文内容。这些英文中有大写也有小写，为了提高工作效率，可以将所有的内容输入完成后，统一改变它们的大小写。

快速改变英文的大小写的具体操作方法如下。

步骤 01 打开素材文件（位置：素材文件\第6章\英语教学课件.pptx），❶ 选择第2张幻灯片中需要设置更改为大写的英文内容 one；❷ 单击"开始"选项卡"字体"组中的"更改大小写"按钮 Aa▾；❸ 在弹出的下拉列表中选择更改方案，这里选择"大写"，即可将原本的小写 one 快速更改为大写的 ONE，如下图所示。

步骤 02 使用相同的方法，对本幻灯片中其他需要更换为大写的英文字母进行操作，如下图所示。

步骤 03 ❶ 选择第3张幻灯片左侧文本框中

需要设置大小写的英文内容；❷ 单击"更改大小写"按钮；❸ 在弹出的下拉列表中选择"句首字母大写"选项，即可将选择的句子中首个字母大写，如下图所示。

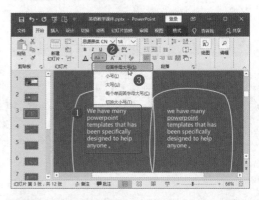

步骤 04 使用相同的方法，对本幻灯片右侧文本框中的英文实现句首字母大写，完成后的效果如下图所示。

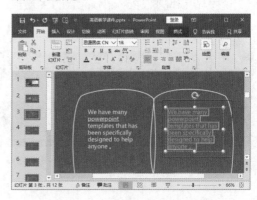

115 根据系统提示快速修改文本内容

扫一扫，看视频

在编辑 PPT 时，有时候会发现部分文字的下方显示一些标记，如上个案例中，将英文内容修改为"句首字母大写"后，单词 PowerPoint 下方显示红色的波浪线。这些标记实际上是系统检测出的语法错误，然后进行提示。

如果系统检测出了错别字或语法错误，可以快速修改文本内容，具体操作方法如下。

步骤 01 ❶ 在显示语法错误标记的文本上右击；❷ 在弹出的快捷菜单中提供了一些修

改意见，选择需要修改的内容选项，如下图所示。

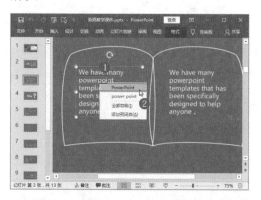

步骤 02 可以看到使用选择的内容快速替换了原来的内容。使用相同的方法修改第二个文本框中的相同错误，如下图所示。

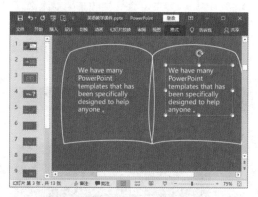

116　制作超大文字

PowerPoint 2019 的功能区中，"字号"下拉列表中最大的字号是 96 号，在某些特定的幻灯片中，文本内容可能需要设置更大的字号。这时可以使用键盘输入的方法进行设置。

扫一扫，看视频

制作超大文字的具体操作方法如下。

步骤 01 ❶ 在第 2 张幻灯片后插入一张空白幻灯片，插入图片进行美化；❷ 插入文本框，并输入 Why；❸ 在"开始"选项卡"字号"文本框中输入所需设置的字号，如 160，如下图所示。

步骤 02 按 Enter 键后超大字号就设置好了，在"字体"下拉列表中选择一种合适的英文字体，可以让效果更完美，如下图所示。

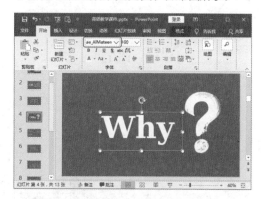

117　将字符设置为上标或下标

扫一扫，看视频

在制作各种比较专业的演示文稿时，难免会在文本中使用各种数学单位或化学元素符号。如果要输入很多专业的内容，就需要使用公式编辑器来输入。如果要对已经输入的内容进行微调，如将字符设置为上标或下标，则可以用更简便的方法来完成。

下面以将字符设置为上标为例，具体操作方法如下。

步骤 01 打开素材文件（位置：素材文件\第 6 章\二次函数 .pptx），❶ 选择需要设置为上标的 2；❷ 单击"开始"选项卡"字体"组右下角的"对话框启动器"按钮，如下图所示。

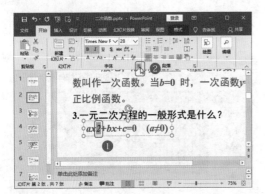

步骤 02 打开"字体"对话框，❶ 在"字体"选项卡的"效果"栏中，勾选"上标"复选框；❷ 单击"确定"按钮，如下图所示。

步骤 03 返回演示文稿中，可以看到设置的上标效果，如下图所示。

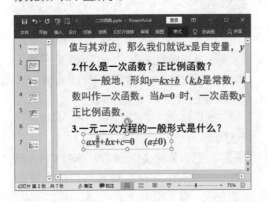

小提示

如果需要将字符设置为下标，则在"字体"对话框中勾选"下标"复选框。在"偏移量"数值框中设置数值，可以设置上标或下标的样式。

118　设置字符间距以增加文本长度

扫一扫，看视频

在编辑幻灯片中的文本时，尤其是并列排版的文本，这些内容的字数不等、长短不一，很不利于观看。这时可以通过设置字符间距来改变文本长度，具体操作方法如下。

步骤 01 打开素材文件（位置：素材文件\第6章\学生自荐自我介绍.pptx），❶ 选择第4张幻灯片中需要设置字符间距的文本内容；❷ 单击"开始"选项卡"字体"组中的"字符间距"按钮 $\underset{}{AV}$ ▾；❸ 在弹出的下拉列表中选择"其他间距"选项，如下图所示。

小提示

单击"开始"选项卡"字体"组右下角的"对话框启动器"按钮，也可以打开"字体"对话框。

步骤 02 打开"字体"对话框，❶ 选择"字符间距"选项卡；❷ 设置间距及度量值，如选择"加宽"选项，并设置"度量值"为24磅；❸ 单击"确定"按钮，如下图所示。

步骤 03 返回演示文稿中即可看到为文本设置字符间距后的效果。继续为本张幻灯片中的其他文本设置间距，让所有的冒号对齐，完成后的效果如下图所示。

小提示

如果要让单行的整段文字实现对齐，可以设置对齐方式为"两端对齐"。

119　快速替换演示文稿中的字体

在幻灯片设计制作完成后，才发现字体的应用似乎没有取得预期的效果，或者保存字体时，发现演示文稿中的部分字体不能保存，如下图所示。这时再更改字体，不仅麻烦，而且容易发生疏漏。

扫一扫，看视频

使用"替换字体"功能可以快速地将演示文稿中的某种字体替换为另一种字体。例如，要将无法保存的字体替换为常见字体，具体操作方法如下。

步骤 01 ❶ 在"开始"选项卡"编辑"组中单击"替换"按钮；❷ 在弹出的下拉列表中选择"替换字体"选项，如下图所示。

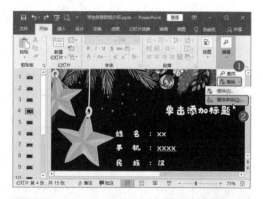

步骤 02 打开"替换字体"对话框，❶ 在"替换"下拉列表中选择需要被替换的字体；❷ 在"替换为"下拉列表中选择需要使用的字体；❸ 单击"替换"按钮；❹ 替换完成后，单击"关闭"按钮，如下图所示。

6.3 文本段落格式的设置技巧

根据编辑文本内容的需要，PowerPoint 2019 中提供了很多段落格式的设置技巧。本节具体知识框架如下图所示。

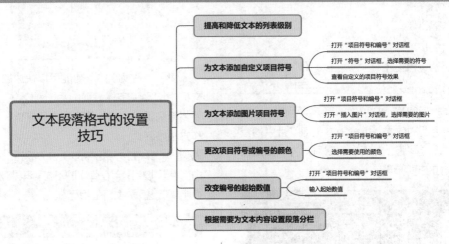

120 提高和降低文本的列表级别

扫一扫，看视频

幻灯片中的文字主要是一些内容提要，一般会使用标题的样式进行排列。在正文文本的占位符中默认都是一级标题，但很多时候文本都不是同一级别的，这时需要对文本的列表级别进行更改。

此处以提高文本的列表级别为例进行介绍，具体操作方法如下。

步骤 01 ❶选择需要提高列表级别的文本内容；❷单击"开始"选项卡"段落"组中的"提高列表级别"按钮，如下图所示。

步骤 02 将文本的列表级别提高后，段落缩进会自动调整到该级别的效果。使用相同的方法改变其他文本的列表级别，如下图所示。

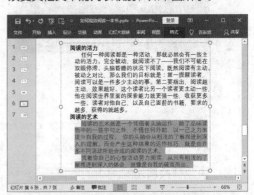

🔔 小提示

通过调整列表级别，可以快速调整段落的缩进，并保证同一级别内容的缩进相同。

121 为文本添加自定义项目符号

PowerPoint 2019 中预设了一些项目符号。

如果这些项目符号都不能满足需要，则可以自定义项目符号。

当需要为文本添加自定义项目符号时，可以采取以下操作方法。

扫一扫，看视频

步骤 01 ❶ 选择需要设置项目符号的段落；❷ 单击"开始"选项卡"段落"组中的"项目符号"下拉按钮；❸ 在弹出的下拉列表中选择"项目符号和编号"选项，如下图所示。

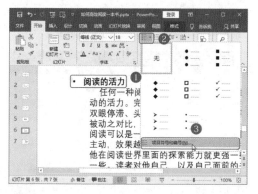

步骤 02 打开"项目符号和编号"对话框，单击"自定义"按钮，如下图所示。

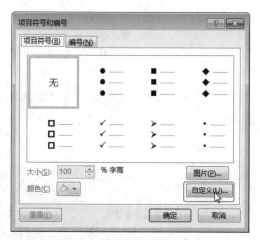

步骤 03 打开"符号"对话框，❶ 在"字体"下拉列表中选择符号类型；❷ 选择需要使用的项目符号；❸ 单击"确定"按钮，如下图所示。

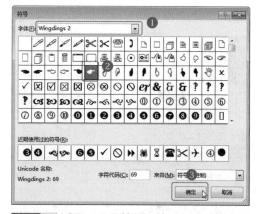

步骤 04 返回"项目符号和编号"对话框，在列表框中出现了刚刚设置的符号样式的项目符号，并默认选择该项目符号样式，单击"确定"按钮，如下图所示。

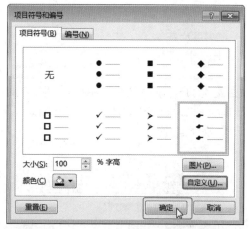

步骤 05 完成项目符号的添加后，返回演示文稿中，可以看到使用自定义项目符号后的效果，如下图所示。

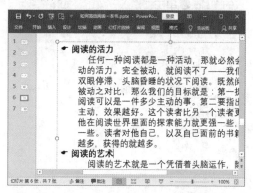

122 为文本添加图片项目符号

扫一扫，看视频

如果要让幻灯片内容看起来更加丰富，可以为文本添加图片项目符号，具体操作方法如下。

步骤 01 用前面介绍的方法打开"项目符号和编号"对话框，单击"图片"按钮，如下图所示。

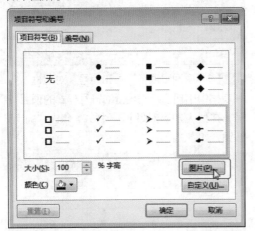

步骤 02 打开"插入图片"对话框，根据需要选择插入图片的方式，这里选择"来自文件"选项，如下图所示。

步骤 03 打开"插入图片"对话框，❶选择提前保存在计算机中图片的位置；❷选择需要插入的图片；❸单击"插入"按钮，如下图所示。

123 更改项目符号或编号的颜色

扫一扫，看视频

一般情况下，项目符号和编号的颜色是主题默认的。为了能够让项目符号和编号具有突出显示的作用，有时需要为其设置其他颜色。

下面以更改项目符号的颜色为例，介绍修改项目符号和编号的具体操作方法。

步骤 01 ❶选择设置了项目符号的文本内容；❷单击"开始"选项卡"段落"组中的"项目符号"下拉按钮；❸在弹出的下拉列表中选择"项目符号和编号"选项，如下图所示。

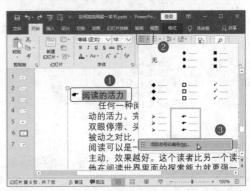

步骤 02 打开"项目符号和编号"对话框，❶单击"颜色"按钮；❷在弹出的下拉列表中选择需要使用的颜色，如"紫色"；❸单击"确定"按钮，如下图所示。

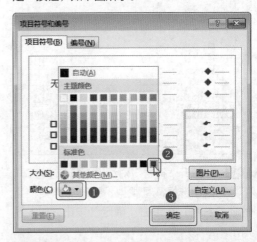

步骤 03 修改项目符号颜色后的效果如下图所示。

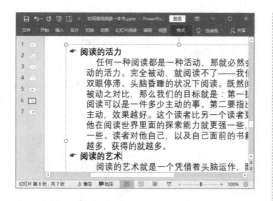

124　改变编号的起始数值

为段落设置编号后，起始编号默认总是从 1 开始。如果列表内容比较多，分布在两张幻灯片上，第二张幻灯片上的编号应该紧接上一张幻灯片的数字继续编号。

扫一扫，看视频

改变编号起始数值的具体操作方法如下。

步骤 01　打开素材文件（位置：素材文件\第 6 章\如何高效阅读一本书 2.pptx），① 选择需要设置编号的段落；② 单击"开始"选项卡"段落"组中"编号"下拉按钮；③ 在弹出的下拉列表中选择"项目符号和编号"选项，如下图所示。

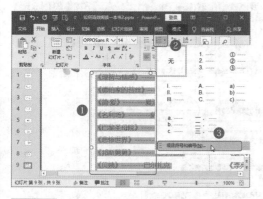

步骤 02　打开"项目符号和编号"对话框，① 在"编号"选项卡中选择一种编号样式；② 在"起始编号"数值框中输入起始数值，这里根据前一张幻灯片的介绍，输入 11；③ 单击"确定"按钮，如下图所示。

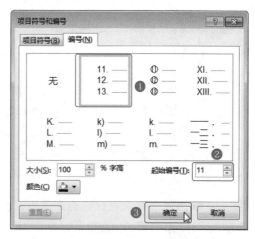

步骤 03　经过以上操作，可以让选择的段落从 11 开始编号，使用相同的方法让右侧文本框中的段落从 23 开始编号，如下图所示。

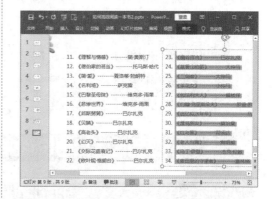

125　根据需要为文本内容设置段落分栏

扫一扫，看视频

PowerPoint 2019 中默认采用单栏排版。当需要将文本内容的各项横向排列时，需要将文本内容进行段落分栏。

例如，在上个案例中，如果将两个文本框中的内容放置在一个文本框中，再设置为两栏显示，只设置一次起始编号，就可以完成。

步骤 01　① 复制第 9 张幻灯片；② 将原来右侧文本框中的内容复制到左侧文本框内容的最后，并删除右侧的文本框，如下图所示。

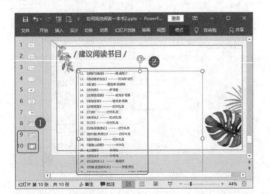

步骤 02 ❶ 选择需要设置分栏的文本内容；
❷ 单击"开始"选项卡"段落"组中的"添加或删除栏"按钮 ≣▾；❸ 在弹出的下拉列表中选择需要的分栏数，如"两栏"，如下图所示。

步骤 03 此时就完成了对文本内容的分栏操作，调整文本框的大小后，可以看到设置分栏后的效果，如下图所示。

小提示

虽然 PowerPoint 2019 支持将文本最多分为 16 栏，但建议分为两栏或三栏，分栏太多反而会降低文本的可读性。

6.4 占位符和文本框的设置技巧

幻灯片中的文本内容主要是通过占位符和文本框输入的。有效地设置占位符和文本框可以更好地表现文本内容。下面介绍占位符和文本框的设置技巧，具体知识框架如下图所示。

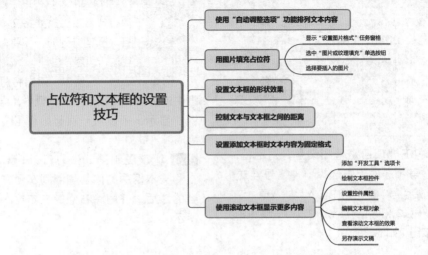

126　使用"自动调整选项"功能排列文本内容

在编辑幻灯片的过程中，有时在占位符的左下角会出现一个"自动调整选项"按钮 ✢。这主要是当前占位符比文本内容所需的使用空间小造成的，这种情况常常出现在粘贴文本到占位符中。此时可以根据需要对文本内容进行调整。

扫一扫，看视频

例如，要将文本以原有格式显示到下一张幻灯片，具体操作方法如下。

步骤 01 ❶ 单击"自动调整选项"按钮 ✢；❷ 在弹出的下拉列表中选择调整方案，如"将文本拆分到两个幻灯片"选项，如下图所示。

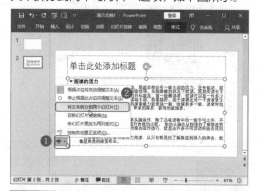

步骤 02 经过以上操作，在当前占位符中不能显示的内容将在自动生成的幻灯片中显示，如下图所示。

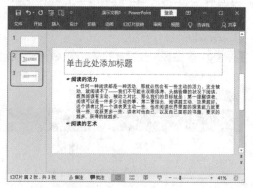

127　用图片填充占位符

在幻灯片中，每个占位符都是一个单独的对象。为了能让占位符中的内容更具吸引力，可以

扫一扫，看视频

对占位符进行美化。例如，用图片对占位符进行填充，具体操作方法如下。

步骤 01 ❶ 在需要用图片填充的占位符上右击；❷ 在弹出的快捷菜单中选择"设置形状格式"命令，如下图所示。

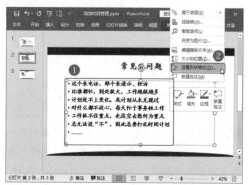

步骤 02 弹出"设置图片格式"任务窗格，❶ 在"形状选项"选项卡中单击"填充与线条"按钮 ◇；❷ 展开"填充"栏，并选中"图片或纹理填充"单选按钮；❸ 单击"插入"按钮，如下图所示。

步骤 03 打开"插入图片"对话框，根据需要选择插入图片的方式，这里选择"来自文件"选项，如下图所示。

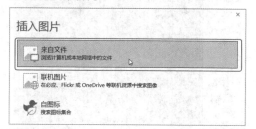

步骤 04 打开"插入图片"对话框，❶ 选择需

要使用图片的存放位置；❷ 选择需要使用的图片；❸ 单击"插入"按钮，如下图所示。

步骤 05 经过以上操作，返回演示文稿中就可以看到为该占位符设置图片填充后的效果。单击"设置图片格式"任务窗格右上角的"关闭"按钮，关闭该任务窗格，如下图所示。

128 设置文本框的形状效果

扫一扫，看视频

在编辑幻灯片时，为了营造一些特别的效果，有时可以对占位符或文本框的形状效果进行设置。如下图所示，对含有警示内容的文本框设置了形状效果，这样更容易引起观看者的注意。

为文本框设置形状效果的具体操作方法如下。

打开素材文件（位置：素材文件\第 6 章\试验检测机构仪器设备计量管理培训 .pptx），❶ 在第 1 张幻灯片中插入文本框，并输入需要的文字，设置合适的格式；❷ 单击"绘图工具格式"选项卡"形状样式"组中的"形状效果"按钮 ；❸ 在弹出的下拉列表中选择"三维旋转"选项；❹ 在弹出的下级列表中选择需要的三维旋转效果，如下图所示。

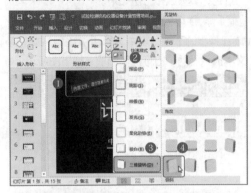

129 控制文本与文本框之间的距离

当为文本框设置了填充效果后，文本与文本框之间的距离就会显而易见。文本与文本框之间的距离过近或过远都会影响幻灯片的美观度。控制文本与文本框之间的距离是非常有必要的。

扫一扫，看视频

当需要设置文本与文本框之间的距离时，可以采取以下操作方法。

步骤 01 ❶ 选择需要设置的文本框；❷ 单击"绘图工具 格式"选项卡"形状样式"组右下角的"对话框启动器"按钮，如下图所示。

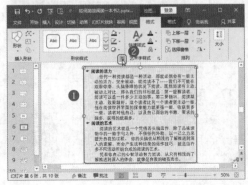

步骤 02 显示"设置图片格式"任务窗格，❶ 在"形状选项"选项卡中单击"大小与属性"按钮；❷ 展开"文本框"栏，在下方的数值框中分别设置文本与文本框的左、右、上、下边距，如下图所示。

130 设置添加文本框时文本内容为固定格式

在使用文本框添加文本内容时，如果每次都需要对新的文本框和内容进行设置，这样会非常麻烦。为了避免这些烦琐的操作，可以将某个文本框作为样板，再次插入文本框时，其格式会与样板文本框相同。

扫一扫，看视频

当需要将文本框设置为固定格式时，可以采取以下操作方法。

步骤 01 ❶ 选择需要作为样板的文本框，并在其上右击；❷ 在弹出的快捷菜单中选择"设置为默认文本框"命令，如下图所示。

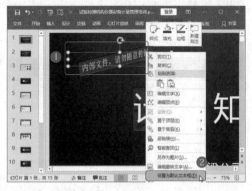

步骤 02 再次插入文本框时，文本框的样式及文本内容的格式会与之前作为样板的文本框的

样式与格式相同，如下图所示。

131 使用滚动文本框显示更多内容

有时PPT中的文本内容很多，如果使用太多幻灯片，就会增加文件的占用空间。为了能够在一张幻灯片上显示更多的内容，可以像网页一样使用滚动文本框进行显示。

扫一扫，看视频

在幻灯片中添加滚动文本框的具体操作方法如下。

步骤 01 打开"PowerPoint 选项"对话框，❶ 选择"自定义功能区"选项卡；❷ 在右侧的列表框中勾选"开发工具"复选框，如下图所示；❸ 单击"确定"按钮，在主窗口中添加"开发工具"选项卡。

步骤 02 ❶ 单击"开发工具"选项卡"控件"组中的"文本框"按钮；❷ 当鼠标指针变为"+"形状时，按住鼠标左键并拖动绘制文本框，如下图所示。

步骤 03 单击"控件"组中的"属性"按钮，如下图所示。

步骤 04 打开"属性"对话框，❶ 选择"按分类序"选项卡；❷ 单击选择需要的滚动条样式，如"2-fmScrollBarsVertical"；❸ 单击设置 MultiLine 属性为 True；❹ 单击右上角的"关闭"按钮，关闭该对话框，如下图所示。

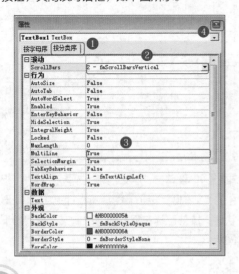

小技巧

ScrollBars 属性的作用是利用滚动条来显示多行文字内容，默认设置是"0-fmScrollBarsNone"，表示无滚动条，如果内容过多而设置该属性，则会发生互相重叠的现象，所以应将属性设置为垂直滚动的"2-fmScrollBarsVertical"。"1-fmScrollBarsHorizontal"代表显示水平滚动条；"3-fmScrollBarsBoth"代表同时显示垂直和水平两个方向的滚动条。

MultiLine 属性的作用是设置控件是否允许接受多行文本，默认是 False，选择该选项将无法设置垂直滚动条，而只能选择其余两种滚动条，所以该属性应设置为 True。

在"属性"对话框中还可以设置字体、文本框背景等属性。

步骤 05 ❶ 在绘制的文本框控件上右击；❷ 在弹出的快捷菜单中选择"文本框对象"命令；❸ 在弹出的子菜单中选择"编辑"命令，如下图所示。

步骤 06 ❶ 此时可以在文本框控件中输入需要的文本内容；❷ 单击状态栏的"阅读视图"按钮，如下图所示。

步骤 07 进入阅读视图，可以看到更清晰的滚动文本框的效果，并且可以拖动鼠标实现文本的滚动显示，如下图所示。

步骤 09 打开"另存为"对话框，❶ 重新设置文件的保存类型为"启用宏的 PowerPoint 演示文稿（*.pptm）"格式；❷ 单击"保存"按钮，如下图所示。

步骤 08 完成演示文稿的制作后，关闭时会提示部分功能不能保存在普通的演示文稿格式中，如下图所示。这是因为在演示文稿中添加了控件导致的，单击"否"按钮。

✎ 读书笔记

第7章

PPT 中图片的应用技巧

除了文字，在 PPT 中使用最多的素材就是图片了。图片对 PPT 来说非常重要，它不仅起着传达信息的作用，还肩负着吸引眼球的功效。在 PPT 中插入适当的图片能够让幻灯片更加生动、页面更加丰富，更能够提升幻灯片的观赏性。本章就将介绍图片在 PPT 中的应用。

以下是在 PPT 中使用图片的常见问题，请检测自己是否会处理或已掌握与其相关的技巧。

√ 在幻灯片中使用图片，有哪些注意事项？

√ 当幻灯片中既有文字又有图片时，应该怎样实现图文搭配，效果才最好？

√ 插入图片后，有些图片的局部效果不好，应该如何裁剪？

√ 找不到合适像素的图片，仅有一些小图，如何保证幻灯片的整体质量？

√ 特殊情况下，需要将文本、文本框、艺术字处理成图片，应该如何操作？

√ PowerPoint 2019 中可以直接对图片进行简单的处理，应该如何操作？

通过本章内容的学习，可以解决以上问题，并学会 PPT 中图片的相关应用技巧。本章相关知识技能如下图所示。

知识技能
- PPT中使用图片的技巧与原则
- 图片的使用技巧

7.1　PPT 中使用图片的技巧与原则

相对于长篇大论的文字而言，图片以简单、快速、无须耗费大量注意力的方式呈现，更容易抓住观众的眼球。在 PPT 中使用图片必须掌握一些技巧和原则，否则会适得其反。本节具体知识框架如下图所示。

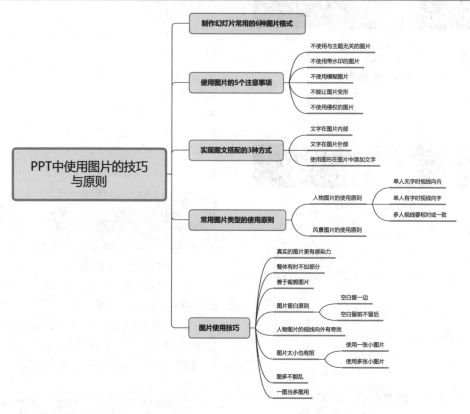

132　制作幻灯片常用的 6 种图片格式

JPG、PNG 格式指图片的后缀名为 .jpg、.png。除了常用的 JPG、PNG 格式，BMP、GIF 等其他格式的图片也可以在 PowerPoint 2019 中使用。不同格式的图片各有其特点，用法不尽相同，使用时要注意图片的格式问题。

图片主要分为位图和矢量图两种类型。常用的位图格式有 JPG/JPEG、GIF、PNG 等；常用的矢量图格式有 WMF、AI 等。位图在放大后会使图片失真、变得模糊，矢量图则可以无限放大或缩小，对图像的显示效果没有影响。

下面对这几种图片格式进行介绍。

1. JPG/JPEG 格式

JPG/JPEG 格式是目前应用最普遍的一种图片格式。相机或手机拍摄的照片、网络下载的大多数图片通常都是这种格式。这种图片格式的特点是图片资源丰富、压缩率高、文件小、节省硬盘空间。将该格式的图片插入 PPT 后，不容易让文件变大，不会给软件的运行造成太大负担。但是压缩程度高时画面会变得模糊，出现杂色或马赛克现象。在使用 JPG/JPEG 格式的图片时，一定要确保图片有足够的分辨率，否则在计算机上看到的幻灯片可能是清晰的，用投影仪放映出来就不清晰了。如下图所示，是同一张幻灯片在计算机和投影仪放映出来的效果。

另外，JPG/JPEG 格式的图片始终带有底色，在 Photoshop 等图片处理软件中去掉底色的图片，若导出成 JPG/JPEG 格式，将自动添加白色的背景色，如下图所示。若要去除底色，还要在 PowerPoint 2019 中进行其他操作。

2. BMP 格式

BMP 格式是 Windows 操作系统中的标准图像文件格式。该格式的图片可以分成两类：

设备相关位图（DDB）和设备无关位图（DIB）。在 PowerPoint 2019 中选择性粘贴图片时，在弹出的对话框中可以看到 DIB 格式，即 BMP 格式。这种格式的图片与 PowerPoint 2019 软件的兼容性较好（同属 Windows 标准），但图片文件往往较大，容易给软件运行造成负担，导致操作或播放时卡顿。

3. PNG 格式

PNG 格式即可移植网络图形，是一种无损高压缩比的图形，优点在于可以在保证图片清晰、逼真的前提下比 JPG、BMP 格式的图片更小。更重要的是，它支持透明背景效果。当 PPT 中需要一些无背景的人物、物品、小图标等图片时，便可选择 PNG 格式。如下图所示的骑车小图标，便是无背景色的 PNG 图片，当背景色不同时，可以呈现不同的效果。

4. WMF/EMF 格式

WMF/EMF 格式的图片也是 PPT 中使用率非常高的，因为 PowerPoint 2019 中大部分的剪贴画都是这种格式。WMF 格式即图元文件，也是 Windows 操作系统中定义的一种图形文件格式。EMF 格式是原始 WMF 格式的 32 位版本。

显示 WMF/EMF 格式的图片文件的速度要比显示其他格式的图片文件慢，但是它形成图元文件的速度要远快于其他格式，并且所占的磁盘空间比其他任何格式的图形文件小得多。WMF/EMF 格式的图片是矢量文件，随意放大不会出现锯齿、模糊，还能够像形状一样编辑节点、更换颜色。通过 Adobe Illustrator、CorelDRAW 这些专业设计软件设计的矢量文件便可导出为 WMF/EMF 文件，插入 PPT 中后继续以矢量图的形式使用。

如下图所示，左侧为 EMF 格式的多地形背景，右侧为 WMF 格式的公司 Logo。

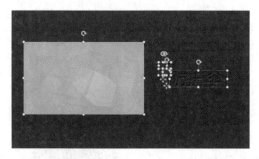

5. AI 格式

AI 格式的图片是矢量图形文件，AI 格式是 Adobe Illustrator 的输出格式。这是一种非常典型的矢量图，无论如何放大或缩小，都不会影响图形的显示效果。很多设计人员都喜欢使用这种格式的图片。AI 格式的图片不能直接插入幻灯片，如果用户有相关的图形编辑软件，要先将图片导出并保存为幻灯片中可以使用的格式。

6. GIF 格式

GIF 格式是一种无损压缩的图形互换格式，它和 PNG 格式一样能够支持透明效果，可以将这种图片的背景设置为透明。

作为图片，其最大特点是：既可以是静态的，也可以是如同视频一样的有短暂动画效果的动态图片。将这种图片插入 PPT，编辑状态下 GIF 图片将显示为其中的某一帧画面，只有在播放状态下，GIF 图片才会显示动画效果，如下图所示。

将 GIF 格式的图片插入幻灯片，可以代替一些动画的设置，甚至比 PowerPoint 2019 预设的动画更具有优势。在制作 PPT 时想找到切合主题的动态图片可能会非常困难，如果懂得使用一些相关的图形编辑软件（Ulead GIF Animator 等）自己制作动态图，事情就简单多了。

133 使用图片的 5 个注意事项

图片是 PPT 中的重要元素，图片的好坏将直接影响 PPT 的整体效果。虽然网络中的图片很多，但不是所有的图片都能使用，在选择图片时一定要慎重。

使用图片除了需懂得如何让幻灯片变得美观外，还需注意一些使用图片时容易出现的问题，否则一份优秀的 PPT 将可能毁于这些问题。

1. 不使用与主题无关的图片

这是 PPT 初学者常犯的错误之一——基于个人爱好添加一些与主题毫无关联或联系不大的配图，如下图所示。可有可无的图片不如不用，自己都不理解的图片即使觉得再美也不能随意使用。

2. 不使用带水印的图片

有时从网上下载的图片会带有水印（遮盖

在图片上的文字或图形），水印会遮挡图片本身的内容。若直接将带水印的图片插入 PPT，不仅会影响视觉效果，而且会给人一种粗糙、盗图的感觉。

一般的水印是文字或图片，比较明显，也有些水印比较不容易发现，如使用了与图片颜色相似的水印，如下图所示。

还有的水印就是一个图形，如下图所示，右下角的正方形凸出部分实际上是一个水印标记。

3. 不使用模糊图片

像素尺寸过低、模糊不清的图片，在放映时会更加不清楚。不仅会带给观众一种劣质的印象，还会进一步影响观众对 PPT 和演讲内容的兴趣，极有可能造成演讲失败。

因此，除非有特定目的，PPT 应尽量使用清晰的图片。如下面展示的两页 PPT，哪一页更让观众有阅读的欲望呢？大多数人都会选择后者。

4. 不能让图片变形

在幻灯片中使用图片时，很多人会为了让图片适应幻灯片只改变图片的长度，或只改变图片的宽度。这样图片会有一种拉伸的感觉，看起来非常别扭。将这种图片放在 PPT 中会带给人一种不严谨的感受。如下图所示，幻灯片中的图片明显被拉伸变形了。

在处理这类问题时，最好先将整张图片放大，然后使用裁剪功能将多余的部分裁剪掉，如下图所示。

还有一种容易使图片变形的操作是设置页面。如果将页面进行纵横向转换，图片也会随着页面自动对长宽进行缩放，图片也会发生变形，如下图所示。在制作 PPT 前，最好先设置页面再进行幻灯片的编辑。

5. 不使用侵权的图片

互联网是一个共享开放的空间，很多人在网上下载图片时"拿来即用"，未考虑是否会侵犯他人的著作权、肖像权等。使用图片时必须谨慎，不要侵权。

134　实现图文搭配的 3 种方式

在制作幻灯片的过程中，主要难点在于如何将图片和文本有机组合。

下面介绍 3 种图文搭配的常见方式。

1. 文字在图片内部

当图片占满了幻灯片的整个页面时，文字就不得不添加在图片的内部。图片上的文字如何处理才能既醒目又不破坏整体的和谐呢？这非常考验 PPT 设计者的排版功力。在制作这种幻灯片时，选择的图片一定要拥有大面积的空白，这样在上面添加文本内容才能清晰可辨；否则不是会影响图片的观赏性，就是让文字的显示不清晰，如下面两张图的对比效果。

2. 文字在图片外部

文字在图片外部的幻灯片非常容易制作，只需要将图片调整得与幻灯片的高度相同或宽度相同即可，如下面两张幻灯片所示。

可以在页面周边留出部分边框，让所有页面对象整齐排放在页面中部的位置。或者为图片添加边框，制作出相框的效果，如下图所示。

3. 使用图形在图片中添加文字

当图片素材中没有大面积的空白时，同样可以添加清晰的文字，只不过需要在文字下方添加形状，使其成为色块，将文字衬托出来。这种方式也能增强全图型幻灯片的设计感。

如下图所示，直接在文本框下方添加矩形色块，色块颜色与背景形成差异（如图中的白色），文字颜色既可以取与被遮盖部分相近的颜色，也可以取强烈的对比色（如图上屋顶的黑色，偏重于突出文字的功能）。

在图片上利用形状衬托文字，最简单的方法是使用纯白色的形状，因为白色容易与各种图片搭配。当然，形状不一定是规矩的矩形，也可以是各种效果。如下图所示，在幻灯片的边缘绘制了一个波浪形的纯白色自选图形，这样不仅不会影响图片的整体性，而且会提高图片的质感。

如果图片中有部分大面积的空白，可以为文字添加形状衬托，进行美化，如下图所示。

除了白色形状，黑色形状也比较常见，或者可以根据图片添加其他颜色的色块，如下图所示。但这些效果更常用于对图片进行分割，也就是说，对图片的影响比较大。

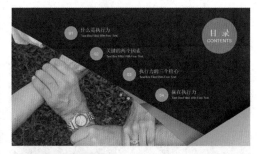

当需要添加的仅有几个文字时，也可以采用在每个字下面添加色块的方式使文字突出，同时减少对画面的影响，如下图所示。

当有大段文字时，最好将图片放在页面一侧，然后添加与图片背景相同的形状，再在上面添加文字，拼合成一幅画，如下图所示。在制作 PPT 时这种方法用得比较多。

如果图片的背景不容易制作，而且图片的色调比较单一，尤其是图片边缘只有一种颜色，在制作幻灯片时，可以用一个大色块遮盖图片上重要程序稍次的部分进行排版。如下图所示，用色块对整个页面进行填充，这样图片显得更有整体感。在选择填充色时尽量保证与图片的主题色系相同，才能让画面感更强。

对配色掌握得不太好的用户来说，使用白色色块是最好的选择，如下图所示。想让图片和色块过渡得自然一些，可以适当添加一些小的图形进行装饰。

还有一种通用的做法，就是在图片上添加一块黑色的图形，并设置适当的透明度，这样既让文字清晰地显示，也能够清晰地观看图片，如下图所示。这种情形下，一般形成左右版式，

但左右不一定要等分对称。

还可以添加从透明到不透明的渐变色块蒙版，在蒙版上对大段文字进行排版，这样可以让图片和形状过渡得更自然，如下图所示。

135　人物图片的使用原则

在制作幻灯片时，经常会用到人物图片。在使用选择的人物图片时，需要遵循一定的原则，否则整个幻灯片页面会给人一种不协调的感觉。

1. 单人无字时视线向内

如果在幻灯片中插入的图片只有单个人物，没有文字，则人物的视线应向内，因为向内是面对观众。这样会让观众觉得图片中的人物是在看他，带给观众一种受到重视的感觉，如下图所示。

2. 单人有字时视线向字

幻灯片中人物的视线会成为观众的视线引导。如下图所示，本来整个幻灯片的页面效果很好，但容易让观众随着图上人物的视线将注意力转移到幻灯片的右外侧。

如下图所示，为了表示尊重，让人物直视观众。但是这样会让人感觉文字内容和图片没有融合在一起。虽然文字也明显，但与图片中的人物缺少互动，观众的注意力容易被人物视线分散。

无论图片制作得多么出彩，幻灯片中的文字才是主角，图片只是配角，配角的作用就是让观众注意到主角。因此，使用有人物的图片做全图型幻灯片时，还应根据人物的视线方向对文字进行排版，让图片中人物的视线尽量朝

向文字，这样观众就可以顺着人物的视线注意到文字内容，还能够制造一些趣味性，也让画面显得更协调，如下图所示。

如果收集的素材中人物的视线都不符合要求，可以将图片裁剪之后放到另外一侧，或者将图片进行水平翻转，如下图所示。

3. 多人视线要相对或一致

如果幻灯片中有两张人物图片，这两个人物的视线最好相对，这样可以营造出一种和谐的氛围，如下图所示。

也可以让人物的视线停留在幻灯片内，不会将观众的注意力带到幻灯片外，如下图所示。

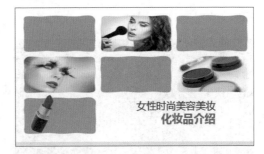

当图片中有多个人物时，人物的视线要朝向同一个方向，这样整体效果才会显得统一而协调，方便将文字放在所有人（或多数人）的视线交点上，如下图所示。

136　风景图片的使用原则

　　风景图片也经常在 PPT 中出现。在幻灯片中使用风景图片时，一定要注意所有图片的地平线是否统一。如果地平线不统一，需要对图片进行设置或更换，否则图片看起来会不协调。如下图所示，图片地平线的效果就比较统一。

　　在排布多张风景图片时，还要遵循上天下地的原则，这样看起来才符合逻辑，否则会显得很别扭。

137　真实的图片更有感染力

　　在 PPT 中使用图片时，尽可能地选用真实图片，而不是剪贴画。

　　如下面两张图中，下图的效果显然不如上图的效果好，因为上图中的效果更真实，更能让观众产生品尝的念头，或是猜想食物的味道。

138　整体有时不如部分

　　在制作 PPT 时，使用图片时遇到的不确定因素非常多，有的可能闻所未闻、见所未见，按原则办事是完全无法执行的。

　　多数情况下，在使用大图片时都希望将它充满整个页面，但有时候只在幻灯片的一半或是部分区域设置图片可能更切合主题，视觉效果会更好，如下图所示。

有的图片一眼看上去可能与幻灯片要表达的主题毫无关联，但是只要仔细观察，用心琢磨，会有不同感受，如下图所示。

还有的时候尽管图片与幻灯片的主题能够结合，但是对其进行裁剪后，视觉效果可能会更突出，如下图所示。

139　善于裁剪图片

在制作 PPT 时，图片并不是随意放到幻灯片上就可以了。为了让页面效果更美观，还需要进行合理的裁剪。

对图片进行裁剪后，再根据版面放置文字内容，可以得到下面这些幻灯片的效果。

除了可以将图片裁剪为常规图形外，还可以裁剪为特殊形状，如下图所示。

一般情况下，裁剪为常规形状的图片，会通过摆放位置的不同，呈现出多种效果。裁剪为特殊形状的图片，在幻灯片中的摆放位置反而没有那么多讲究。

140 图片留白原则

在制作带图片的幻灯片时，经常会遇到要留白的情况，也就是幻灯片周围出现的空白区域，其目的是让幻灯片中的重点更加突出，让幻灯片显得更加干净。

在幻灯片中为图片留白时，需要遵循以下原则。

1. 空白留一边

在安排文本内容时，要尽量将文本内容放在图片的一侧，这样更便于观众观看，如下图所示。

如果图片两侧都有内容，就会使观众的视线跳跃，不利于观看，如下图所示。

2. 空白留前不留后

在插入了人物图片的幻灯片中，人物的后面不能留下大面积的空白，要留空白只能留在人物的前方。这一点与前面介绍的"单人有字时视线向字"具有一致性，如下图所示。

反之，如下图所示的效果就是不对的。

🔔 **小提示**

"空白留一边"这个原则只适合形状不规则的图片。如第 3 章中介绍的"中轴型"幻灯片布局，是刻意留出了上下或左右两侧的空白。

141 人物图片的视线向外有奇效

前面在介绍人物图片的使用原则时提到视线要向内或向文字。但是，在某些特定的情况下，视线向外会获得更加不错的效果。

在幻灯片中插入人物图片后，如果让其视线不对着文字，或是不显示视线，往往能表达更强烈的反抗、烦躁等负面情绪。如下图所示，表达的是烦躁的情绪。

下图故意将人物视线背对着文字，表达了强烈的反对意见。

142　图片太小也有招

将图片调大或稍微裁剪后占据整页幻灯片，图片为主而文字为辅——这种全图型的幻灯片页面比小图排版幻灯片页面的冲击力更强，视觉效果更震撼，也更能吸引观众的注意力。

全图型幻灯片中，图片是整页幻灯片的重点。制作全图型幻灯片的前提是，图片的细节能让观众清楚地看到，图片本身的精美程度较高，冲击力较强，如下图所示。

在实际工作中，可能找不到精度足够高的图片，此时就不能使用全图型排版了。实现视

觉化不仅可以使用大图，小图同样可以拥有其自身的魅力。下面就介绍使用小图片的两种技巧。

1．使用一张小图片

在很多 PPT 中，尤其是封面，都会使用 Banner 条的方法制作，如果使用的是大图片，可以进行缩放和裁剪，而小图片则不能这样做。但是可以将小图片"变大"，先绘制一个自选图形，然后将颜色设置得与图片相似就可以了，如下图所示。

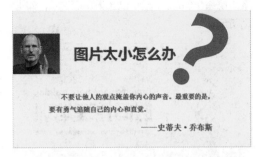

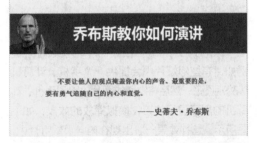

有时，也会故意让图片与文本框的颜色有一定差异，但是整体的大小一致，也会有不错的效果，如下图所示。

如果图片背景比较单一，可以将图片设置为透明背景，然后使用另一张图片作为整体背景，让整个幻灯片呈现全图排版的效果，如下图所示。

除了刻意让图片变得大气一些，也可以让图片保持小的特点，通过其他方式来美化版面。例如，有些幻灯片中会提供一个手机、计算机等外观图形，然后将需要的图片放置到手机、计算机的屏幕显示位置，模拟播放的效果，如下图所示。这种效果一般出现在内容页幻灯片中，刚好可以留出幻灯片页面的另一侧放置正文的内容。

2. 使用多张小图片

如果幻灯片上的小图片不止一张，一般就需要将图片并列排版。最常见的是在内容页幻灯片中，上（下）部用于显示文本内容，下（上）部并列放置多张图片，如下图所示。

此外，还可以在图片周围添加合适的形状进行美化，让整个版面看起来更舒适，如下图所示。

油炸类食品的危害：1. 油炸淀粉导致心血管疾病；2. 含致癌物质；3. 破坏维生素，使蛋白质变性。

如果文本内容可以简约显示，也可以采用下图所示的方法结合处理图片和文本，即在图片的下方添加文本框进行显示。

当图片不够时，为了能够具备上佳的视觉效果，可以使用色块进行填补，如下图所示。

除了平铺图片外，还可以为多张图片添加相同的图片样式，整体看起来也会比较统一，如下图所示。

小提示

如果是多张图片并排，需尽量使用对比不是非常强的图片，尤其是使用纯色背景的图片需要特别注意。

小技巧

有时，会遇到这种情况：图的内容合适，可惜像素低，用在 PPT 中尺寸太小，此时可以通过 PhotoZoom 软件在不失真的情况下，将原图的像素强制放大，如下图所示。将图片导入软件后，在左侧设置新的图片尺寸及调整方式，在右侧预览窗格就可以看到调整图片尺寸后的效果，多尝试不同的调整方式，直至调整后的图片能够满足需要。

143 图多不能乱

当一页幻灯片上有多张图片时，最忌随意放置，要注意图片之间的关系，进行适当的对齐和组合是非常必要的。通过裁剪、对齐，让这些图片以同样的尺寸整齐排列，页面干净、清爽，观众看起来更轻松。

如果制作的是多张图片的拼合效果，可以让每张图片都保持同样的大小，也可以将其中一些图片替换为色块，或用于显示文字内容，做一些变化，如下四图所示。

如下图所示，将图片裁剪为同样大小的圆形，整齐排列。

针对不同内容，也可裁剪为其他的各种形状，如六边形，如下图所示。

借助形状排版时，可以让图片与形状、线条搭配，在整齐的基础上营造设计感，如下图所示。

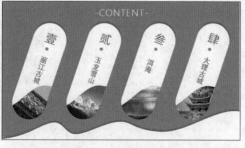

有时图片有主次、重要程度等方面的不同，可以在确保页面依然规整的前提下，打破常规、

均衡的结构，单独将某些图片放大进行排版。下图所示为经典的一大多小结构，大图更能表现三角梅景观布置的整体效果，小图表现三角梅的花形细节。

下图所示为大小不一结构，表现空间较大的用大图，表现空间较小的用小图，看似形散，实则整齐。

下图所示为全图加小图型结构，将表现汽车整体的图片以覆盖整个幻灯片页面的全图方式展现，并利用该图片的非主要内容区域排列汽车细节的小图片。

某些内容还可以巧借形状，将图片排得更有造型。如下图所示，在电影胶片的形状上排列 Logo 图片，图片多的时候还可以让这些图片沿直线路径移动，展示所有图片。

如下图所示，图片沿着斜向上方向呈阶梯形排版，图片大小不一，呈现出更具真实感的透视效果。

如下图所示，以圆弧形排版图片，以相交的方法将图片裁剪到圆弧上。在正式场合、轻松的场合均可使用这种样式。

如下图所示，以多种形状排列图片，最后拼合为整个幻灯片页面的效果。

当一页幻灯片上的图片非常多时，还可以参考照片墙的排版方式，将图片排出更多花样。

下图所示为心形排版，每一张图片可以等大，也可以大小不一，表现出亲密、温馨的感觉。

下图所示为文字形排版，将图片排成有象征意义的字母，如这里的 H3 代表汉文 3 班。

144 一图当多图用

当页面上仅有一张图片时，为了增强页面

的表现力，通过图片的多次裁剪、重新着色等，也能排出多张图片的设计感。

如下图所示，将猫咪图用平行四边形截成各自独立又相互联系的 4 张图片，表现局部的美，又不失整体的"萌"感。

类似的效果还有很多，如下图所示。

如下图所示，从一张完整的图片中截取多张并列关系的局部图片排版。

如下图所示，将一张图片复制多份，使用

不同的色调分别重新着色后排版。

7.2　图片的使用技巧

在 PowerPoint 2019 中，根据编辑幻灯片的需要，在幻灯片中可以插入各种各样的图形或图片，可供选择的插入方式也非常多。本节将对这些技巧逐一进行介绍，具体知识框架如下图所示。

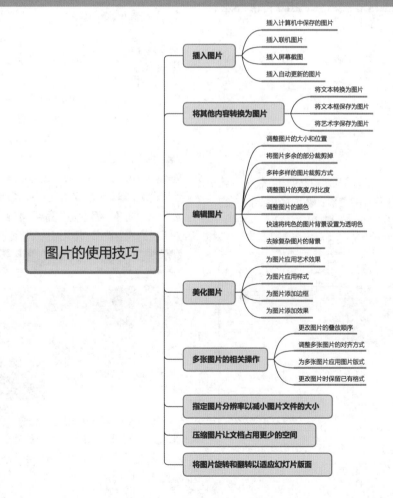

145　插入计算机中保存的图片

扫一扫，看视频

如果计算机中保存了制作幻灯片需要的图片，可以直接通过 PowerPoint 2019 提供的图片功能，快速将计算机中的图片插入幻灯片。

例如，要在"如何高效阅读一本书"演示文稿中插入计算机中保存的图片，具体操作方法如下。

步骤 01 打开素材文件（位置：素材文件＼第 7 章＼如何高效阅读一本书 .pptx），❶选择第 5 张幻灯片；❷单击"插入"选项卡"图像"组中的"图片"按钮；❸在弹出的下拉列表中选择"此设备"选项，如下图所示。

步骤 02 打开"插入图片"对话框，❶在地址栏中设置保存图片的位置；❷选择需要插入的图片，如选择"图片 1"；❸单击"插入"按钮，如下图所示。

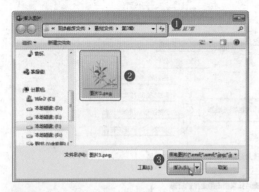

步骤 03 返回幻灯片编辑区，可以看到插入图片后的效果，如下图所示。

小技巧

如果是在幻灯片的内容占位符中插入图片，则既可以直接在内容占位符中单击"图片"图标，也可以打开"插入图片"对话框。

146　插入联机图片

扫一扫，看视频

制作幻灯片时，如果计算机中没有存放合适的图片，则可以通过 PowerPoint 2019 的联机方式，从网络上直接搜索并插入需要的图片。

例如，继续上例操作，要在"如何高效阅读一本书"演示文稿中插入"树叶"联机图片，具体操作方法如下。

步骤 01 在打开的"如何高效阅读一本书"演示文稿中，❶选择第 7 张幻灯片；❷单击"插入"选项卡"图像"组中的"图片"按钮；❸在弹出的下拉列表中选择"联机图片"选项，如下图所示。

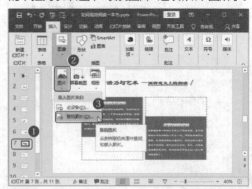

步骤 02 打开"联机 图片"对话框，在搜索框中输入图片的关键字，如输入"叶"，按 Enter 键即可开始搜索，如下图所示。

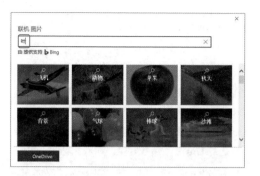

步骤 03 ❶ 在搜索的结果中，选择需要的图片；❷ 单击"插入"按钮，如下图所示。

小提示

如果搜索的结果中没有需要的图片，可以在对话框的搜索框中重新输入关键字进行搜索。

步骤 04 返回幻灯片编辑区，即可看到插入联机图片后的效果，如下图所示。

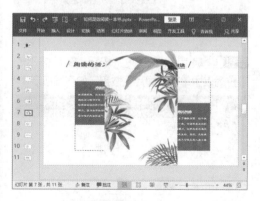

147　插入屏幕截图

在制作一些比较特别的 PPT 时，如介绍计算机系统或软件的操作，插入操作说明的示意

扫一扫，看视频

图是非常必要的。这时可以使用 PowerPoint 2019 自带的"屏幕截图"功能实时插入一些图片。

PowerPoint 2019 中提供的"屏幕截图"功能可以将当前打开窗口中的图片或截取部分图形插入幻灯片，非常方便。例如，继续上例操作，在演示文稿中插入网页窗口中截取的图片，具体操作方法如下。

步骤 01 ❶ 在第 1 张幻灯片的后面新建幻灯片；❷ 单击"插入"选项卡"图像"组中的"屏幕截图"按钮；❸ 在弹出的下拉列表中选择"屏幕剪辑"选项，如下图所示。

步骤 02 当前屏幕将呈半透明状态显示，鼠标指针变为"＋"形状，按住鼠标左键并拖动鼠标选择需要截图的范围，所选部分将呈正常状态显示，如下图所示。

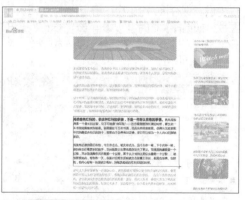

小提示

屏幕截图时，需要截取的窗口必须显示在计算机桌面上，这样才能截取。在"屏幕

截图"下拉列表的"可用的视窗"栏中显示了当前打开的活动窗口，如果需要插入窗口图，可以直接选择相应的窗口选项插入幻灯片中。

步骤 03 截取所需的部分后，释放鼠标左键，即可将截图插入幻灯片，如下图所示。

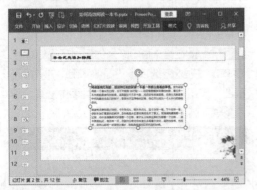

148 插入自动更新的图片

扫一扫，看视频

在实际工作中，幻灯片中的图片可能会随 PPT 的用途发生变化而需要更改。如果每次都对这些图片进行逐一更改，会非常麻烦。插入可以自动更新的图片就会轻松很多。

例如，继续上例操作，在演示文稿中插入自动更新的图片，具体操作方法如下。

步骤 01 单击"插入"选项卡"图像"组中的"图片"按钮。

步骤 02 打开"插入图片"对话框，❶ 在地址栏中设置保存图片的位置；❷ 选择需要插入的图片，如选择"图片 2"；❸ 单击"插入"按钮；❹ 在弹出的下拉列表中选择"插入和链接"选项，如下图所示。

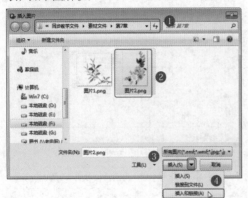

小技巧

"插入和链接"与"链接到文件"两个选项都可以让图片自动更新。使用"插入和链接"选项，即便删除源文件，幻灯片中依然存在插入的图片；使用"链接到文件"选项，幻灯片中的图片会随源文件的删除而消失。需要注意的是，无论使用哪个选项，都不能更改源图片的文件名，否则幻灯片中的图片不会自动更新。

149 将文本转换为图片

扫一扫，看视频

在幻灯片中添加文本时，不一定都要以文本的方式显示。如果需要表现固定的文字格式或避免他人对文本进行修改，则可以在幻灯片中将文本转换为图片，具体操作方法如下。

步骤 01 ❶ 选择需要转换为图片的文本内容；❷ 单击"开始"选项卡"剪贴板"组中的"剪切"按钮，如下图所示。

步骤 02 ❶ 单击"粘贴"按钮；❷ 在弹出的下拉列表中单击"图片"按钮，如下图所示。

步骤 03 将文本转换为图片后，其外观不会发生任何变化，如下图所示。如果要对其进行设置，则只能设置其图片属性，而不能设置文本格式。

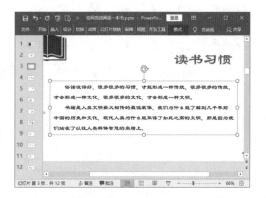

150　将文本框保存为图片

在制作幻灯片时，有的文本框在设置格式后，可以将其保存为图片。如果下次再需要相同的内容，则不必再花费时间输入内容和设置格式。

扫一扫，看视频

将文本框保存为图片的具体操作方法如下。

步骤 01 ● 在需要保存为图片的文本框上右击；② 在弹出的快捷菜单中选择"另存为图片"命令，如下图所示。

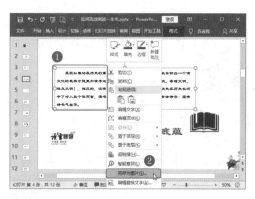

步骤 02 打开"另存为图片"对话框，● 在地址栏中设置要保存图片的位置；② 输入图片名称和保存类型；③ 单击"保存"按钮，如下图所示。

步骤 03 保存之后，打开目标文件夹即可看到保存为图片的文本框，如下图所示。

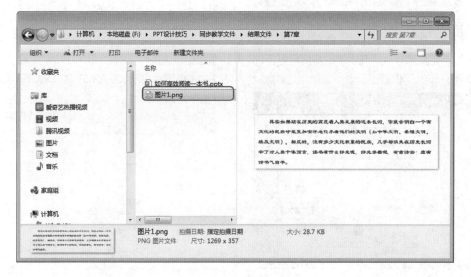

151 将艺术字保存为图片

扫一扫，看视频

在工作中有时需要使用一些样式特别的字符，而通过普通的文本编辑软件不方便制作。这时可以借助 PowerPoint 2019 中的艺术字功能进行制作，然后将其保存为图片，这样就可以非常方便地使用了。

例如，要在"如何高效阅读一本书"演示文稿中插入艺术字，并将其保存为图片，具体的操作方法如下。

步骤 01 ❶ 在第 1 张幻灯片的后面新建一张幻灯片；❷ 单击"插入"选项卡"文本"组中的"艺术字"按钮；❸ 在弹出的下拉列表中选择一种艺术字样式，如下图所示。

步骤 02 此时会插入一个艺术字文本框，❶ 选中文本框中的所有内容，并重新输入需要的文本内容；❷ 在"开始"选项卡中设置文字的字体，如设置为"方正水柱 _GBK"；❸ 根据幻灯片页面的大小调整字号，使艺术字的宽度刚好匹配幻灯片的宽度，如下图所示。

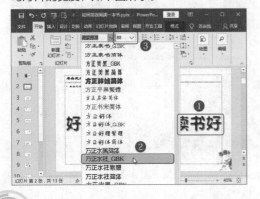

步骤 03 保持艺术字的选择状态，❶ 单击"绘图工具 格式"选项卡"艺术字样式"组中的"文字效果"按钮；❷ 在弹出的下拉列表中选择"转换"选项；❸ 在弹出的下级列表中选择一种艺术字样式，如"拱形"，如下图所示。

步骤 04 ❶ 选择艺术字文本框；❷ 通过拖动鼠标调整艺术字文本框的大小，从而调整艺术字整体的弯曲弧度；❸ 在艺术字上右击，并在弹出的快捷菜单中选择"另存为图片"命令，如下图所示。

步骤 05 打开"另存为图片"对话框，❶ 在地址栏中设置要保存艺术字图片的位置；❷ 输入保存后的图片名称；❸ 单击"保存"按钮，如下图所示。

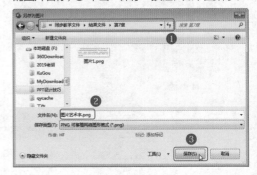

152 调整图片的大小和位置

在幻灯片中插入图片后，图片的大小与图片本身的分辨率有关。为了更好地适应文字，必须对图片的大小和位置进行调整。

扫一扫，看视频

例如，在"如何高效阅读一本书"演示文稿中对图片的大小和位置进行调整，具体操作方法如下。

步骤 01 ❶ 选择第 3 张幻灯片；❷ 选择幻灯片中的图片；❸ 在"图片工具 格式"选项卡"大小"组中输入图片的高度或宽度值，如输入高度值为 14，如下图所示。

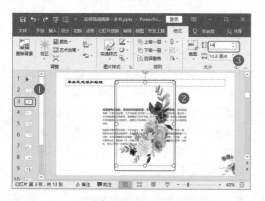

小提示

在图片上右击，在弹出的快捷菜单中选择"大小和位置"命令，将显示"设置图片格式"任务窗格。在该任务窗格中可以设置图片的水平和垂直位置、宽度、高度、旋转方向的角度等，可以更精确地调整图片位置、大小和方向。若要一张图片在插入 PPT 后以全图型方式使用而不模糊，则图片尺寸应与 PPT 页面尺寸一致或大于页面尺寸。

步骤 02 按 Enter 键确认，图片的宽度将随着图片的高度等比例缩放。将鼠标移动到图片上，按住鼠标左键并拖动，到合适位置后释放鼠标，如下图所示。

小技巧

选中图片后，按住鼠标左键拖动即可随意改变图片的位置。按住 Shift 键的同时拖动图片，图片将按垂直或水平方向移动；按住 Ctrl 键的同时拖动图片，可以将当前图片复制至指定位置。

步骤 03 ❶ 选择第 7 张幻灯片；❷ 选择幻灯片中的图片，将图片拖动到页面右侧；❸ 将鼠标移动到图片 4 个角上的控制点，当鼠标指针变成双向箭头形状时，按住鼠标左键并拖动，如下图所示，即可等比例调整图片的大小。

小提示

选择图片后，图片周围将出现 8 个控制点，将鼠标指针移动到图片 4 个角的控制点上拖动，可以等比例调整图片的高度和宽度；如果将鼠标指针移动到图片上下中间的控制点上拖动，则只能调整图片的高度；如果将鼠标指针移动到图片左右中间的控制点上拖动，则只能调整图片的宽度。拖动控制点的同时按住 Ctrl 键，图片将对称缩放；拖动控制点的同时按住 Shift 键，图片将等比例缩放。

153　将图片多余的部分裁剪掉

扫一扫，看视频

在制作幻灯片时，很多人都会为无法找到合适的图片苦恼。其实很多时候只需要将一些图片进行适当的裁剪，可能就有了一张好的图片。

对于插入幻灯片中的图片，如果只需要图片中的某部分内容，可以使用 PowerPoint 2019 提供的裁剪功能，将图片不需要的部分裁剪掉，具体的操作方法如下。

步骤 01 ❶ 选择第 9 张幻灯片中需要裁剪的图片；❷ 单击"图片工具 格式"选项卡"大小"组中的"裁剪"按钮，如下图所示。

步骤 02 进入裁剪状态后，图片周围将出现裁剪标记，将鼠标指针移动到图片的裁剪标记上，如移动到左上角的裁剪标记上，当鼠标指针变成裁剪形状时，按住鼠标左键向右下角拖动，可以裁剪左上方多余的部分，如下图所示。

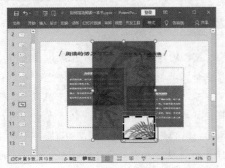

步骤 03 拖动到合适位置后释放鼠标，在幻灯片的其他区域单击，即可完成图片的裁剪。拖动鼠标将裁剪后的图片移动到合适位置，如下图所示。

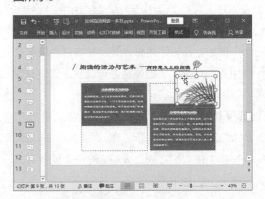

⚑ 小提示

与调整图片大小一样，裁剪图片时，如果拖动裁剪标记的同时按住 Ctrl 键或 Shift 键，可以对称或等比例地裁剪图片。

图片裁剪完成后，如果发现将图片的重要部分裁剪掉了，还可以再次单击"裁剪"按钮，返回图片裁剪前的状态，重新调整图片的裁剪区域。

154　多种多样的图片裁剪方式

扫一扫，看视频

通常情况下，为了让图片展示的重点更突出，或让图片更便于排版（多张图片达到尺寸的统一），才会对图片进行裁剪。裁剪后的图片依然是矩形，有时为了让图片配合排版效果，需要裁剪为其他形状。

除了默认的图片裁剪方式外，还可以选择裁剪为形状、按比例裁剪、填充、适合 4 种方式。

例如，要在幻灯片中插入个性的图片效果，具体操作方法如下。

步骤 01 ❶ 在第 10 张幻灯片中插入事先准备的图片（位置：素材文件\第 7 章\图片 3.png），并选择该图片；❷ 单击"图片工具 格式"选项卡"大小"组中"裁剪"选项；❸ 在弹出的下拉列表中选择"裁剪为形状"命令；❹ 在弹出的下级列表中选择需要的形状，这里选择椭圆，如下图所示。

步骤 02 此时，根据原图片的长和宽变成椭圆形的图片效果。因为需要正圆效果，所以继续操作。❶ 为方便后期操作，将图片缩小；❷ 单击"裁剪"按钮；❸ 在弹出的下拉列表中选择"纵横比"选项；❹ 在弹出的下级列表中选择"1：1"，如下图所示。

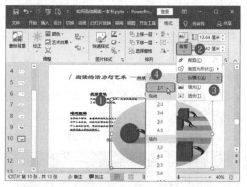

小提示

裁剪为形状，即将图片的外形变成某个形状。按比例裁剪包含 1：1（方形）、2：3（纵向）、3：2（横向）等多种选项，能够将图片裁剪为指定比例的图片。

步骤 03 此时，图片的裁剪标记根据原图片的高度变成正方形，但是并没有显示需要的图片内容。❶ 按住 Shift 键的同时，拖动鼠标调整裁剪标记，让正方形的裁剪标记超过图片高度；❷ 将鼠标指针移动到图片内容上，通过拖动鼠

标调整裁剪标记中显示的图片内容，如下图所示。

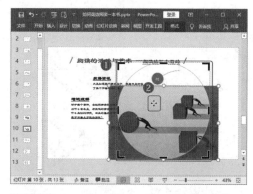

步骤 04 ❶ 裁剪到合适的图片效果后，单击图片外的任意位置，即可完成图片的裁剪；❷ 调整图片的大小和位置，即可得到下图所示的效果。

155　调整图片的亮度／对比度

扫一扫，看视频

　　在幻灯片中插入图片后，还可以使用 PowerPoint 2019 提供的更正功能对图片的亮度、对比度、锐化和柔化等效果进行调整，使图片的效果更佳。

　　例如，要对演示文稿中图片的亮度和对比度进行调整，校正图片的昏暗效果，具体操作方法如下。

步骤 01 ❶ 在第 11 张幻灯片中插入事先准备的图片（位置：素材文件＼第 7 章＼图片 4.png），并选择该图片；❷ 单击"图片工具 格式"选项卡"调整"组中的"校正"按钮；❸ 在弹出的下拉列表中选择需要的选项，这里因为没有合适的预设亮度／对比度选项，直接选择"图片

校正选项"，如下图所示。

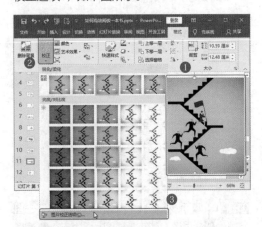

步骤 02 弹出"设置图片格式"任务窗格，拖动滑块调整亮度和对比度的值，即可改变图片的亮度和对比度，如下图所示。

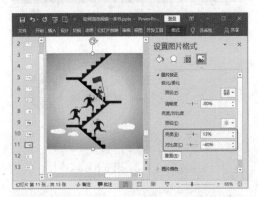

步骤 03 ❶ 单击"锐化／柔化"栏中的"预设"按钮；❷ 在弹出的下拉列表中选择需要的锐化／柔化参数，如下图所示。同时，可以看到调整图片后的柔化效果。

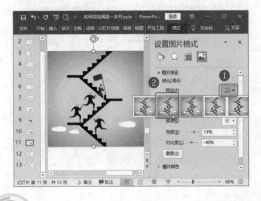

小提示

如果对校正后的图片效果不满意，可以单击"设置图片格式"任务窗格中的"重置"按钮，还原到校正前的效果。

156 调整图片的颜色

当一页幻灯片中配有多张图片时，由于图片的明度、色彩饱和度的差别很大，尽管经过排版，整页幻灯片还是显得凌乱不堪。此时可以利用 PowerPoint 2019 的"颜色"功能，对所有图片重新着色，将其统一为同一色系。

同理，在不同的幻灯片页面但逻辑上具有并列关系的多张配图，也可以采用重新着色的方式来增强这些幻灯片页面的系列感。

例如，前面在幻灯片中插入的两张图片与演示文稿中的花草图片的风格不一致，颜色搭配也有点出入，整个演示文稿显得过于花哨。可以对图片的颜色进行调整，使其更符合需要，具体操作方法如下。

步骤 01 ❶ 选择第 10 张幻灯片中的图片，❷ 单击"图片工具 格式"选项卡"调整"组中的"颜色"按钮；❸ 在弹出的下拉列表的"重新着色"栏中选择需要着色的效果，如选择"蓝-灰，个性色 1 浅色"选项，如下图所示。

小提示

在"颜色"下拉列表的"颜色饱和度"栏中，可以调整图片的饱和度。

步骤 02 此时可以看到为图片重新着色后的效果，如下图所示。

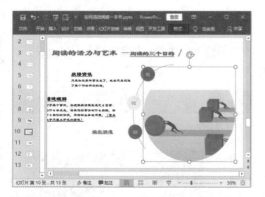

步骤 03 ❶ 选择第 11 张幻灯片中的图片；❷ 单击"颜色"按钮，使用相同的方法为图片重新着色；❸ 再次单击"颜色"按钮；❹ 在弹出的下拉列表的"色调"栏中选择图片的色调，如选择"色温:7200K"选项，如下图所示。

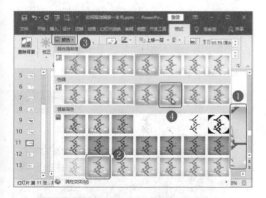

小提示

如果多张图片位于同一幻灯片页面，要为它们设置相同的颜色，仅需选中这些图片，然后按一张图片的方式重新着色即可。若多张图片位于不同的幻灯片页面，则先对其中一张图片重新着色，并按 Ctrl+Shift+C 组合键复制该图片的属性，然后依次选择其他各张图片，按 Ctrl+Shift+V 组合键粘贴属性；或执行完一张图片的重新着色后，依次选中其他图片，按 F4 键重复进行重新着色的操作。

小提示

在"颜色"下拉列表中选择"其他变体"选项后，可以自定义为图片重新着色的参考色彩。

157 快速将纯色的图片背景设置为透明色

扫一扫，看视频

有时为了使幻灯片中的图片与幻灯片背景或主题融合在一起，需要将图片背景设置为透明色。

如果图片背景是纯色的，可以使用 PowerPoint 2019 提供的"设置透明色"功能将纯色的图片背景设置为透明色。例如，在"电子相册"演示文稿中将纯色的图片背景设置为透明色，具体操作方法如下。

步骤 01 打开素材文件（位置：素材文件\第 7 章\电子相册 .pptx），❶ 在第 3 张幻灯片中插入事先准备的图片（位置：素材文件\第 7 章\图片 5.png），并选择该图片；❷ 单击"图片工具 格式"选项卡"调整"组中的"颜色"按钮；❸ 在弹出的下拉列表中选择"设置透明色"选项，如下图所示。

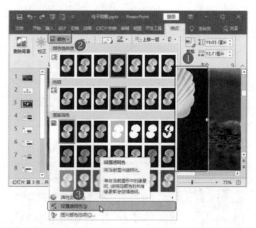

步骤 02 将鼠标指针移动到图片上需要变成透明色的颜色区域，此时鼠标指针变成形状，如下图所示。

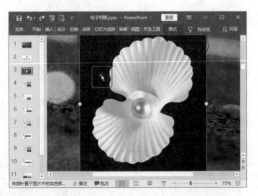

步骤 03 在图片背景上单击，即可删除纯色的图片背景，变成透明色效果。缩小图片，并移动到合适的位置，如下图所示。

小技巧

将图片背景设置为透明色后，有些图片周围会出现一些比较明显的白色齿轮，如果影响图片的整体效果，可以为图片设置柔化边缘效果，将图片周围的白色齿轮淡化。

158 去除复杂图片的背景

扫一扫，看视频

技巧 157 中的方法只能去除纯色的图片背景，如果图片背景比较复杂，则不能使用设置透明色的方法去除背景。众所周知，Photoshop 中的抠图功能可以去除图片的背景，只保留需要的部分。在 PowerPoint 2019 中也能抠图。

当需要去除的图片背景比较复杂时，可以使用 PowerPoint 2019 提供的"删除背景"功

能去除图片的背景，具体操作方法如下。

步骤 01 ❶ 在第 3 张幻灯片中插入事先准备的图片（位置：素材文件\第7章\图片6.png），并选择该图片；❷ 单击"图片工具 格式"选项卡"调整"组中的"删除背景"按钮，如下图所示。

步骤 02 单击"删除背景"按钮后，进入抠图状态。在该状态下，图片中被紫色覆盖的区域为删除的区域，其他区域为保留区域。这里因为系统识别的删除内容正是不需要的部分，所以直接单击"背景消除"选项卡中的"保留更改"按钮，如下图所示。

步骤 03 退出抠图状态，抠图就完成了。贝壳外的背景被去除了，配色排版更方便。❶ 调整图片大小和位置，使其看上去像是被沙子部分掩埋的样子；❷ 继续在幻灯片中插入事先准备的图片（位置：素材文件\第7章\图片7.png），并选择该图片；❸ 单击"删除背景"按钮，如下图所示。

步骤 04 进入抠图状态，自动抠图的效果如下图所示，发现抠图并不准确。

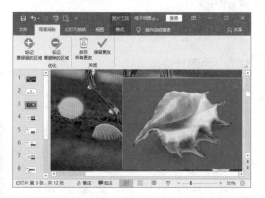

步骤 05 ❶ 单击"背景消除"选项卡的"标记要删除的区域"按钮；❷ 单击或拖动鼠标标记图片中需要删除而没有被紫色覆盖的部分，如下图所示。

步骤 06 ❶ 继续利用"背景消除"选项卡的"标记要保留的区域"和"标记要删除的区域"按钮，在图片上勾画，使贝壳轮廓从紫色覆盖中露出，

让所有背景区域被紫色覆盖；❷ 单击"保留更改"按钮，如下图所示。

步骤 07 完成抠图后，❶ 调整图片大小和位置；❷ 单击"图片工具 格式"选项卡"调整"组中的"颜色"按钮；❸ 在弹出的下拉列表的"颜色饱和度"栏中选择较低饱和度的效果，让图片和背景效果能更好地融合在一起，如下图所示。

🔔 **小提示**

PowerPoint 2019 中"删除背景"功能的抠图效果毕竟不如 Photoshop 专业，即便非常仔细地设置保留区域，抠图效果也难免不精细。若是对细节要求非常高，建议在 Photoshop 中完成抠图，导出 PNG 图片放在幻灯片中使用。

159 为图片应用艺术效果

扫一扫，看视频

在 PowerPoint 2019 中 设置图片格式时，有一个类似 Photoshop 滤镜的功能可供使用，即艺术效果。添加艺术效果，只需要一些简单的操作，即可让原本效果一般的图片形成各种独特的艺术画风格，如下图所示。

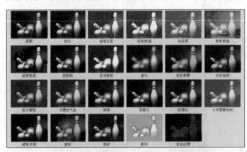

在 PowerPoint 2019 中，可以根据需要为图片应用相应的艺术效果，以增加图片的艺术感。例如，继续上例操作，为演示文稿中的图片应用艺术效果，具体操作方法如下。

步骤 01 ❶选择第 5 张幻灯片中的图片；❷单击"图片工具 格式"选项卡"调整"组中的"艺术效果"按钮；❸在弹出的下拉列表中选择需要的艺术效果，如选择"图样"选项，如下图所示。

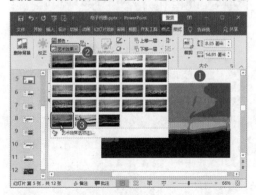

步骤 02 此时便为选择的图片应用了选择的艺术效果，如下图所示。

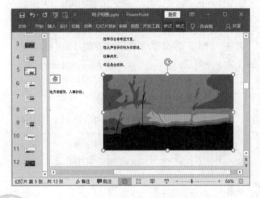

不同的图片适合的艺术效果不同，添加艺术效果时应多尝试、多对比。除了某些特定的行业，在 PPT 的日常使用需求中，艺术效果并不常用。在 PPT 提供的 23 种艺术效果中，主要推荐如下 3 种较常用的艺术效果。

（1）图样：该效果能够使图片呈现水彩画的感觉，制作中国风类型的 PPT 时，用该效果常有奇效。

（2）虚化：即模糊，在全图型 PPT 中，有时为了让幻灯片上的文字内容突出或图片上的局部画面突出，可以使用虚化效果，让背景模糊后弱化。

（3）发光边缘：借助发光边缘效果，可以将图片转变成单一色彩的线条画。

160 为图片应用样式

扫一扫，看视频

PowerPoint 2019 提供了多种图片样式，通过应用图片样式，可以快速提升图片的整体效果。

图片样式即组合应用大小、方向、裁剪、效果等操作后实现的图片风格，选中图片，选择样式后一键应用，能够减少很多操作。

例如，继续前面的案例操作，为"电子相册"演示文稿中的图片应用样式，具体操作方法如下。

步骤 01 ❶复制第 3 张幻灯片，并将复制得到的幻灯片移动到第 6 张幻灯片的后面；❷选择前面处理过的海螺图片；❸单击"图片工具格式"选项卡"调整"组中的"重置图片"按钮；❹在弹出的下拉列表中选择"重置图片"选项，即可让图片恢复到原始的效果，如下图所示。

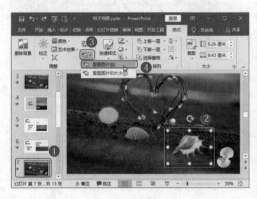

扫一扫，看视频

小提示

如果在"重置图片"下拉列表中选择"重置图片和大小"选项，则会恢复到刚插入图片时的图片效果和大小。

步骤 02 保持图片的选择状态，❶ 单击"格式"选项卡"图片样式"组中的"快速样式"按钮；❷ 在弹出的下拉列表中选择需要的样式，如选择"金属框架"选项，如下图所示，此时便为选择的图片应用了选择的图片样式。

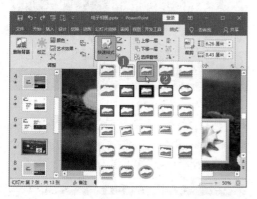

161　为图片添加边框

边框是一种简单的特效，当背景色与图片本身的颜色过于接近时，添加适当粗细的边框可以让图片从背景中凸显，如下图所示。

为图片添加边框的具体操作方法如下。

步骤 01 ❶ 选择第 7 张幻灯片中的珍珠贝壳图片；❷ 单击"图片工具 格式"选项卡"调整"组中的"重置图片"按钮，让图片恢复到原始的效果，如下图所示。

步骤 02 ❶ 单击"格式"选项卡"图片样式"组中的"图片边框"按钮；❷ 在弹出的下拉列表中选择边框颜色，如选择"白色"，如下图所示，即可为选择的图片添加白色边框。

步骤 03 保持图片的选择状态，❶ 再次单击"图片边框"按钮；❷ 在弹出的下拉列表中选择"粗细"选项；❸ 在弹出的下级列表中选择图片边框的粗细，如选择"4.5 磅"，如下图所示。

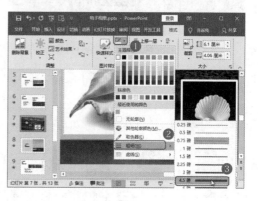

162 为图片添加效果

扫一扫，看视频

如果 PowerPoint 2019 提供的图片样式不能满足需要，则可以根据自己的需要对图片添加阴影、映像、发光、柔化边缘、棱台和三维旋转等效果，使图片更具立体感。

（1）阴影：为图片添加阴影效果，如"外部"阴影（偏移为"中"），能够让图片产生浮在幻灯片页面上的视觉效果，如下图所示。扁平化、极简风格的 PPT 不建议使用阴影效果。

（2）映像：模拟水面倒影的视觉效果。展示产品、物品图片时稍微添加一点映像效果，能够让产品或物品本身看起来有一种陈列的精致感，如下图所示的手机图片。

（3）发光：深色背景下为图片适当添加一点浅色发光效果，能够起到聚焦视线的作用，如下图所示的人物。

（4）柔化边缘：某些背景下使用柔化边缘效果，能够让图片与背景的结合更加自然。在黑色背景下使用力度较大（磅值高）的柔化边缘，可以轻松做出暗角 LOMO 风格的图片，如下图所示的花的照片。

（5）棱台：简单的一些设置即可让图片具有凹凸的立体感。如下图所示，装裱在金属画框中的油画图片，是为油画图片添加了金色边框，再使用棱台效果实现的。

（6）三维旋转：一键即可让原本平面化的图片具有三维立体的即视感，令人耳目一新，如下图所示。

继续上例操作，要为添加边框的图片设计相框效果，具体操作方法如下。

步骤 01 ❶ 选择第 7 张幻灯片中的海螺图片；❷ 单击"图片工具 格式"选项卡"图片样式"组中的"图片效果"按钮；❸ 在弹出的下拉列表中选择需要的图片效果，如选择"三维旋转"选项；❹ 在弹出的下级列表中选择需要的三维旋转效果，如选择"离轴 2：上"，如下图所示。

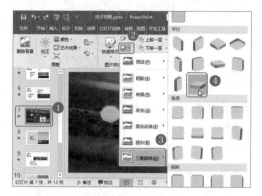

步骤 02 此时便为选择的图片应用了选择的三维旋转效果。❶ 选择第 7 张幻灯片中的珍珠贝壳图片；❷ 单击"图片样式"组中的"图片效果"按钮；❸ 在弹出的下拉列表中选择需要的图片效果，如选择"棱台"选项；❹ 在弹出的下级列表中选择需要的棱台效果，如选择"松散嵌入"，如下图所示，即可为选择的图片应用选择的棱台效果。

步骤 03 保持图片的选择状态，❶ 单击"图片效果"按钮；❷ 在弹出的下拉列表中选择"三

维旋转"选项；❸ 在弹出的下级列表中选择"离轴 2：上"，如下图所示。

步骤 04 调整图片的大小和位置，如下图所示，这样就像放在沙滩上的相框效果。

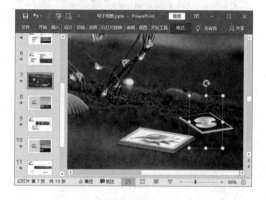

163　更改图片的叠放顺序

扫一扫，看视频

要将插入的图片排列到某对象的下方或上方时，就需要对图片的叠放顺序进行调整。

例如，前面在"如何高效阅读一本书"演示文稿中插入了图片并放置在最上层，遮挡了下方的文本内容，现在对图片的叠放顺序进行调整，具体操作方法如下。

步骤 01 打开"如何高效阅读一本书 .pptx"文件，❶ 选择第 11 张幻灯片；❷ 选择幻灯片中的图片；❸ 单击"图片工具 格式"选项卡"排列"组中的"下移一层"按钮；❹ 在弹出的下拉列表中选择"置于底层"选项，如下图所示。

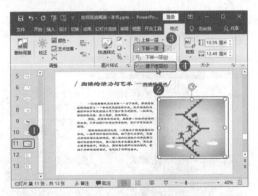

步骤 02 此时可将选择的图片直接排列到幻灯片最下方，调整文本框的位置，完成后的效果如下图所示。

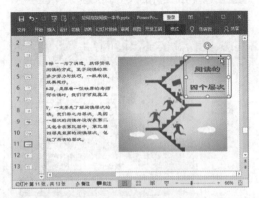

 小提示

在"排列"组中单击"上移一层"按钮，可以将选择的图片向上移动一层；单击"下移一层"按钮，可以将选择的图片向下移动一层。

164 更改图片时保留已有格式

扫一扫，看视频

在制作幻灯片的过程中，可能没有找到合适的图片就开始编辑了。如果后来有合适的图片需要进行更换，直接将原来的图片删除就要从头设置。实际上，可以在保留已有格式的前提下更换图片。

如果需要将图片更改为其他图片，但需要保留原图片的效果，则可以采取以下操作方法。

步骤 01 ❶ 选择需要替换的图片；❷ 单击"图片工具 格式"选项卡"调整"组中的"更改图片"按钮；❸ 在弹出的下拉列表中选择"来自文件"选项，如下图所示。

步骤 02 打开"插入图片"对话框，❶ 选择存放图片的位置；❷ 选择需要替换的图片；❸ 单击"插入"按钮，如下图所示。

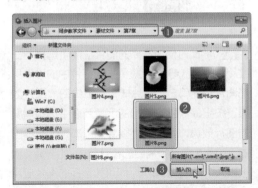

步骤 03 替换图片后，格式不会有任何变化，如下图所示。

更改图片时，不能保留原图中设置的艺术效果。

165 指定图片分辨率以减小图片文件的大小

在制作幻灯片的过程中，需要使用各种图片素材。如果图片太大，就会占用大量的空间。为了减小图片文件的大小，可以固定图片的分辨率。

扫一扫，看视频

指定图片分辨率的具体操作方法如下。

步骤 01 单击"文件"选项卡，在弹出的"文件"菜单中选择"选项"命令。

步骤 02 打开"PowerPoint 选项"对话框，❶ 选择"高级"选项卡；❷ 在"图像大小和质量"栏中单击"默认分辨率"下拉按钮；❸ 在弹出的下拉列表中选择合适的分辨率，如 96 ppi；❹ 单击"确定"按钮，如下图所示。

小提示

选中"放弃编辑数据"复选框，也可以减小图片文件的大小，放弃编辑数据后图片编辑将无法撤销，无法恢复到原来的样式。

166 压缩图片让文档占用更少的空间

除了可以使用指定图片分辨率的方式减小图片文件的大小外，还可以指定压缩演示文稿中某张图片的大小，以减小图片的占用空间。

扫一扫，看视频

压缩指定图片的具体操作方法如下。

步骤 01 ❶ 选择需要压缩的图片，❷ 单击"图片工具 格式"选项卡"调整"组中的"压缩图片"按钮，如下图所示。

步骤 02 打开"压缩图片"对话框，❶ 勾选"仅应用于此图片"复选框；❷ 勾选"删除图片的裁剪区域"复选框，丢弃图片的裁剪内容；❸ 在"分辨率"栏中选择合适的输出分辨率；❹ 单击"确定"按钮，如下图所示。

167 将图片旋转和翻转以适应幻灯片版面

扫一扫，看视频

插入幻灯片中的图片，其方向可能会与幻灯片中已存在的对象发生冲突或不协调。为了解决这个问题，可以将图片旋转和翻转。

如果幻灯片中插入图片的方向不正确，就需要翻转或旋转到一定角度进行排列，可以采取如下操作方法。

步骤 01 在"如何高效阅读一本书"演示文稿中，复制第 7 张幻灯片中的图片到第 8 张幻灯片中，并移动图片到左侧的空白位置，如下图所示。

小提示

通过"旋转"命令旋转图片时，有时并不能一次旋转到位，需要多次旋转才能达到需要的效果。

步骤 02 ❶ 选择需要进行调整的图片；❷ 单击"图片工具 格式"选项卡"排列"组中的"旋转对象"按钮 ；❸ 在弹出的下拉列表中选择旋转选项，如"水平翻转"，如下图所示。

步骤 03 此时，选择的图片将进行水平翻转，如下图所示。选择图片后，将鼠标指针移动到图片上方出现的 控制点上，当鼠标指针变成 形状时，按住鼠标左键向左或向右拖动，自由旋转图片到一定角度。

小技巧

选中图片后，按 Alt+ ←组合键可以让图片按照每次向左旋转 15° 的方式改变方向，按 Alt+ →组合键可以让图片按照每次向右旋转 15° 的方式改变方向。

168 调整多张图片的对齐方式

扫一扫，看视频

当一页幻灯片中插入了多张图片，且需要使这几张图片按照一定规律排列时，可以使用 PowerPoint 2019 提供的对齐功能快速对齐图片。

例如，要将演示文稿中两张并列排放的图片进行顶端对齐排列，具体操作方法如下。

步骤 01 ❶ 在"电子相册"演示文稿中选择第 12 张幻灯片；❷ 选择幻灯片中的两张图片，单击"图片工具 格式"选项卡"排列"组中的"对齐"按钮 ；❸ 在弹出的下拉列表中选择需要的对齐方式，如选择"顶端对齐"选项，如下图所示。

小技巧

对于九宫格类型的图片排版，还可以借助表格排得更灵活、整齐。首先，在幻灯片上插入一个与当前幻灯片尺寸一样的表格，并通过合并与拆分单元格、调整单元格大小等操作，将单元格数量调整到与待插入的图片数量一致；其次，将图片插入幻灯片中，根据图片即将放入的单元格大小将该图片裁剪成与单元格大小一致；最后，将图片逐一复制到剪贴板上，然后以"填充剪贴板"图案的方式，逐一填充单元格，这样就将图片布局在表格中。此时，还可以通过设定表格线条颜色的方式，让图片与图片之间形成间隙（若需要无线条间隔的方式，将表格线条颜色设置为与背景色相同即可）。

步骤 02 两张图片将根据其中顶点较高的一张图片的顶端进行对齐，如下图所示。

🔔 **小技巧**

对齐排列图片后，为了方便对对齐的多张图片进行相同的操作，可以将对齐的多张图片组合为一个对象。方法是：选择需要组合的多张图片，单击"排列"组中的"组合"按钮，在弹出的下拉列表中选择"组合"选项。

169　为多张图片应用图片版式

在 PowerPoint 2019 中提供了图片版式功能，通过该功能可以快速地将图片转换为带文本的 SmartArt 图形，以便于对图片进行说明。

扫一扫，看视频

例如，要为"电子相册"演示文稿中的图片应用图片版式，最终设计为图片和文本框的混合排版效果，具体操作方法如下。

步骤 01 ❶ 在第 12 张幻灯片后面新插入一张幻灯片；❷ 单击"开始"选项卡"幻灯片"组中的"幻灯片版式"按钮；❸ 在弹出的下拉列

表中选择"空白"版式，如下图所示。

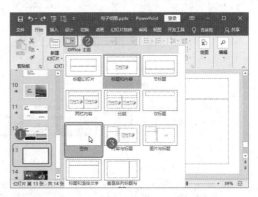

步骤 02 ❶ 在第 13 张幻灯片中插入事先准备的 3 张图片（位置：素材文件 \ 第 7 章 \ 图片 8.png、图片 9.png、图片 10.png），并选择插入的图片；❷ 单击"图片工具 格式"选项卡"图片样式"组中的"转换为 SmartArt 图形"按钮 🖼；❸ 在弹出的下拉列表中选择需要的图片版式，如选择"交替图片块"选项，如下图所示。

步骤 03 此时便可为图片应用选择的图片版式，将文本插入点定位到各文本占位符中，输入需要的文字即可，如下图所示。

第**8**章

PPT 中图示化的内容表达技巧

PPT 作为传达信息的有效工具，在内容表达上应注意言简意赅，能用图形表达的就不用文字。但很多时候一张图片并不能传递复杂的信息，这时如果使用纯粹的文字型幻灯片进行展示，想令人一见倾心几乎不可能。只有合理地使用图形才可能让文字型幻灯片彰显无穷魅力。在 PowerPoint 2019 中，主要通过形状和 SmartArt 图形将文字内容图示化。本章将针对这些功能讲解一些实用技巧。

以下是在 PPT 中将内容图示化过程中的常见问题，请检测自己是否会处理或已掌握与其相关的知识。

√ 不同类型的内容应该如何选择合适的图示方式？

√ 图示必须一个个图形地手动进行制作吗？

√ 在 PPT 中要运用好图形，需要掌握哪些技巧？

√ 图形还可以辅助制作特殊效果，如图片虚化效果，应该如何操作？

√ 当默认的 SmartArt 图形中的形状不能满足需要时，该如何进行添加、删除和修改？

√ 如果已经有制作好的文本内容，如何快速地将其转换为 SmartArt 图形？

通过本章内容的学习，可以解决以上问题，并学会 PPT 中实现图示化表达内容的更多技巧。本章相关知识技能如下图所示。

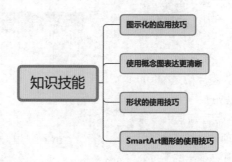

8.1　图示化的应用技巧

　　PPT 的制作一般都少不了文字内容的布局。尤其是要将文字内容较多的幻灯片制作得生动精彩，会非常不容易。制作文字幻灯片，首先需要了解它的类别。文字幻灯片大致分为要点说明型、步骤推导型和数据关系型 3 种。本节具体知识框架如下图所示。

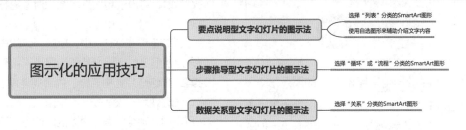

170　要点说明型文字幻灯片的图示法

　　在会议型演示文稿中，会有很多说明型的文字幻灯片，这些幻灯片通常由一个标题（或一个中心主题）和若干个说明要点组成，这种文字型幻灯片就是所谓的要点说明型文字幻灯片。

　　在 SmartArt 图形中有一个"列表"分类，其中有很多图形适合制作这类要点说明型文字幻灯片，用图形协助要点说明可以使幻灯片的层次非常清晰。如下面两张幻灯片，文字内容都相同，第一张幻灯片采用了直接输入标题和文本信息的传统方法，第二张幻灯片使用了在幻灯片中插入 SmartArt 图形来协助说明要点。很明显，第二张幻灯片更具吸引力。

品牌命名的四大理由

震撼性：
闻其名，特定年龄的消费者极易激发岁月中曾有的记忆，无论感情倾向如何，其震撼性均不言而喻。

高记忆：
即使对年轻而没有亲身感受的受众，亦能因其包含的神秘与新奇元素而一经过目即被记忆。

流传性：
当它开始引发受众人群的窃窃私语甚至争论时，它便不胫而走，开始自发地流传（传播）。

适配性：
它将很容易地与各种奇巧的营销行为相配合，同时由于上述三项基础，营销活动本身，也较易为受众关注。

品牌命名的四大理由

震撼性	闻其名，特定年龄的消费者极易激发岁月中曾有的记忆，无论感情倾向如何，其震撼性均不言而喻。
高记忆	即使对年轻而没有亲身感受的受众，亦能因其包含的神秘与新奇元素而一经过目即被记忆。
流传性	当它开始引发受众人群的窃窃私语甚至争论时，它便不胫而走，开始自发地流传（传播）。
适配性	它将很容易地与各种奇巧的营销行为相配合，同时由于上述三项基础，营销活动本身，也较易为受众关注。

　　除了使用 SmartArt 图形外，还可以使用自选图形来辅助介绍文字内容。尤其是在文本内容比较少，而且要点没有明显的先后顺序时，可以使用多边形的顶点进行罗列，如下图所示。相对于第一张图单纯地在幻灯片上放置几个词语，第二张图感觉更丰富、内容更充实。

楼盘项目介绍

项目优势如下：

环境优美	交通便利
低容积率	设施齐全
整体风格	

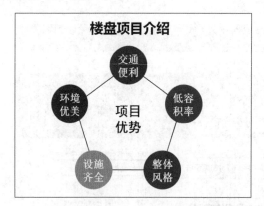

楼盘项目介绍

171 步骤推导型文字幻灯片的图示法

在演示文稿中，步骤推导型幻灯片也是应用得较多的一类文字型幻灯片。步骤推导是一种事物之间常见的关系，包括几个事物之间没有顺序的循环关系，也包括一层一层的递进关系。

这类幻灯片往往要突出事物之间的顺序，将事物推导的过程描述清楚是最重要的。下面两张幻灯片中，第一张图片用简单的文字并没有清楚地表达出三者之间的关系，第二张图片则很明确地告诉观众，三者之间是一种逐步承接的先后关系。

商品销售流程

1．生产商
2．经销商
3．消费者

172 数据关系型文字幻灯片的图示法

在实际工作中，还有很多需要用文字来说明的事物关系，包括"筛选""讨论""矛盾""作用与反作用""部分与整体""平衡"等常见关系。要详细地说明这些关系，通常都会使用非常多的文字。在制作数据关系型文字幻灯片时，可以使用图形、图片对象进行辅助说明。

如下面两张幻灯片中，尽管介绍的内容相同，但明显第二张幻灯片更容易被人接受。因为第二张幻灯片结构清晰、内容简明了；而第一张幻灯片一眼看去找不到重点，而且在演讲 PPT 时，观众需要用更多的时间去听演讲者讲述，而不是自己阅读所有内容。

公司的发展目标

公司目前的首要目标是优化管理制度；其次是让公司和员工都进入一个稳步发展的过程中；当然，我们的最高目标是成为上市公司。

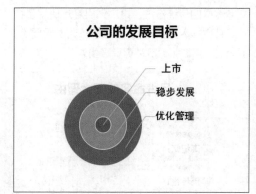

公司的发展目标

8.2　使用概念图表达更清晰

在幻灯片中使用概念图进行表达，可以减少大量的文本内容。用概念图可以非常直观地表达各种事物之间的关系，有时甚至不用演讲者介绍，观众便知其中的含义。本节介绍在幻灯片中使用概念图表达的知识，具体知识框架如下图所示。

```
使用概念图表达更清晰 ─┬─ 概念图的各种形式
                    │
                    └─ 使用SmartArt图形更快捷 ─┬─ 文字量
                                            └─ SmartArt图形中形状的数量
```

173　概念图的各种形式

概念图的形式很多，为了能够在制作幻灯片时有针对性地选择概念图，首先需要了解概念图的一些常用类型。

1. 并列型

并列型概念图的形式很多，其使用率非常高，较为普遍的有水平并列型和垂直并列型两种形式，如下图所示。

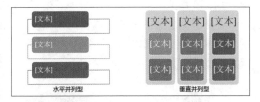

水平并列型　　　　　　　垂直并列型

2. 递进型

递进型概念图大多带有箭头形的图案，这样能够将不同内容之间的推进关系表达得更加清楚，易于理解，如下图所示。

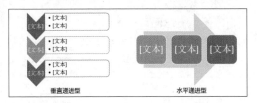

垂直递进型　　　　　　　水平递进型

3. 对比型

对比型概念图与并列型概念图有些类似，甚至有些布局形式两者可以通用，但是在色彩搭配上，对比型概念图一定要有较大的差别，这样才能体现对比关系，如下图所示。

列表式对比　　　　　　　图示化对比

4. 交叉型

交叉型概念图常常用于反映多种事物之间的共同之处，或者表示多种事物聚集产生的连带作用，如下图所示。

维恩图型　　　　　　　紧密关联型

5. 趋势型

趋势型概念图主要用于表现事物的发展状态，如销售业绩、股票走势等都可以使用趋势型概念图来表达，如下图所示。

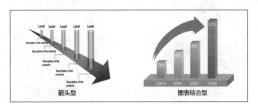

箭头型　　　　　　　图表结合型

6. 阶梯型

阶梯型概念图具有并列型、递进型、趋势型 3 种概念图的特点。它一般用于表达时间进度较长，包含内容较多的事物发展进程，如项目的建设目标、经济发展趋势等，如下图所示。

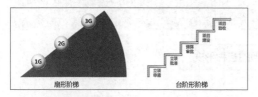

7. 环绕型

环绕型概念图可以作为并列型概念图的一种形式，但是这种形式比传统的并列型概念图更具视觉冲击力，表现手法也更为多样化，如下图所示。

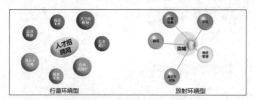

8. 矩阵型

矩阵型概念图也是幻灯片中常用的类型，很多管理咨询理论都用这种形式来表达。除了二维矩阵外，像 GE 矩阵可以是多维的，如下图所示。

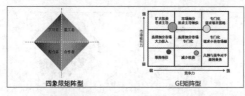

9. 循环型

循环型概念图一般用于表示事物的消亡与再生不断重复的过程，这种形式的概念图主要用箭头表示，如下图所示。

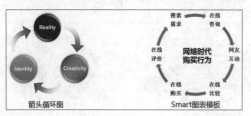

10. 甘特图

在一般的 PPT 中不会使用这种图形，但如果是制作比较专业的数据报告，使用甘特图是非常不错的选择，如项目管理中的计划和里程碑都很适合用甘特图表达，如下图所示。

11. 总分型

总分型概念图在咨询类 PPT 中是一种非常常见的内容布局样式。从不同角度对某一事物进行描述，使用这种图形是非常不错的选择，如下图所示。

12. 支撑型

支撑型概念图展现的是具有比例、连接、层次推进的关系。例如，马斯洛需求层次理论就是典型的支撑型图形，如下图所示。

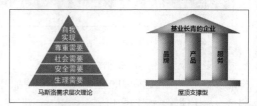

13. 环图型

环图型概念图可以表达具有包含、分层、并列关系的内容。一般会对文字进行旋转，所以在图文结合上需要下些功夫，如下图所示。

14. 拼图型

拼图型概念图具有非常好的视觉效果，并且它的取材范围非常广，能够很好地诠释部分与整体之间的关系。拼图的制作方法非常灵活，除了传统的拼图样式外，只要能够拼成一个整体的图形即可，如矩形、三角形，甚至各种不规则的图形，如下图所示。

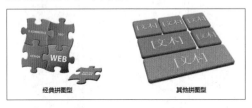

经典拼图型　　　　　　其他拼图型

15. 树状型

树状型概念图也是一种非常常见的图形布局方式。无论是表达组织结构、产品模块，还是表达金字塔结构，都可以使用树状型概念图，如下图所示。

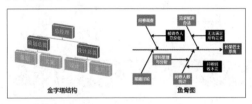

金字塔结构　　　　　　鱼骨图

16. 公式型

顾名思义，公式型概念图就是用数学公式中的符号表达的图形，如下图所示。公式型概念图一般比较简洁，其逻辑性不言自明，用于表达一些简单的概念是非常不错的选择。

17. 流程图

流程图的使用范围非常广泛，只要具有先后顺序的发展过程，又有相关结果的事物内容，都可以使用流程图表示，如下图所示。

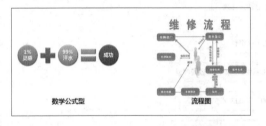

数学公式型　　　　　　流程图

174　使用 SmartArt 图形更快捷

PowerPoint 2019 中预设了非常多的 SmartArt 图形，类型包括列表、流程、循环、层次结构、关系、矩阵、棱锥图和图片，如下图所示。前面介绍的很多概念图都可以使用 SmartArt 图形来完成。

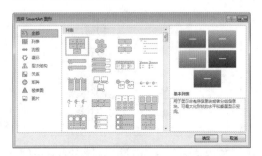

不同类型的 SmartArt 图形表示不同的关系，在"选择 SmartArt 图形"对话框中选择某个具体的关系图后，在右侧下方的列表框中可以看到该关系图的相关说明。使用 SmartArt 图形时，一定要注意以下两个问题。

1. 文字量

SmartArt 图形会随文字数量的变化对字体大小进行自动调整。如果文字量较大，字号就会变小，可能会分散 SmartArt 图形的视觉吸引力，但有些 SmartArt 图形恰好适用于文字量较大的情况，如"列表"类型中的"梯形列表"，如下图所示。在使用 SmartArt 图形时，应该根据实际内容进行选择。

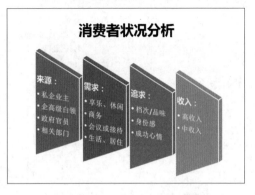

2. SmartArt 图形中形状的数量

在 SmartArt 图形中，不是所有图形都可以无限制地添加形状。例如，"关系"类型中的"平衡箭头"布局就只能显示两个对立的观点，如下图所示。如果还有更多的概念，就无法利用这种布局表达。

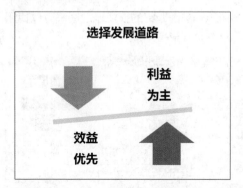

如果某一 SmartArt 图形创建的数量有限，又必须多次使用，则可以选中整个 SmartArt 图形后右击，在弹出的快捷菜单中选择"组合→取消组合"命令，执行两次"取消组合"命令后，将 SmartArt 图形拆分为多个单独的对象，

再进行复制即可，如下图所示。

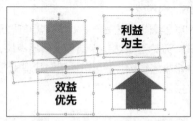

8.3　形状的使用技巧

PowerPoint 2019 中提供了形状功能，通过该功能不仅可以在幻灯片中插入或绘制一些规则或不规则的形状，还可以对绘制的形状进行编辑，使其变得更加美观，能够最大限度地表现幻灯片内容的主旨。本节具体知识框架如下图所示。

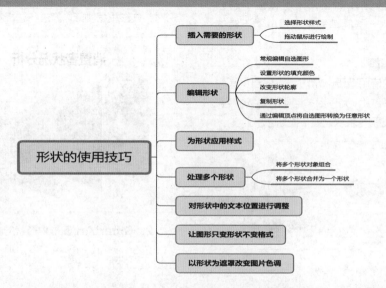

175　插入需要的形状

在制作幻灯片的过程中，经常会借助形状来灵活排列幻灯片的内容，使幻灯片展现的内容更形象。

扫一扫，看视频

PowerPoint 2019中提供了矩形、线条、箭头等各种需要的形状，可以选择所需要的形状类型进行绘制。例如，要制作一个几何图形的封面，具体操作方法如下。

步骤 01 新建一个演示文稿，❶单击"插入"选项卡"插图"组中的"形状"按钮；❷在弹出的下拉列表中选择需要的形状，如选择"矩形"选项，如下图所示。

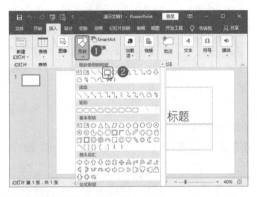

步骤 02 此时，鼠标指针将变成"＋"形状，将鼠标指针移动到幻灯片中需要绘制形状的位置，然后按住鼠标左键进行拖动，拖动到合适位置后释放鼠标左键即可完成绘制，如下图所示。

步骤 03 ❶单击"形状"按钮；❷在弹出的下拉列表中选择"椭圆"选项，如下图所示。

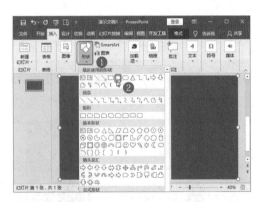

步骤 04 此时，鼠标指针将变成"＋"形状，按住 Shift 键的同时拖动鼠标绘制正圆，如下图所示。

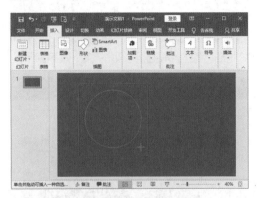

🔧 小提示

绘制形状时，按住 Ctrl 键拖动，可以将鼠标位置作为图形的中心点；按住 Shift 键拖动，可以绘制固定宽高比的形状，如绘制正方形、正圆形和直线等。

176　常规编辑自选图形

扫一扫，看视频

在编辑幻灯片的过程中，可能会用到各种各样的图形。刚插入的图形不一定就是需要的效果，所以还需要掌握基本的编辑技巧，如调整形状的大小和位置等。

继续上个案例，根据封面效果的需要，插入一个矩形，并将其编辑成两头是弧形的效果，再旋转一定的角度，具体操作方法如下。

步骤 01 ① 单击"形状"按钮；② 在弹出的下拉列表中选择"矩形：圆角"选项，如下图所示。

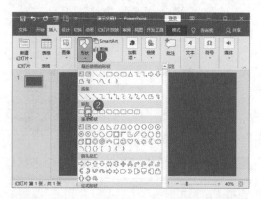

步骤 02 此时，鼠标指针将变成"＋"形状，① 按住鼠标左键进行拖动，绘制一个圆角矩形；② 将鼠标指针移动到图形的黄色控制点上，并向右拖动，调整圆角矩形的圆角弧度，如下图所示。

步骤 03 将图形的黄色控制点移动到线段的中间位置，让弧形达到最大，形成半圆形，如下图所示。

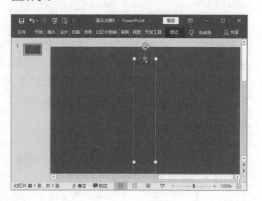

步骤 04 将鼠标指针移动到圆角矩形上方的 ⊚ 控制柄上，单击并拖动鼠标即可旋转图形，如下图所示。

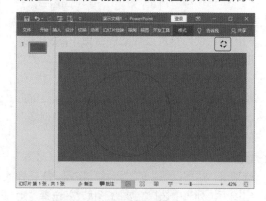

177　设置形状的填充颜色

扫一扫，看视频

默认插入的形状会填充为蓝色，可以根据需要设置形状的填充颜色。形状样式中提供的颜色有限，用户可以根据需要单独对形状的填充颜色进行设置。

继续上例操作，在幻灯片中对形状的填充颜色进行设置，具体操作方法如下。

步骤 01 ① 选择幻灯片中最大的矩形；② 单击"绘图工具 格式"选项卡"形状样式"组中的"形状填充"按钮；③ 在弹出的下拉列表中选择"其他填充颜色"选项，如下图所示。

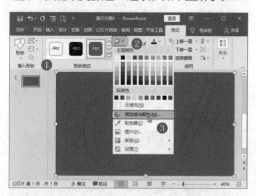

步骤 02 打开"颜色"对话框，① 选择"自定义"选项卡；② 在下方的 3 个数值框中输入颜色的 RGB 值，这里输入 46、106、127；③ 单击"确定"按钮，如下图所示，即可为选择的矩形填充设置的颜色。

步骤 03 ❶ 使用相同的方法为圆形填充橙色；❷ 选择圆角矩形；❸ 单击"形状填充"按钮；❹ 在弹出的下拉列表中选择"取色器"选项，如下图所示。

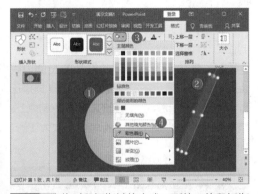

步骤 04 此时鼠标指针将变成 ✐ 形状，将鼠标指针移动到幻灯片中需要应用的颜色上，即可显示所吸取颜色的 RGB 值，如下图所示。

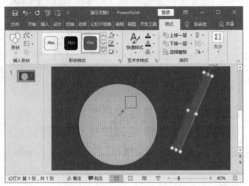

步骤 05 在圆形上单击，即可将吸取的颜色应用到选择的形状中，如下图所示。

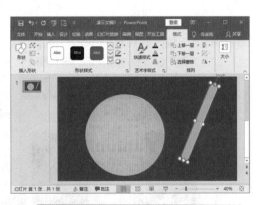

小技巧

在"形状填充"下拉列表中选择"图片"选项，可以使用计算机中保存的图片或网络中搜索的图片进行填充；选择"渐变"选项，可以使用渐变色进行填充；选择"纹理"选项，可以使用纹理样式进行填充。

178 改变形状轮廓

扫一扫，看视频

形状轮廓是指形状的边框，通过 PowerPoint 2019 提供的"形状轮廓"功能，不仅可以对形状轮廓的填充色进行设置，还可以对形状轮廓的线条样式、粗细等进行设置。

继续上例操作，为幻灯片中的形状设置相应的轮廓，具体操作方法如下。

步骤 01 ❶ 选择幻灯片中的圆角矩形；❷ 单击"绘图工具格式"选项卡"形状样式"组中的"形状轮廓"按钮；❸ 在弹出的下拉列表中选择"无轮廓"选项，即可取消圆角矩形的轮廓，如下图所示。

步骤 02 ❶ 选择圆形；❷ 单击"形状轮廓"按钮；❸ 在弹出的下拉列表中选择需要的颜色，如"白色"，即可为圆形设置白色的轮廓，如下图所示。

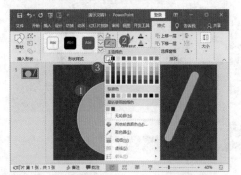

步骤 03 保持圆形的选择状态，❶ 单击"形状轮廓"按钮；❷ 在弹出的下拉列表中选择"粗细"选项；❸ 在弹出的下级列表中选择线条粗细，如选择"3 磅"，即可改变圆形的白色轮廓的粗细，如下图所示。

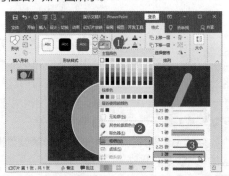

步骤 04 保持圆形的选择状态，❶ 单击"形状轮廓"按钮；❷ 在弹出的下拉列表中选择"虚线"选项；❸ 在弹出的下级列表中选择线条样式，即可改变圆形的白色轮廓的线条样式，如下图所示。

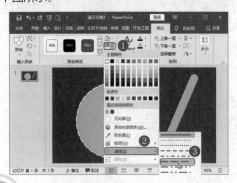

小提示

选择线条类的形状，在"形状填充"下拉列表中选择"箭头"选项，在弹出的下级列表中提供了许多箭头样式，选择需要的样式，可以将线条设置为箭头样式。

179 复制形状

扫一扫，看视频

在幻灯片中使用形状，如果需要在页面中制作多个相同的效果，就涉及形状的复制。当然，可以用 Ctrl+C 和 Ctrl+V 组合键或单击按钮的方式进行复制粘贴，但是复制得到的形状不能确定位置。为了保证复制得到的形状具有水平移动或垂直移动的效果，需要结合其他按键来完成。

例如，要通过复制前面制作的图形来完成封面幻灯片的制作，具体操作方法如下。

步骤 01 ❶ 将正圆移动到幻灯片的左侧边线上，只让部分显示在幻灯片页面中；❷ 选择正圆，将鼠标指针移动到正圆的右下角控制点上，按住 Shift 键的同时拖动鼠标等比例放大正圆，如下图所示。

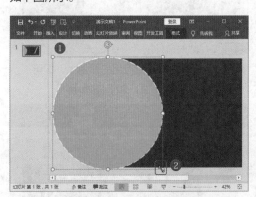

步骤 02 ❶ 将圆角矩形移动到幻灯片的上方页面的外侧；❷ 同时按住 Ctrl 键和 Shift 键，拖动鼠标指针到幻灯片页面的右侧边线上，可以水平复制选择的正圆形状，如下图所示。

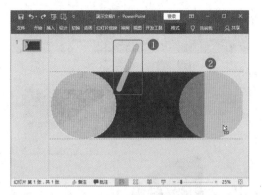

步骤 03 使用相同的方法，同时按住 Ctrl 键和 Shift 键，依次向右拖动鼠标，水平复制多个圆角矩形，如下图所示。

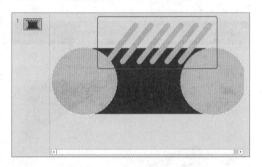

步骤 04 ❶ 随意调整圆角矩形在垂直方向上的位置，得到错落有致的排列效果；❷ 拖动鼠标框选所有圆角矩形；❸ 同时按住 Ctrl 键和 Shift 键，拖动鼠标指针到幻灯片页面的下方，可以垂直复制选择的多个圆角矩形，如下图所示。

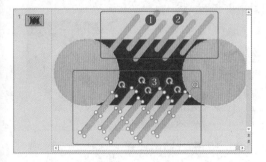

小提示

选择形状后，按 Ctrl+D 组合键，可以在选择的形状上方复制一个形状，并移动一定的距离，这种方法适合制作阴影效果。

180　通过编辑顶点将自选图形转换为任意形状

扫一扫，看视频

PowerPoint 2019 中提供的是常规的简单形状。如果想得到更复杂的形状，可以在简单形状的基础上编辑形状的顶点，实现任意形状。

例如，要制作一个形状布局页面，可以通过编辑形状的顶点，让形状变得特别，具体操作方法如下。

步骤 01 ❶ 新建一张幻灯片，在页面左下角绘制一个矩形，并选择该矩形；❷ 单击"绘图工具 格式"选项卡"插入形状"组中的"编辑形状"按钮；❸ 在弹出的下拉列表中选择"编辑顶点"选项，如下图所示。

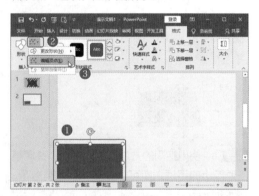

步骤 02 此时形状进入顶点编辑状态，可以看到矩形的 4 个角上分别有 4 个可编辑的顶点。选择左上角的顶点，并按住鼠标向右拖动，即可移动该顶点的位置，如下图所示。

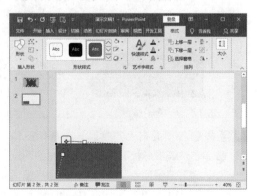

如下图所示。

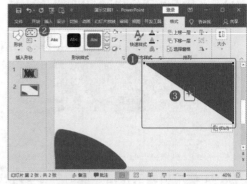

🔔 小技巧

在形状的顶点编辑状态，在顶点或形状边线上右击，在弹出的快捷菜单中选择"添加顶点"命令，可以为形状添加顶点；选择"开放路径"命令，可以将原本闭合的路径断开；选择"关闭路径"命令，可以将断开的路径闭合。

步骤 03 选中形状左上角的顶点后，还会看到两个带正方形的控制手柄，往上移动顶点左侧的手柄，让形状左上方出现弧度，如下图所示。

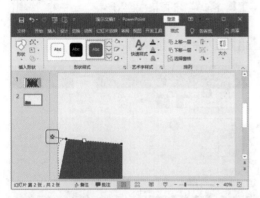

步骤 04 使用相同的方法，移动顶点，并调整各顶点上的手柄，即可改变形状的整体效果，如下图所示。

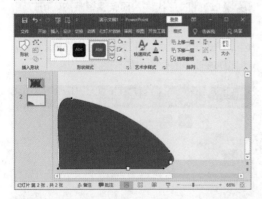

步骤 05 ❶在页面右上方绘制一个直角三角形；❷单击"编辑形状"按钮，在弹出的下拉列表中选择"编辑顶点"选项，进入顶点编辑状态；❸在直角三角形的斜边的中间位置单击，

步骤 06 此时便可在单击的位置处添加一个顶点，拖动该顶点上的手柄即可改变图形线条的平滑度，如下图所示。

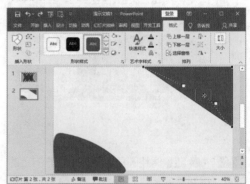

步骤 07 继续调整顶点的手柄，最终可以得到如下图所示的形状。不再需要编辑形状的顶点时，直接在幻灯片空白处单击，即可退出形状的顶点编辑状态。

181 为形状应用样式

扫一扫，看视频

对绘制的形状进行编辑后，通过为形状应用样式，还可以设置形状填充色、形状轮廓和形状效果等操作对形状进行美化，使形状更形象、效果更美观。

为形状应用样式和设置效果的具体操作方法与图片的相关操作类似，这里只简单介绍。

步骤 01 选择刚刚制作的左下角的形状；❶ 单击"绘图工具 格式"选项卡"形状样式"组中的"其他"按钮▾；❷ 在弹出的下拉列表中选择需要的形状样式，如选择"浅色 1 轮廓，彩色填充 - 绿色，强调颜色 6"选项，如下图所示。

步骤 02 此时便可为形状应用选择的形状样式，❶ 继续选择右上角的形状；❷ 使用相同的方法为该形状设置形状样式，如下图所示。

🔖 **小提示**

在"形状样式"下拉列表中选择"其他主题填充"选项，在弹出的下级列表中提供了几种颜色，可以根据需要进行选择。

182　将多个形状对象组合

在编辑幻灯片的过程中，有时必须将多个

扫一扫，看视频

图形放在一起才能说明需要表达的内容，或需要对多个对象进行统一的编辑操作。如果对象太多或太小，则在编辑过程中，很容易因为操作失误造成对象缺失。为了避免这种情况的发生，可以将这些对象进行组合，具体操作方法如下。

步骤 01 ❶ 选择需要组合的对象；❷ 单击"绘图工具 格式"选项卡"排列"组中的"组合"按钮；❸ 在弹出的下拉列表中选择"组合"选项，如下图所示。

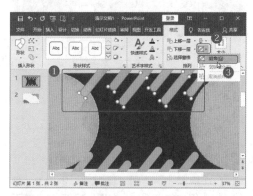

步骤 02 此时便可将选择的多个图形组合为一个图形，❶ 选择组合后的形状；❷ 单击"形状填充"按钮；❸ 在弹出的下拉列表中选择需要填充的颜色，如下图所示，即可看到为该组合图形中的多个形状进行了颜色填充。

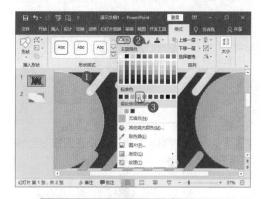

🔖 **小提示**

进行组合的并非只有图形，图片、文本框、艺术字等在幻灯片中可编辑的对象都可以进行组合。

183　将多个形状合并为一个形状

扫一扫，看视频

对于一些复杂的形状或特殊的形状，如果 PowerPoint 2019 中没有直接提供，则可通过 PowerPoint 2019 提供的合并形状功能将两个或两个以上的形状合并成一个新的形状。例如，要将三个正圆合并为一个形状，具体操作方法如下。

步骤 01 ❶ 新建一张空白幻灯片；❷ 绘制并重叠三个正圆，选择这三个正圆，如下图所示。

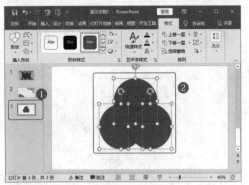

步骤 02 ❶ 单击"绘图工具 格式"选项卡"插入形状"组中的"合并"按钮；❷ 在弹出的下拉列表中选择需要的选项，这里选择"拆分"，如下图所示。

步骤 03 此时便可将选择的三个正圆按闭合线条拆分为多个组件，如下图所示。

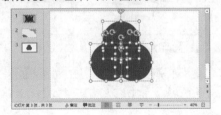

小技巧

"合并"下拉列表中的"结合"选项，表示将多个相互重叠或分离的形状结合生成一个新的形状；"组合"选项，表示将多个相互重叠或分离的形状结合生成一个新的形状，但形状的重合部分将被剪除；"拆分"选项，表示将多个形状重合或未重合的部分拆分为多个形状；"相交"选项，表示将多个形状未重叠的部分剪除，重叠的部分将被保留；"剪除"选项，表示将被剪除的形状覆盖或被其他对象覆盖的部分清除，产生新的对象。

步骤 04 分别选择不同的组件，并填充合适的颜色，可以更清楚地看到拆分后的效果，如下图所示。

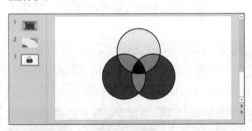

小提示

"合并"操作还可以用于形状和图片之间。例如，先选中图片，再选中遮盖在图片上的形状，单击"合并"按钮，在弹出的下拉列表中选择"相交"选项，即可将图片被形状遮盖的部分裁剪出来。

184　对形状中的文本位置进行调整

在形状中输入文字后，根据形状的大小、文字数量、文字大小等因素的不同，需要调整文字在形状中的位置，以便让文字美观。调整形状中的文字位置，主要可以进行的操作有：调整文字在形状中的对齐方式，以及文字到形状上、下、左、右的距离。例如，要在技巧 183 制作的形状中输入文字，并进行细微调整，具体操作方法如下。

扫一扫，看视频

步骤 01 ❶ 在拆分后 3 个最大的形状中输入文字，并设置合适的字体格式，可以看到目前文字位于圆形的中间位置；❷ 选择其中一个形状中添加的文字；❸ 单击"绘图工具 格式"选项卡"形状样式"组右下角的"对话框启动器"按钮，如下图所示。

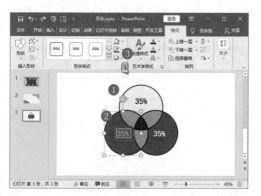

步骤 02 显示"设置形状格式"任务窗格，❶ 选择"文本选项"选项卡；❷ 单击下方的"文本框"按钮，❸ 单击"左边距"数值框右侧的调节按钮，直到文字居于裁剪后形状的中间位置，如下图所示。

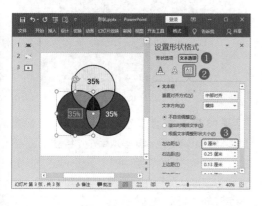

小提示

选择形状中的文字后，在其上右击，在弹出的快捷菜单中选择"设置形状格式"命令，也可以显示"设置形状格式"任务窗格。

步骤 03 使用相同的方法，继续对其他形状中的文字位置进行调整，完成后的效果如下图所示。

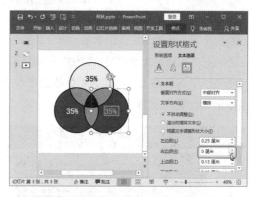

小技巧

选择"文本选项"选项卡，单击下方的"文本框"按钮，在"垂直对齐方式"下拉列表中可以调整文字在垂直方向的对齐方式。

185　让图形只变形状不变格式

扫一扫，看视频

有时将插入的图形设置完成后，才发觉形状不合适。如果将其删除重新插入再进行设置，会非常麻烦，为了避免这些不必要的操作，可以在不影响格式的情况下改变形状。

步骤 01 打开素材文件（位置：素材文件 \ 第 8 章 \ 开题答辩 .pptx），❶ 选择第 7 张幻灯片中需要更改形状的第一个自选图形；❷ 单击"绘图工具 格式"选项卡"插入形状"组中的"编辑形状"按钮；❸ 在弹出的下拉列表中选择"更改形状"选项；❹ 在弹出的下级列表中选择需要使用的新形状，如下图所示。

步骤 02 将自选图形更改形状后，图形的颜色和字体格式等属性都没有发生变化。使用相同的方法，更改下方 3 个形状为相同的新形状，完成后的效果如下图所示。

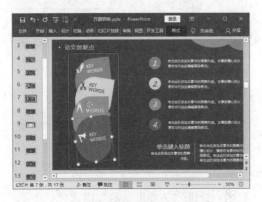

186 以形状为遮罩改变图片色调

扫一扫，看视频

除了重新着色的方法外，有时还可以利用形状色块来改变图片色调。在图片上方添加与之同等大小的形状色块，并设置一定的透明度，这样形状色块就形成遮罩效果，图片透过色块显示出来时色调也就发生了变化。

将图片作为背景使用，在图片中添加文字后，如果图片中的景物比较复杂，可能会影响文字的显示，如下图所示。

为了让文字显示清楚，可以在图片上方添加形状遮罩，进行弱化处理，具体操作方法如下。

步骤 01 打开素材文件（位置：素材文件 \ 第 8 章 \ 如何高效阅读一本书 .pptx），❶ 选择第 12 张幻灯片；❷ 单击"插入"选项卡"插图"组中的"形状"按钮；❸ 在弹出的下拉列表中选择"矩形"，如下图所示。

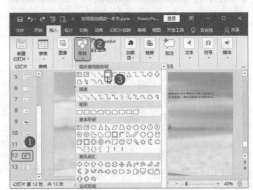

步骤 02 拖动鼠标绘制一个与幻灯片页面相同大小的矩形，如下图所示。

步骤 03 ❶ 设置填充色为深蓝绿色，并设置其边框为无轮廓色；❷ 多次单击"绘图工具 格式"选项卡"排列"组中的"下移一层"按钮，直到将该形状放置在所有文本内容的下方，如下图所示。

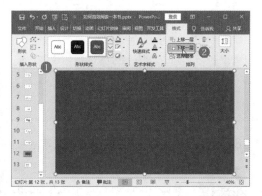

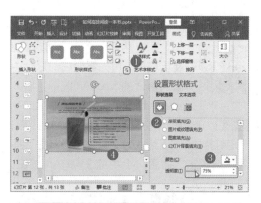

步骤 04 ❶ 单击"形状样式"组右下角的"对话框启动器"按钮,显示"设置形状格式"任务窗格;❷ 在"形状选项"选项卡中单击"填充与线条"按钮 🖾;❸ 拖动滑块设置透明度,直至幻灯片达到预期效果;❹ 适当移动文本框位置,让页面效果更完美,如下图所示。

小提示

在调整形状的透明度时,尽量设置得高一些,这样图片的清晰度和完成度更高,但是要确保文字的清晰度。

8.4 SmartArt 图形的使用技巧

PowerPoint 2019 中提供了 SmartArt 图形,通过 SmartArt 图形可以更加快速地制作常见的层级关系、附属关系、并列关系及循环关系等,可以让文字图示化的过程更加便捷。本节具体知识框架如下图所示。

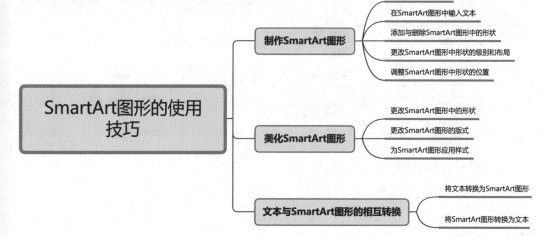

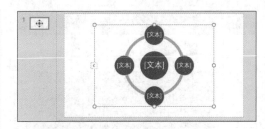

187 插入 SmartArt 图形

扫一扫，看视频

要使用 SmartArt 图形直观展示信息，首先需要在幻灯片中插入合适的 SmartArt 图形。插入 SmartArt 图形的具体操作方法如下。

步骤 01 新建一个空白演示文稿，❶ 设置第 1 张幻灯片的幻灯片版式为"空白"；❷ 单击"插入"选项卡"插图"组中的 SmartArt 按钮，如下图所示。

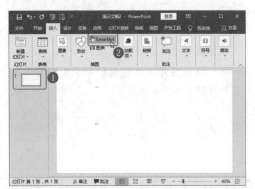

步骤 02 打开"选择 SmartArt 图形"对话框，❶ 在左侧选择 SmartArt 图形所属类型，如选择"循环"选项卡；❷ 在中间栏中将显示该类型下的所有 SmartArt 图形，这里选择"射线循环"选项；❸ 单击"确定"按钮，如下图所示。

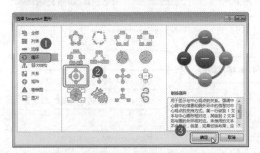

🔔 小技巧

在幻灯片的内容占位符中单击"插入 SmartArt 图形"图标，也可以打开"选择 SmartArt 图形"对话框。

步骤 03 返回幻灯片编辑区，即可看到插入的 SmartArt 图形，如下图所示。

188 在 SmartArt 图形中输入文本

扫一扫，看视频

插入 SmartArt 图形后，还需要在 SmartArt 图形中输入需要的文本，以进行说明。

例如，要在上面插入的 SmartArt 图形中输入文本，具体操作方法如下。

步骤 01 选择 SmartArt 图形中间的圆形，输入文字内容，如下图所示。

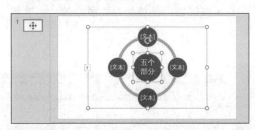

步骤 02 ❶ 选择整个 SmartArt 图形；❷ 单击"SmartArt 工具 设计"选项卡"创建图形"组中的"文本窗格"按钮，如下图所示。

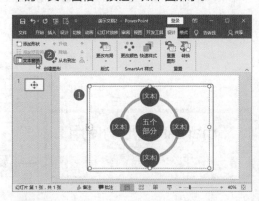

步骤 03 打开"在此处键入文字"对话框，在其中的各个项目符号后输入需要的文本，即可在 SmartArt 图形对应的形状中显示相应的文本，如下图所示。

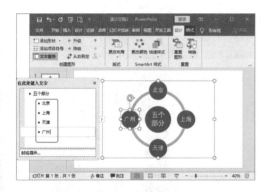

小提示

单击 SmartArt 图形左侧边框线中部的图标,可以快速展开或折叠"在此处键入文字"对话框。

189 添加与删除 SmartArt 图形中的形状

每种 SmartArt 图形都默认包含了固定的形状,如果默认的形状数量不能满足当前文本信息的需要,或形状太多,则可以对其进行添加和删除形状的操作。

扫一扫,看视频

继续上例操作,在 SmartArt 图形中添加一个形状,具体操作方法如下。

步骤 01 ❶ 选择"广州"形状;❷ 单击"SmartArt 工具 设计"选项卡"创建图形"组中的"添加形状"按钮;❸ 在弹出的下拉列表中选择添加形状的位置,如选择"在后面添加形状"选项,如下图所示。

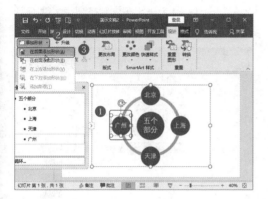

小提示

在"添加形状"下拉列表中选择"在后面添加形状""在前面添加形状"选项,可以在所选形状的后方或前方添加同级形状;选择"在上方添加形状""在下方添加形状"选项,可以在所选形状的上方添加上一级形状或在下方添加下一级形状;选择"添加助理"选项,可以添加侧边显示的助理形状。

步骤 02 此时便可以在所选形状后面(环形是以顺时针方向定前后的)添加一个同级别的形状,输入文本"重庆",如下图所示。

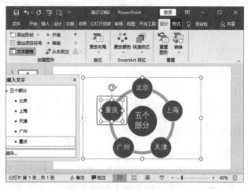

小技巧

在"在此处键入文字"对话框中,将文本插入点定位到形状文本内容的后面,按 Enter 键新增一个项目符号,同时会在 SmartArt 图形中该形状的后面增加一个同级形状。选择要删除的形状,按 Delete 键即可快速删除形状。

190 更改 SmartArt 图形中形状的级别和布局

除了可以在 SmartArt 图形中添加形状外,还可以对部分 SmartArt 图形中形状的级别和布局进行调整,使 SmartArt 图形中形状的排列更合理。例如,在"组织结构图"SmartArt 图形中部分形状的位置出现了错误,需要调整级别和位置,并对布局进行设置,具体操作方法如下。

扫一扫,看视频

步骤 01 打开素材文件（位置：素材文件\第8章\组织结构图.pptx），❶选择 SmartArt 图形中位置出现错误的"行政人事部"形状；❷单击"SmartArt 工具 设计"选项卡"创建图形"组中的"升级"按钮，如下图所示。

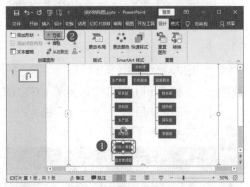

步骤 02 选择的形状级别将提升一级，显示在原来上一级形状的后面，同时，原来该形状后的形状也会跟随移动，显示为该形状的下级。❶选择位置改变后的"行政人事部"形状；❷单击"创建图形"组中的"下移"按钮 ↓，如下图所示。

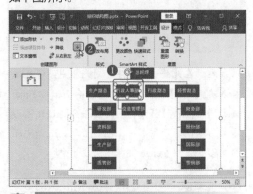

小提示

单击"创建图形"组中的"上移"按钮 ↑，可以让形状在同级别中向前移动一个位置；单击"从右到左"按钮，可以颠倒整个 SmartArt 图形中所有形状的排列方向。

步骤 03 选择的形状将在同级中向后移动一个位置，该形状的下级形状会跟随移动。保持"行政人事部"形状的选择状态，单击"创建图形"

组中的"降级"按钮，如下图所示。

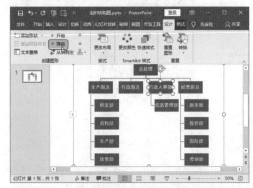

步骤 04 选择的形状级别将下降一级，显示在原来同级中前面一个形状的下方，同时，原来该形状的下级形状会跟随移动，变成该形状的同级。❶选择 SmartArt 图形中的"生产副总"形状；❷单击"创建图形"组中的"布局"按钮 品；❸在弹出的下拉列表中选择"标准"选项，如下图所示。

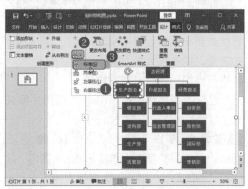

步骤 05 所选形状下的形状将并列显示在该形状的下方。❶选择 SmartArt 图形中的"经营副总"形状；❷单击"布局"按钮 品；❸在弹出的下拉列表中选择"两者"选项，如下图所示。

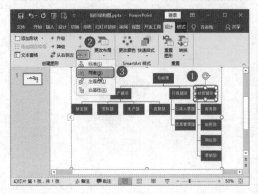

步骤 06 所选形状下的形状将居于该形状两侧分布排列，如下图所示。

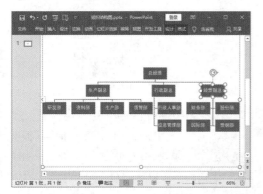

191　调整 SmartArt 图形中形状的位置

当 SmartArt 图形的结构较多时，可能显得拥挤，为了美观，此时需要调整 SmartArt 图形中不同部分的位置。

扫一扫，看视频

调整 SmartArt 图形中的形状，首先要选中需要调整的部分，然后拖动鼠标移动或按键盘上的方向键实现图形的上、下、左、右微调，具体操作方法如下。

步骤 01 ❶ 按住 Ctrl 键，同时选中左下方的 4 个形状；❷ 在"SmartArt 工具 格式"选项卡"大小"组中的"高度"和"宽度"数值框中设置所选形状的高度和宽度，让这些形状显示为纵向的矩形，如下图所示。

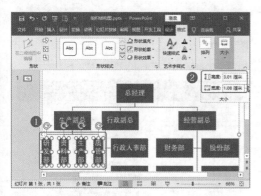

步骤 02 保持选中状态并向下拖动鼠标，即可将这 4 个形状向下移动一段距离，如下图所示。

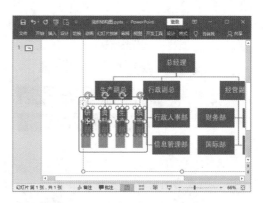

192　更改 SmartArt 图形中的形状

扫一扫，看视频

如果对插入幻灯片的 SmartArt 图形中的形状不满意，可以进行更改。

例如，在"组织结构图"演示文稿中，要改变几位副总所在图形的形状，具体操作方法如下。

步骤 01 ❶ 按住 Ctrl 键，同时选中第二级的 3 个形状；❷ 单击"SmartArt 工具 格式"选项卡"形状"组中的"更改形状"按钮；❸ 在弹出的下拉列表中选择需要的形状，如"椭圆"，如下图所示。

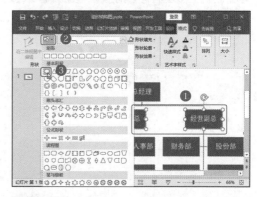

步骤 02 此时选中的 3 个形状就会变成椭圆形状，如下图所示。保持 3 个形状的选中状态，将鼠标指针移动到其中一个椭圆的右下角，当鼠标指针变成双向箭头形状时，按住鼠标左键拖动，可以同时调整 3 个椭圆的大小。

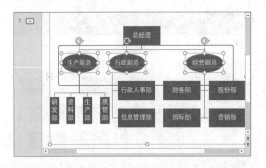

193　更改 SmartArt 图形的版式

扫一扫，看视频

如果插入的 SmartArt 图形并不能展示文本内容的关系，则需要更改 SmartArt 图形的版式，也就是对 SmartArt 图形的类型进行更改。

更改 SmartArt 图形的版式的具体操作方法如下。

步骤 01 ❶ 选 择 SmartArt 图 形；❷ 单 击 "SmartArt 工具 设计"选项卡"版式"组中的"更改布局"按钮；❸ 在弹出的下拉列表中显示了原 SmartArt 图形的所有样式，这里选择"水平多层层次结构"选项，如下图所示。

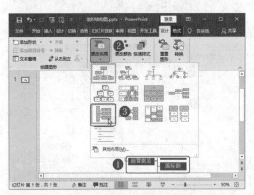

小提示

在"更改布局"下拉列表中选择"其他布局"选项，将打开"选择 SmartArt 图形"对话框，在其中可以重新选择需要的 SmartArt 图形的样式。

步骤 02 此时可以将原来的 SmartArt 图形更改为选择的 SmartArt 图形的类型，如下图所示。

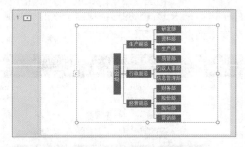

194　为 SmartArt 图形应用样式

扫一扫，看视频

PowerPoint 2019 中提供了很多 SmartArt 图形的样式，通过应用样式可以快速对 SmartArt 图形进行美化。

继续上例操作，要对改变类型后的 SmartArt 图形应用样式，具体操作方法如下。

步骤 01 ❶ 选 择 幻 灯 片 中 的 SmartArt 图 形；❷ 单击"SmartArt 工具 设计"选项卡"SmartArt 样式"组中的"快速样式"按钮；❸ 在弹出的下拉列表中选择需要的 SmartArt 样式，如选择"嵌入"选项，如下图所示。

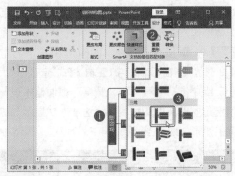

步骤 02 此时可以看到为 SmartArt 图形应用所选 SmartArt 样式后的效果，如下图所示。

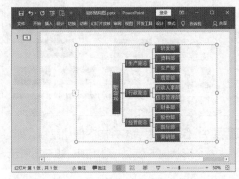

195 将文本转换为 SmartArt 图形

如果幻灯片中已经有某些文本了，需要将这些文本制作成 SmartArt 图形，可以先整理文本内容，然后直接通过 PowerPoint 2019 提供的"转换为 SmartArt 图形"功能，快速将幻灯片中结构清晰的文本转换为 SmartArt 图形。

扫一扫，看视频

例如，在"打造高绩效团队"演示文稿中将文本转换为 SmartArt 图形，具体操作方法如下。

步骤 01 打开素材文件（位置：素材文件\第 8 章\打造高绩效团队 .pptx），❶ 选择文本框中不需要制作为 SmartArt 图形的内容；❷ 单击"开始"选项卡"剪贴板"组中的"剪切"按钮，如下图所示。

步骤 02 ❶ 单击"粘贴"按钮，将剪切的内容粘贴在一个新的文本框中，并将其移动到合适的位置；❷ 选择要转换为 SmartArt 图形的文本框；❸ 单击"开始"选项卡"段落"组中的"转换为 SmartArt 图形"按钮；❹ 在弹出的下拉列表中选择需要的 SmartArt 图形样式，如下图所示。

小提示

在"转换为 SmartArt 图形"下拉列表中选择"其他 SmartArt 图形"选项，可以选择更多的 SmartArt 图形样式。

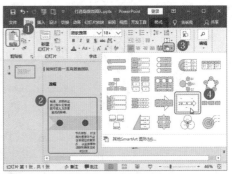

步骤 03 此时可以将文本框中的文本转换为选择的 SmartArt 图形，如下图所示。

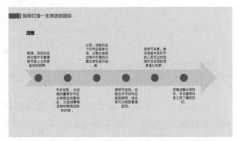

196 将 SmartArt 图形转换为文本

扫一扫，看视频

除了可以将文本转换为 SmartArt 图形外，还可以将幻灯片中的 SmartArt 图形转换为文本或形状。

例如，要将刚制作好的 SmartArt 图形转换为文本，具体操作方法如下。

步骤 01 ❶ 复制第 1 张幻灯片，得到第 2 张幻灯片；❷ 选择幻灯片中的 SmartArt 图形；❸ 单击"绘图工具 设计"选项卡"重置"组中的"转换"按钮；❹ 在弹出的下拉列表中选择"转换为文本"选项，如下图所示。

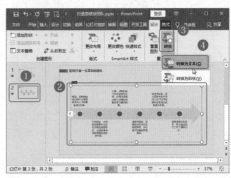

步骤 02 此时便可将选择的 SmartArt 图形转换为文本内容，如下图所示。

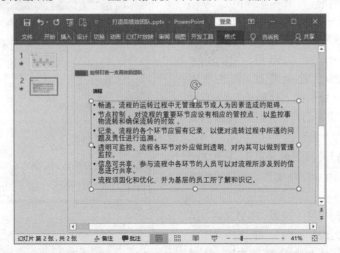

小技巧

　　在"转换"下拉列表中选择"转换为形状"选项，即可将选择的 SmartArt 图形转换为形状，但转换为形状后，形状外观与 SmartArt 图形的外观一致，只是不能对其进行与 SmartArt 图形相关的操作。

✎ 读书笔记

第9章

PPT 中表格与图表的应用技巧

在制作带数据内容的 PPT 时，要想数据更具说服力，可以使用表格和图表展示数据。表格主要用于罗列大量的数据，图表主要用于体现数据的分析情况。本章将对表格和图表在幻灯片中的使用方法进行讲解，并介绍一些实用技巧。

以下是在制作数据型 PPT 时常见的问题，请检测自己是否会处理或已掌握与其相关的知识。

√ 在 PowerPoint 2019 中提供了哪几种创建表格的方法，如何根据表格效果选择合适的创建方法？

√ 表格创建好以后，如何插入或删除某些行或列？

√ 幻灯片中的表格多是用于展示数据的，应该如何合并单元格？

√ 如何让表格变得更美、更易于阅读？

√ 图表类型那么多，如何选择合适的图表来展示数据？

√ 为了突出要传递的信息，常常需要调整图表中各元素的显示效果，应该如何操作？

通过本章内容的学习，可以解决以上问题，并学会更多 PPT 中表格与图表的相关技巧。本章相关知识技能如下图所示。

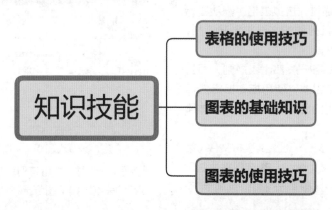

9.1 表格的使用技巧

当需要在幻灯片中展示大量数据时，最好使用表格，这样可以使数据的显示更加规范。在 PowerPoint 2019 中插入表格的方法很多，可以根据实际情况选择表格的创建方式。在使用表格的过程中也需要掌握很多技巧，本节分别进行介绍，具体知识框架如下图所示。

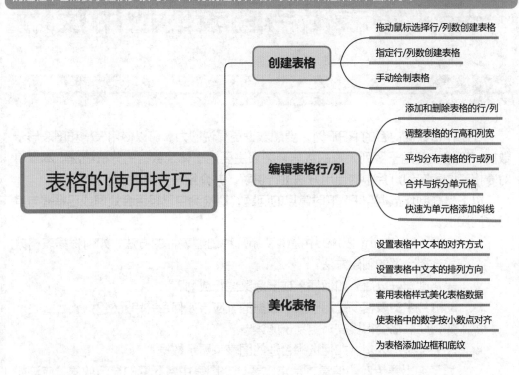

197 拖动鼠标选择行 / 列数创建表格

扫一扫，看视频

在幻灯片中，如果要创建的表格行数和列数很规则且较少时，可以通过在虚拟表格中拖动鼠标选择行列数的方法来创建表格，这种方法简单直观。

幻灯片中的表格一般都比较规则，而且行 / 列数并不多。因此，使用拖动鼠标选择行 / 列数是最常用的创建表格方法，具体操作方法如下。

步骤 01 打开素材文件（位置：素材文件 \ 第 9 章 \ 表分开的意义 .pptx），❶ 选择需要创建表格的第 3 张幻灯片；❷ 单击"插入"选项卡"表

格"组中的"表格"按钮；❸ 在弹出的下拉列表中拖动鼠标选择"3×5 表格"，如下图所示。

步骤 02 此时，即可在幻灯片中创建一个 3 列 5 行的表格，如下图所示。

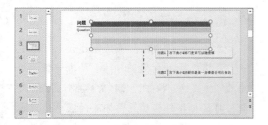

198 指定行 / 列数创建表格

通过"插入表格"对话框创建表格是相对比较普遍的一种创建方式，这种方式最大的好处就是可以在插入表格之前设定好表格的尺寸和格式，减少后期表格设定的工作量。

扫一扫，看视频

例如，通过在"插入表格"对话框中指定行 / 列数的方法，在幻灯片中插入 7 行 5 列的表格，具体操作方法如下。

步骤 01 新建一个空白演示文稿，❶ 单击"插入"选项卡"表格"组中的"表格"按钮；❷ 在弹出的下拉列表中选择"插入表格"选项，如下图所示。

步骤 02 打开"插入表格"对话框，❶ 在"列数"数值框中输入表格的列数，这里输入 5；❷ 在"行数"数值框中输入表格的行数，这里输入 7；❸ 单击"确定"按钮，如下图所示。

步骤 03 返回幻灯片编辑区，即可看到插入的表格效果。将鼠标指针移动到表格的右下角，

当其变成双向箭头形状时，拖动鼠标即可调整表格的大小，如下图所示。

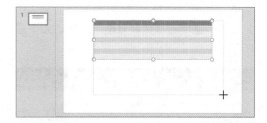

199 手动绘制表格

扫一扫，看视频

手动绘制表格是指用画笔工具绘制表格的边线，就像用笔在纸上绘制表格一样，可以很方便地在幻灯片中绘制任意行数或列数的表格，尤其适合绘制不规则的表格。

要通过手动绘制表格的方式在幻灯片中制作表格，具体操作方法如下。

步骤 01 新建一张空白幻灯片，❶ 单击"表格"按钮；❷ 在弹出的下拉列表中选择"绘制表格"选项，如下图所示。

步骤 02 此时，鼠标指针变成 ✐ 形状，按住鼠标左键并拖动，在鼠标指针经过的位置可以看到一个虚线框，如下图所示，该虚线框是表格的外边框。

步骤 03 拖动到合适位置后释放鼠标，即可绘制出表格外框，并且鼠标指针恢复到默认状态。单击"表格工具 设计"选项卡"绘制边框"组中的"绘制表格"按钮，如下图所示。

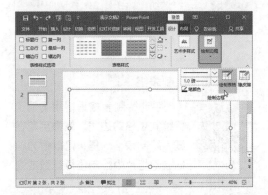

步骤 04 此时，鼠标指针变成 🖉 形状，将鼠标移动到表格边框内部，横向拖动鼠标绘制表格的行线，如下图所示。

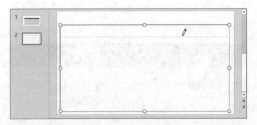

🔖 **小提示**

手动绘制表格内的框线时，不能将鼠标指针移动到表格边框上进行绘制，只需要在表格边框内部横向或竖向拖动鼠标即可绘制行线或列线。

步骤 05 行线绘制完成后，在表格边框内部竖向拖动鼠标，绘制表格的列线，如下图所示。

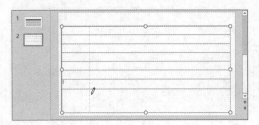

🔔 **小技巧**

在绘制过程中，如果绘制错误，可以单击"表格工具 设计"选项卡"绘制边框"组中的"橡皮擦"按钮，此时鼠标指针变成 ⌲ 形状，将鼠标指针移动到需擦除的表格边框线上单击，即可擦除该边框线。

步骤 06 继续在表格内部向下拖动鼠标绘制其他列线，表格绘制完成后，单击"绘制边框"组中的"绘制表格"按钮，如下图所示，退出表格的绘制状态，鼠标指针恢复到正常状态。

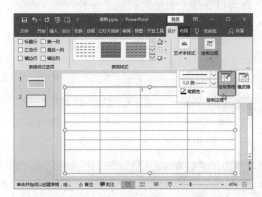

200 添加和删除表格的行/列

扫一扫，看视频

在幻灯片中创建表格后，即可在表格中输入相应的数据，并对表格中的单元格进行相应的编辑，使制作的表格便于查看。

在幻灯片中制作表格的过程中，如果插入的表格的行或列不能满足需要，可以添加相应的行或列；相反，对于多余的行或列，也可以将其删除。

例如，要在"表分开的意义"演示文稿中输入表格内容，并添加行，具体操作方法如下。

步骤 01 打开"表分开的意义"演示文稿，❶ 在第3张幻灯片的表格中，移动鼠标指针到单元格中并单击，即可将文本插入点定位在该单元格中，依次输入各单元格的具体内容；❷ 将鼠标指针移动到表格第4行单元格的外部左侧，当鼠标指针变成黑色箭头形状 ➡ 时，单击即可选择该行的单元格，如下图所示。

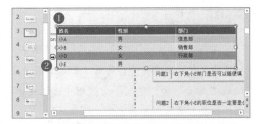

小技巧

　　如果要选择表格中的列，则可以在该列的最上方外侧单击进行选择；选择表格中的单元格，可以将鼠标指针移动到单元格的内部左侧单击。不便在表格上直接进行选择时，还可以将文本插入点定位在需要选中行或列的任意单元格，单击"表格工具 布局"选项卡"表"组中的"选择"按钮，在弹出的下拉列表中选择相应的命令来选择表格对象。

步骤 02 单击"表格工具 布局"选项卡"行和列"组中的"在上方插入"按钮，如下图所示。

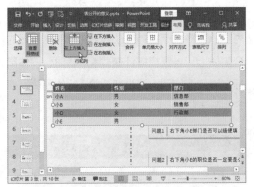

小提示

　　单击"在下方插入"按钮，可以在所选单元格或所选行下方插入一行；单击"在左侧插入"或"在右侧插入"按钮，可以在所选单元格或所选列的左侧或右侧插入一列。

小技巧

　　选择行或列后，单击"行和列"组中的"删除"按钮，在弹出的下拉列表中选择"删除行"或"删除列"选项，可以删除表格中选择的行或列；

选择"删除表格"选项，则会删除整个表格。

步骤 03 此时便可以在所选行的上方插入一行空白单元格，根据需要输入各单元格的内容，完成后的效果如下图所示。

小提示

　　如果需要在表格中插入多行或多列，可以先选择需要插入的多个行 / 列，再执行插入操作，这样就可以一次性插入与选中行 / 列数相同的行 / 列。

201　调整表格的行高和列宽

扫一扫，看视频

　　在幻灯片中，当创建的表格的行高和列宽不能满足需要时，可以对表格的行高和列宽进行设置，使表格整体更规整。

　　继续上例操作，调整表格大小和位置，以及单元格的行高和列宽，使其符合页面的排版要求，具体操作方法如下。

步骤 01 单击表格中的任意位置，选择该表格，将鼠标指针移动到表格的外边框线上，当其变成四向箭头时，按住鼠标左键并拖动，直到将其移动到幻灯片中的合适位置，如下图所示。

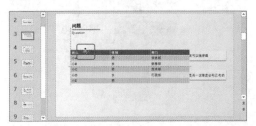

步骤 02 将鼠标指针移动到表格的右下角，当其变成双向箭头 ↖ 时，拖动鼠标即可调整表格的大小，如下图所示。

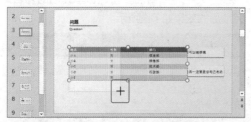

步骤 03 将鼠标指针移动到第 1 行和第 2 行的分割线上，当鼠标指针变成 ÷ 形状时，按住鼠标左键向下拖动，如下图所示。拖动到合适位置后释放鼠标，即可增加第 1 行的高度。

小提示

将鼠标移动到表格相邻两列的分割线上，当鼠标指针变成 ┿ 形状时，按住鼠标左键并拖动，可以调整单元格的列宽。通过拖动鼠标调整行高和列宽时，按住 Alt 键可以实现微调。

步骤 04 ❶ 选择第 2 列，❷ 在"表格工具 布局"选项卡"单元格大小"组的"宽度"数值框中，输入单元格需要的宽度值，或单击数值框后的调节按钮，逐步调整单元格的列宽，如下图所示。

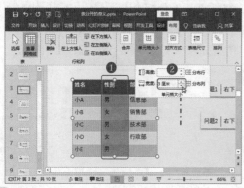

小提示

在"单元格大小"组的"高度"数值框中，可以输入单元格需要的行高值。在"表格尺寸"组的"高度"和"宽度"数值框中，还可以调整整个表格的高度和宽度。

202 平均分布表格的行或列

扫一扫，看视频

如果需要将表格中多行或多列的行高和列宽调整到相同的高度和宽度，可以通过 PowerPoint 2019 提供的"分布行"和"分布列"功能来快速实现。

例如，之前通过手动绘制的表格，行高和列宽比较随意，可以通过"分布行"和"分布列"功能让其变得更规范，具体操作方法如下。

步骤 01 ❶ 在表格中各单元格内输入对应的内容；❷ 将鼠标指针移动到第 1 行和第 2 行的分割线上，当鼠标指针变成 ÷ 形状时，按住鼠标左键向下拖动，适当增加第 1 行的高度，如下图所示。

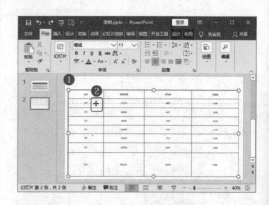

步骤 02 ❶ 选择表格中除第 1 行外的所有行；❷ 单击"表格工具 布局"选项卡"单元格大小"组中的"分布行"按钮，如下图所示。

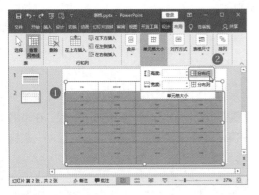

步骤 03 此时，所有选择行的行高将根据行的总高度平均分布每行的高度。❶ 拖动鼠标调整第 1 列的列宽；❷ 选择表格中除第 1 列外的所有列；❸ 单击"表格工具 布局"选项卡"单元格大小"组中的"分布列"按钮，如下图所示。此时，所有选择列的列宽将根据列的总宽度平均分布每列的宽度。

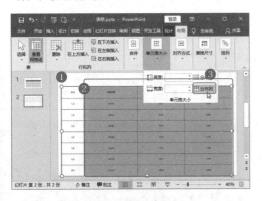

203　合并与拆分单元格

合并单元格是指将两个或两个以上连续的单元格合并成一个大的单元格；拆分单元格是指将一个单元格分解成多个单元格。在编辑表格的过程中，为了更合理地表现表格中的数据，经常需要对表格中的单元格进行合并和拆分操作。

扫一扫，看视频

例如，在"产品分析"演示文稿中对表格中的单元格进行合并与拆分，具体操作方法如下。

步骤 01 打开素材文件（位置：素材文件 \ 第9 章 \ 产品分析 .pptx），❶ 选择表格中需要合

并的单元格；❷ 单击"表格工具 布局"选项卡"合并"组中的"合并单元格"按钮，如下图所示。

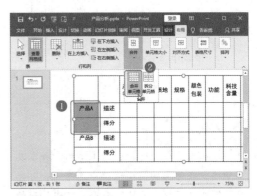

步骤 02 此时便可以将选择的两个单元格合并为一个单元格。❶ 使用相同的方法对表格中其他需要合并的单元格进行合并操作；❷ 选择需要拆分的单元格"颜色包装"；❸ 单击"合并"组中的"拆分单元格"按钮，如下图所示。

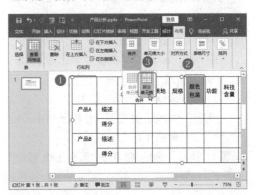

步骤 03 打开"拆分单元格"对话框，❶ 在"列数"数值框中输入要拆分的列数，如 2；❷ 在"行数"数值框中输入要拆分的行数，如 1；❸ 单击"确定"按钮，如下图所示。

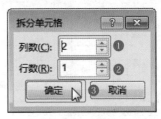

步骤 04 此时便可以将选择的单元格拆分为两

列，然后将"颜色"和"包装"文本分别放置在拆分的两个单元格中，如下图所示。

🔔 小技巧

选择需要合并或拆分的单元格，并在其上右击，在弹出的快捷菜单中选择"合并单元格"或"拆分单元格"命令，可以快速执行单元格的合并或拆分操作。

204 快速为单元格添加斜线

扫一扫，看视频

在制作表格的过程中，当需要在同一个单元格中传递多个信息时，经常需要在单元格中添加斜线进行区分。

在 PowerPoint 2019 中要为单元格添加斜线，既可以通过"添加边框"功能实现，也可以通过"绘制表格"功能实现。

继续上个案例，要在第一个单元格中添加一条斜线，具体操作方法如下。

步骤 01 ❶ 选择表格；❷ 单击"表格工具 设计"选项卡"绘制边框"组中的"绘制表格"按钮，如下图所示。

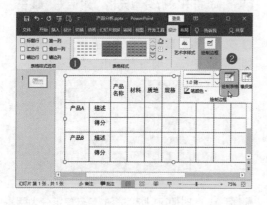

🔔 小提示

在"表格工具 设计"选项卡"绘制边框"组中还可以设置画笔的粗细、画笔颜色和画笔线条样式。

步骤 02 此时鼠标指针将变成 ✐ 形状，在表格的第一个单元格中斜向拖动鼠标，绘制一条斜线，如下图所示。

步骤 03 释放鼠标后，即可看到在第一个单元格中绘制的斜线，如下图所示。

🔔 小技巧

选择单元格后，单击"表格工具 设计"选项卡"表格样式"组中的"边框"按钮，在弹出的下拉列表中选择"斜下框线"选项，也可以为所选单元格添加斜线。

205 设置表格中文本的对齐方式

扫一扫，看视频

默认情况下，表格中的文本是靠单元格左上角对齐的。在 PowerPoint 2019 中提供了表格文本的多种对齐方式，如左对齐、居中对齐、右对齐、顶端对齐、垂直居中、底端对齐等，可以根据自己的需要进行设置。

继续上例操作，在绘制了斜线的单元格中输入文本后，展示为斜线两边的效果，需要设置文本的对齐方式，具体操作方法如下。

步骤 01 ❶ 在第一个单元格中，将要在斜线两边显示的内容分别输入为两行，并将文本插入点定位在第一行文字中；❷ 单击"表格工具布局"选项卡"对齐方式"组中的"右对齐"按钮，如下图所示。

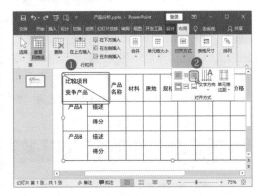

🖈 **小提示**

斜线表头，实际上就是绘制斜线边框，然后对单元格内容进行对齐设置。在安排文字时，需要注意两行文字的分布顺序。

步骤 02 此时让第一行文字右对齐显示，第二行文字仍然左对齐显示，就表现为斜线两边的效果了。❶ 选择表格中文本需要居中对齐显示的单元格；❷ 单击"对齐方式"组中的"垂直居中"按钮，如下图所示。

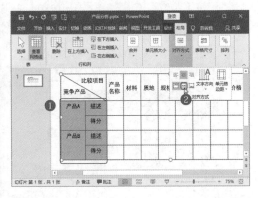

步骤 03 使表格中的文本垂直居中于单元格中，如下图所示。

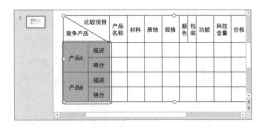

206　设置表格中文本的排列方向

默认情况下，表格中单元格的文字方向是横排显示的，如果需要以其他方向显示单元格的文本，就需要对排列方向进行设置。

扫一扫，看视频

继续上例操作，要将第一行中部分单元格的文字设置竖向排列，具体操作方法如下。

步骤 01 ❶ 选择第一行中除第一个单元格以外的所有单元格；❷ 单击"表格工具 布局"选项卡"对齐方式"组中的"文字方向"按钮；❸ 在弹出的下拉列表中选择所需的文字方向，如"竖排"，如下图所示。

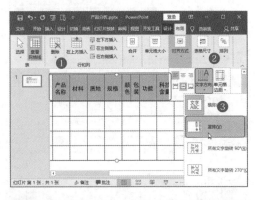

步骤 02 所选单元格中的文字竖向排列的效果如下图所示。

207 套用表格样式美化表格数据

扫一扫，看视频

在幻灯片中插入的表格默认为主题颜色，为了能够让表格更具特色，可以进行一些操作对表格进行美化。

PowerPoint 2019 中预设了丰富的表格样式，在美化表格的过程中，可以直接应用内置的表格样式快速完成表格的美化，具体操作方法如下。

步骤 01 ❶ 选择幻灯片中需要套用表格样式的表格；❷ 单击"表格工具 设计"选项卡"表格样式"组中的"其他"按钮▾，在弹出的下拉列表中选择需要的表格样式，如下图所示。

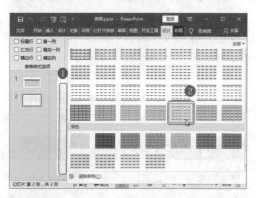

步骤 02 此时便可以将选择的样式应用到表格中，如下图所示。

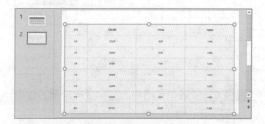

🔔 小技巧

当不需要表格中的样式时，可以将其清除。方法是：选择带样式的表格，单击"表格工具 设计"选项卡"表格样式"组中的"其他"按钮▾，在弹出的下拉列表中选择"清除表格"选项，则会清除表格中的所有样式。

208 使表格中的数字按小数点对齐

扫一扫，看视频

在幻灯片中添加表格后，输入的数字如果带有不同位数的小数，为了方便查看和比较数据，可以使表格中的数字按照小数点对齐。要实现这种效果，可以在数字前添加小数点制表符来实现，具体操作方法如下。

步骤 01 ❶ 在前面制作的表格中输入单元格的数据；❷ 选择最后一列多余的单元格；❸ 单击"表格工具 布局"选项卡"行和列"组中的"删除"按钮；❹ 在弹出的下拉列表中选择"删除列"选项，如下图所示。

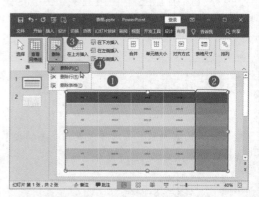

步骤 02 ❶ 选择需要设置小数点对齐的单元格区域；❷ 单击"开始"选项卡"段落"组右下角的"对话框启动器"按钮，如下图所示。

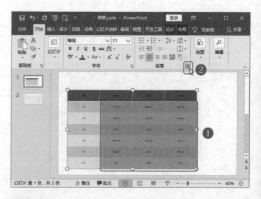

步骤 03 打开"段落"对话框，单击"制表位"按钮，如下图所示。

步骤 04 打开"制表位"对话框，❶ 设置制表位位置；❷ 选中"小数点对齐"单选按钮；❸ 单击"设置"按钮；❹ 单击"确定"按钮，如下图所示。

小提示

　　需要设置小数点对齐的数字所使用的字号越大，制表位位置的值也应该随之设置得更大，否则小数点就无法对齐。

步骤 05 完成上述操作后，返回"段落"对话框，单击"确定"按钮，完成操作后的效果如下图所示。

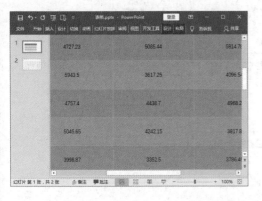

209　为表格添加边框和底纹

扫一扫，看视频

　　为了使表格的整体效果更加美观，还需要对表格的边框和底纹等进行设置，使表格能够满足各种需要。

　　在强调单元格的内容时，经常用添加底纹的方式呈现。

　　例如，为"表分开的意义"演示文稿中的表格添加需要的边框和底纹，具体操作方法如下。

步骤 01 打开"表分开的意义"演示文稿，❶ 选择第 3 张幻灯片中的整个表格；❷ 单击"表格工具 设计"选项卡"表格样式"组中的"边框"按钮；❸ 在弹出的下拉列表中选择需要的边框，如选择"所有框线"，如下图所示。

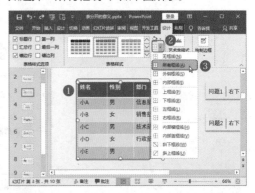

步骤 02 此时便可为表格外侧四周和内部添加边框线，❶ 选择最后一个单元格；❷ 单击"表格样式"组中的"填充"按钮；❸ 在弹出的下拉列表中选择需要填充的颜色，如下图所示，即可为选择的单元格添加设置的底纹颜色。

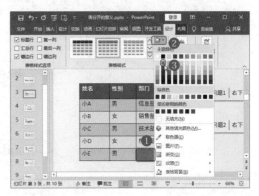

小提示

通过上面介绍的方法只能添加黑色的边框，如果需要为表格添加其他颜色的边框，则需要利用"绘制边框"功能手动绘制完成。

9.2 图表的基础知识

图表是将表格中的数据以图形化的形式显示，通过图表可以更直观地表现表格中的数据，让枯燥的数据更形象，同时可以快速分析这些数据之间的关系和趋势。

图表在幻灯片中的使用率是非常高的。但用好图表并非易事，很多人制作的图表无法达到预想的效果，不是图表不适合其数据类型，就是无法突出重点。为了解开这些困惑，需要掌握图表的基础知识，本节具体知识框架如下图所示。

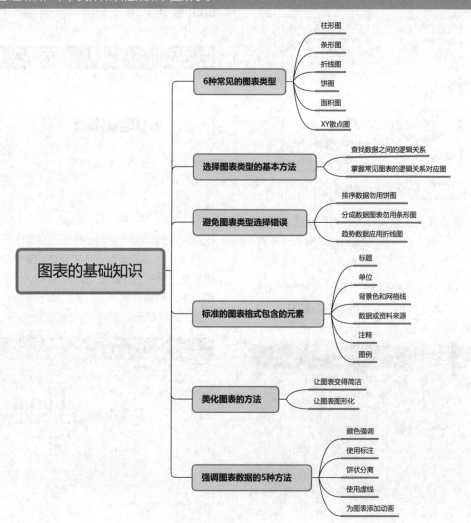

210　6 种常见的图表类型

在实际的操作过程中，只要掌握了各种图表类型的作用，就能快速选择合适的图表来直观表现幻灯片中的数据。

在 PowerPoint 2019 中提供了十几种图表类型，每种类型又进行了细分。柱形图、条形图、饼图和折线图的使用频率是最高的，下面对职场中常用的 6 种图表类型进行简单介绍。

1. 柱形图

柱形图用于显示一段时间内数据的变化或说明各项数据之间的比较情况，利用柱子的高度反映数据的差距，用来比较两个或两个以上的数值。如下图所示，使用柱形图对网店当月退货数据进行分析。

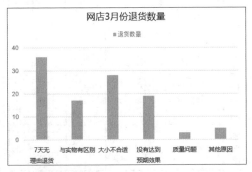

2. 条形图

条形图用于显示各项目之间数据的差异，它与柱形图具有相同的表现目的，不同的是，柱形图是在水平方向上依次展示数据，条形图是在纵向上依次展示数据。如下图所示，使用条形图对 90 后周末活动方式的调查数据进行分析。

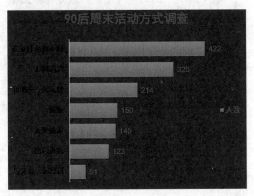

3. 折线图

折线图是将同一数据系列的数据点用直线连接起来，以等间隔显示数据的变化趋势，适用于显示在相等时间间隔下数据的变化趋势，如下图所示。

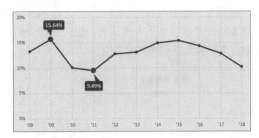

4. 饼图

饼图主要用于展示数据系列的组成结果，或部分在整体中所占的比例。它以圆形或环形的方式直接显示各个组成部分所占的比例，各数据系列的比例汇总为 100%，如下图所示。

5. 面积图

面积图与折线图类似，也可以显示多组数据系列，只是将连线与分类轴之间用图案填充，主要用于表现数据的趋势，如下图所示。

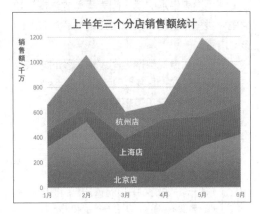

6. XY 散点图

XY 散点图主要用来显示单个或多个数据系列中各数值之间的相互关系，或者将两组数字绘制为 xy 坐标的一个系列。如下图所示，代表 A 市和 B 市的散点在颜色和形状上都不同，能一眼看出，在相同收入水平下，B 市居民在食品上的消费明显高于 A 市居民。但分类过多的散点图，会降低图表的易读性。

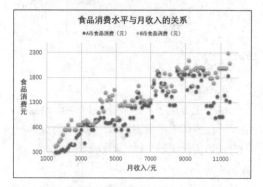

小提示

PowerPoint 2019 中还提供了直方图、箱形图、瀑布图、漏斗图等，这些图表一般在专业领域或特殊场合中使用。例如，箱形图主要用于显示一组数据分散情况的统计；瀑布图用于表现一系列数据的增减变化情况及数据之间的差异对比。

211 选择图表类型的基本方法

使用图表最难的就是图表类型的选择。如果图表类型不合适，就无法正确地表达数据的核心内容。

下面介绍查找数据之间逻辑关系的方法及各种关系所对应的图表类型，如下表所列。

常见逻辑关系

逻辑关系	比较类型	举例
成分	各部分占整体百分比的大小	8 月 A 产品占公司总销售额的最大份额
项目	不同元素的排序（并列、高低）	8 月 A 产品的销售额超出 B 产品和 C 产品

（续）

逻辑关系	比较类型	举例
时间序列	一定时间内的变化趋势	利率在过去的 7 个季度中起伏不定
频率分布	各数值范围内各包含多少项目	8 月大多数地区的销售额在 100 万 ~200 万元
相关性	两个变量之间的关系	员工的薪水并不随着公司规模的变化而改变

常见图表的逻辑关系对应图

常见图表	成分	项目	时间序列	频率分布	相关性
饼图	◔				
条形图		▤			◀▶
柱形图			▆	▆	
折线图			╱	⌒	
散点图					⬈

212 排序数据勿用饼图

排序数据主要体现的是数据的大小，排列具有先后性，最理想的选择是使用柱形图和条形图，千万不要使用饼图，因为它可以从图表的任意一部分开始看，无法体现有序性。

从下图所示的幻灯片中，一眼便能够知道业务部在 2021 年的公司考核中综合成绩最好。

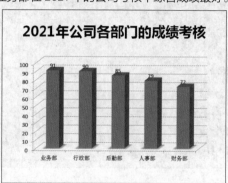

对于下图所示的幻灯片，如果不仔细查看各个数据，只看图表几乎不可能了解各部门的具体排名。

213　分成数据图表勿用条形图

分成数据是将一个整体分为多个部分。比如多人共分一笔钱，某人想知道自己所得部分占了多大比例，使用条形图或柱形图则无法体现。在制作分成数据图表时，最好选用饼图。从下图所示的幻灯片中，可以非常直观地了解各个部分占总体的大致比例。

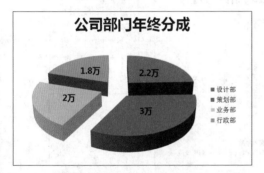

从下图所示的幻灯片中，则只能了解哪个部门多，哪个部门少。

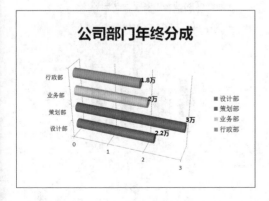

214　趋势数据应用折线图

在所有图表中，折线图是最能体现一个事物走势的图表，因为它的元素比较单一，不会扰乱观众的思维，反而会引导观众的视线集中在线条的走向上，如下图所示。

很多人在制作趋势数据图表时还喜欢使用柱形图，虽然柱形图也能表现数据的高低起伏，但观众更多的是注意数据量，而忽略数据走势，如下图所示。

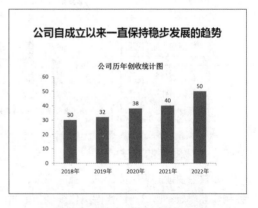

215　标准的图表格式包含的元素

根据图表类型的不同，图表的组成元素略有不同，但每种图表的绝大部分组成元素是相同的。一个完整的图表主要由图表区、图表标题、坐标轴、绘图区、数据系列、网格线和图例等部分组成。这些图表元素并不需要全部显示出来，PPT 中的一份标准图表应该包括以下内容：

1. 标题

标题可以分成两部分，即图表标题和信息标题。例如，图表标题为"甲产品的市场需求"，再通过信息标题指出图表想要表达的核心内容，如"对甲产品的需求在过去 5 年已经增长了 2 倍多"，这样才能保证图表要传达的信息和受众理解的一致，如果标题只有一个，则必须是信息标题。

2. 单位

当有具体数据的时候，一定要有单位，如果单位带有数据格式符，如百分号（％）、千分号（‰）时，一定要显示出来。

3. 背景色和网格线

设置背景色和网格线的本意是帮助观众浏览图表，但如果设置不当，反而会干扰观众对图表的查看，所以尽量不要使用网格线，同时将背景色设置为白色。

4. 数据或资料来源

商业化场合一定要体现数据的严谨性，这是基本要求。如果数据是自己分析得来的，也要写上相关文字加以说明，如"×× 分析综合"之类的内容。

5. 注释

特别的说明或多数人看不懂的信息可以用注释，一般注释用星号（＊）开头。

6. 图例

不一定要有图例，前提是观众能看懂，否则最好还是显示图例。在使用图例时，最好不使用边框，这样感觉更具整体性。

图表标题介绍图表的主题；资料来源赋予数据可信度，可以用来作为参考；注释对图表中的某一元素进行评述；信息标题陈述对所列数据的理解；图例对不同的阴影部分进行说明；单位是对数据单位的说明，如下图所示。

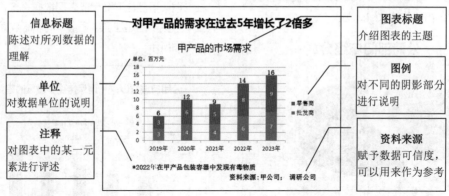

216 美化图表的方法

如果想要让图表给人眼前一亮的效果，只会制作图表是不够的，还需要美化图表。下面介绍几种常用的美化图表的方法。

1. 让图表变得简洁

在没有好思路、好素材的情况下，在保持图表能够看懂的前提下，尽量让图表变得简洁一些，这是最好的美化方法，也是最简单的方法，如下图所示。

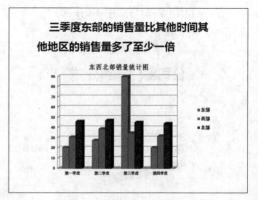

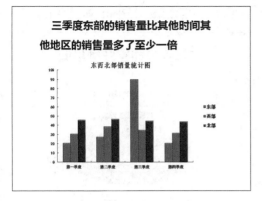

2. 让图表图形化

让图表图形化，即使用图形或图片来代替图表中的元素。可以将一个元素图形化，也可以将多个元素图形化。一定要遵循简洁、美观的原则，使用的图形或图片不能只考虑个性，尽量使用与图表主题内容相关的对象。

小技巧

在对图表中的部分元素进行图形化操作时，最简单的方法就是将原来的元素删除，然后以插入图表的方式，将图片放到图表中相应的位置，再调整其大小。

下面是三个国家老龄化比例的统计图表，更改后的图表使用国旗非常鲜明地展示数据系列的色块所表示的国家。

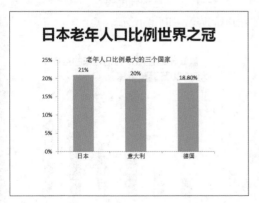

除了让类别图形化外，还可以将数据系列进行图形化处理。下面是 2021 年全球城市的综合实力排名，更改后的图表使用各个城市的标志性建筑来替代数据系列的色块，这样让图表更具识别力，也更加形象美观。

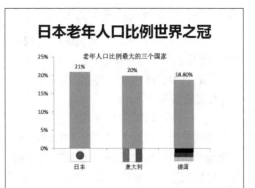

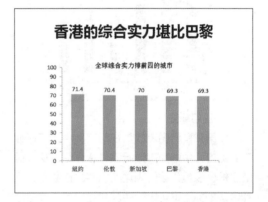

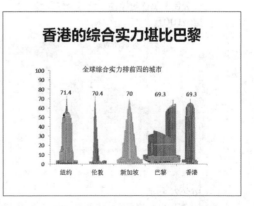

217　强调图表数据的 5 种方法

图表除了需要美化外，最重要的就是将图表中的重要信息凸显出来。

下面介绍几种凸显图表数据的方法。

1. 颜色强调

这是一种非常常用的方法，当图表中各个数据的差距不是很大时，为了能够让观众最快地辨认幻灯片表述的内容，将某一个数据的色块设置为与众不同的颜色，效果会非常突出，如下图所示。

2. 使用标注

如果只是将图表放置在幻灯片中，不仔细查看幻灯片中的文字或听演讲者介绍，观众很难了解图表具体想要表达的内容。在图表中添加合适的标注，可以帮助观众更快地了解幻灯片所讲主题，如下图所示。

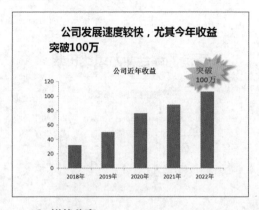

3. 饼状分离

如果使用的是饼图类的图表，为了强调某一部分，可以将该部分分离出来，如下图所示。

4. 使用虚线

使用虚线对图表数据进行强调，有两种方法，一种方法是将图表中某一数据系列设置为虚线边框空白填充，如下图所示。

另一种方法是创建图表后，再添加一条虚线进行分隔，如下图所示。

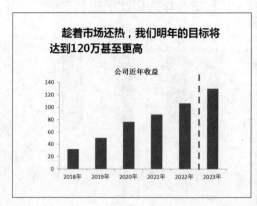

5. 为图表添加动画

上面介绍的几种方法都是以静态方式强调图表。如果希望图表能够具有动感，可以为图表添加动画。例如，让柱形图中需要强调的某一数据系列先不显示，当需要的时候再以动画的方式显示出来，如下图所示。

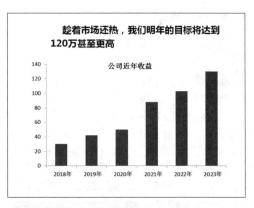

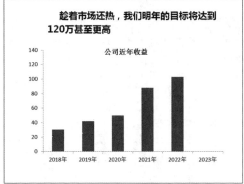

 小提示

为图表设置动画时，最好将需要设置动画的色块进行透明设置，然后绘制一块与该色块相同的图形，最后为绘制的图形设置动画。

9.3　图表的使用技巧

在幻灯片中引用数据时，最好的方式就是使用图表。根据插入和设置图表的需要，PowerPoint 2019 提供了很多实用的操作技巧。本节具体知识框架如下图所示。

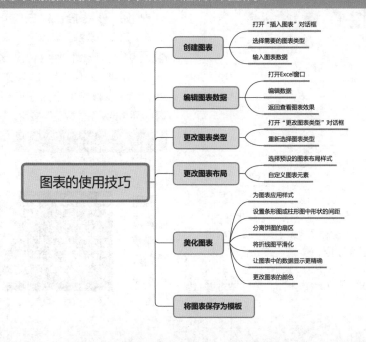

218 创建图表

扫一扫，看视频

了解了图表的类型后，可以根据表格数据选择合适的图表进行创建。

例如，在"HR 工作总结汇报"演示文稿中创建柱形图，具体操作方法如下。

步骤 01 打开素材文件（位置：素材文件＼第9章＼HR 工作总结汇报 .pptx），❶ 在第 5 张幻灯片后面新建一张幻灯片；❷ 单击"插入"选项卡"插图"组中的"图表"按钮，如下图所示。

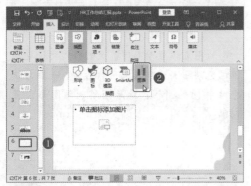

步骤 02 打开"插入图表"对话框，❶ 在左侧显示了提供的图表类型，选择需要的图表类型，如选择"柱形图"选项卡；❷ 在右侧选择"三维簇状柱形图"选项；❸ 单击"确定"按钮，如下图所示。

步骤 03 打开"Microsoft PowerPoint 中的图表"窗口，❶ 在左上角的图表引用单元格区域中输入相应的图表数据；❷ 输入完成后将鼠标指针移动到原定图表引用区域的右下角，此时鼠标指针变成双向箭头形状，拖动鼠标调整区

域为输入的实际图表数据区域的右下角单元格；❸ 删除多余的预设数据；❹ 单击右上角的"关闭"按钮，关闭窗口，如下图所示。

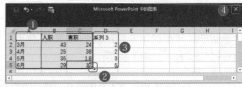

步骤 04 返回幻灯片编辑区，即可看到插入的图表，然后选择图表标题，将其更改为"招聘业绩指标"，如下图所示。

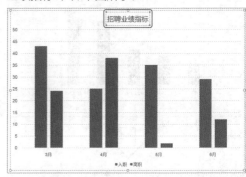

219 编辑图表数据

扫一扫，看视频

创建图表后，如果发现图表中的数据不正确，可以直接在PowerPoint 2019 中重新编辑图表中的数据，使数据显示正确。

例如，要重新编辑"云瑞用户画像"演示文稿中图表的数据，具体操作方法如下。

步骤 01 打开素材文件（位置：素材文件＼第9章＼云瑞用户画像 .pptx），❶ 选择第 6 张幻灯片中的图表；❷ 单击"图表工具 设计"选项卡"数据"组中的"编辑数据"按钮，如下图所示。

步骤 02 打开"Microsoft PowerPoint 中的图表"窗口，❶ 将鼠标指针移动到蓝色边框的左下角；❷ 拖动鼠标，调整蓝色边框的显示范围为 C2:D5 单元格区域，如下图所示；❸ 修改完成后，关闭窗口。

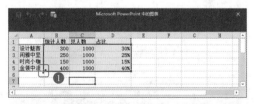

步骤 03 返回幻灯片编辑区，即可看到修改数据后的图表效果，如下图所示。

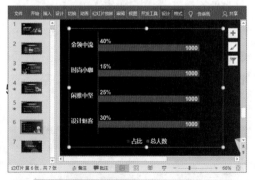

🔔 小技巧

　　这里介绍的方法更适合修改图表的具体数据。如果图表中提供的数据系列和水平轴标签不正确，选择图表后，单击"图表工具设计"选项卡"数据"组中的"选择数据"按钮，将同时打开"Microsoft PowerPoint 中的图表"窗口和"选择数据源"对话框，在"选择数据源"对话框中可以对图表数据区域、图例项和水平分类轴等进行更详细的编辑。

220　更改图表类型

　　如果创建的图表不能直观地展现数据，可以

扫一扫，看视频

更改为其他类型的图表对数据进行展示。

　　例如，在"HR 工作总结汇报 2"演示文稿中将柱形图更改为饼图，具体操作方法如下。

步骤 01 打开素材文件（位置：素材文件\第 9 章\HR 工作总结汇报 2.pptx），❶ 选择第 7 张幻灯片中的第一个图表；❷ 单击"图表工具设计"选项卡"类型"组中的"更改图表类型"按钮，如下图所示。

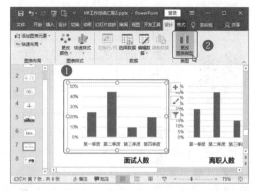

步骤 02 打开"更改图表类型"对话框，❶ 在左侧选择"饼图"选项卡；❷ 在右侧保持选择的默认饼图选项；❸ 单击"确定"按钮，如下图所示。

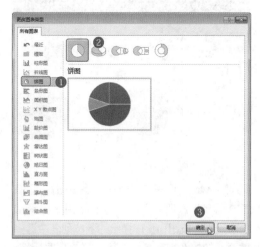

步骤 03 返回幻灯片编辑区，即可看到更改图表类型后的效果。使用相同的方法将第二个图

表也转换成饼图，如下图所示。

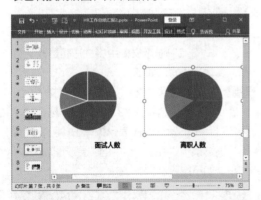

221 更改图表布局

扫一扫，看视频

默认创建的图表总是采用相同的布局效果，其中的图表元素可能并不是实际需要的，所以常常需要对图表元素重新进行布局。

例如，饼图中一般需要添加数据标签说明各项内容，具体操作方法如下。

步骤 01 ❶ 选择第 7 张幻灯片中的第一个图表；❷ 单击"图表工具 设计"选项卡"图表布局"组中的"快速布局"按钮；❸ 在弹出的下拉列表中选择一种需要的图表布局样式，如下图所示，即可快速应用该图表布局。

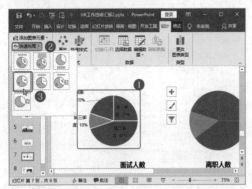

步骤 02 ❶ 选择第二个图表；❷ 单击"图表工具 设计"选项卡"图表布局"组中的"添加图表元素"按钮；❸ 在弹出的下拉列表中选择需要添加的图表元素，这里选择"数据标签"选项；❹ 在弹出的下级列表中选择图表元素的显示位置，这里选择"最佳匹配"选项，如下

图所示，即可快速添加该图表元素。

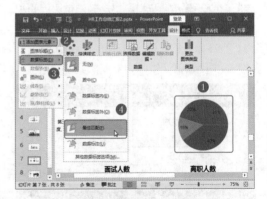

🎄 **小提示**

图表中的所有元素都可以通过"添加图表元素"下拉列表来添加。如果图表中不需要某种元素，则可以在选择这种元素后，按 Delete 键删除。

步骤 03 ❶ 再次单击"添加图表元素"按钮；❷ 在弹出的下拉列表中选择"数据标签"选项；❸ 在弹出的下级列表中选择"其他数据标签选项"选项，如下图所示。

步骤 04 显示"设置数据标签格式"任务窗格，❶ 在"标签选项"选项卡下单击"标签选项"按钮 📊；❷ 在"标签选项"栏中勾选"类别名称"复选框，如下图所示，即可在数据标签中显示类别名称。

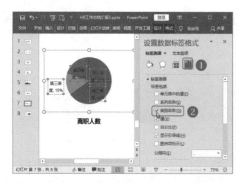

222　为图表应用样式

PowerPoint 2019 中提供了多种图表样式，应用提供的样式可以快速地对图表进行美化，使图表更加美观。

　　例如，在"HR 工作总结汇报 2"演示文稿中要为柱形图应用图表样式，具体操作方法如下。

步骤 01 ❶ 选择第 6 张幻灯片中的图表；❷ 单击"图表工具 设计"选项卡"图表样式"组中的"快速样式"按钮；❸ 在弹出的下拉列表中选择需要的图表样式，如下图所示。

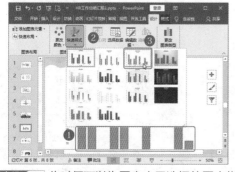

步骤 02 此时便可以为图表应用选择的图表样式，如下图所示。

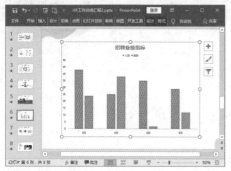

223　设置条形图或柱形图中形状的间距

　　创建的条形图和柱形图，其中的条形和柱形会根据图表大小及其中包含的图表元素自动调整。实际上，如果将各条形或柱形之间的间隙调小一些，再增加条形或柱形的宽度，整体效果会更好。

　　例如，通过设置条形图或柱形图中形状的间距，让"云瑞用户画像"演示文稿中的条形图更美观，具体操作方法如下。

步骤 01 ❶ 选择图表中的任意条形；❷ 单击"图表工具 格式"选项卡"当前所选内容"组中的"设置所选内容格式"按钮，如下图所示。

步骤 02 显示"设置数据系列格式"任务窗格，❶ 单击"系列选项"按钮 ；❷ 在"系列重叠"数值框中设置参数为 100%，使上下两种系列的条形完全重合，这样百分比数据标签就显示在条形上；❸ 选择 1000 数据标签，按 Delete 键删除，如下图所示。

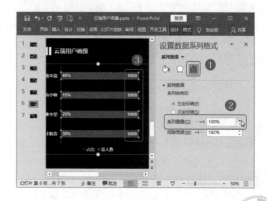

步骤 03 在"设置数据系列格式"任务窗格的"间隙宽度"数值框中设置参数为 85%，增加条形的宽度，如下图所示。

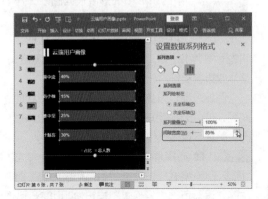

224 分离饼图的扇区

扫一扫，看视频

在 PowerPoint 2019 中，默认情况下创建的饼图要么是完全合并的，要么每部分都分离。有时为了突出显示某一部分的数据，希望单独将某一扇区分离出来。

例如，要想让"HR 工作总结汇报 2"演示文稿中的饼图分离部分扇区，具体操作方法如下。

步骤 01 ❶ 选择第 7 张幻灯片中第一个饼图；❷ 选择圆形的数据系列；❸ 单击选择需要分离的"第二季度"扇区，并按住鼠标左键将其向外拖动，如下图所示。

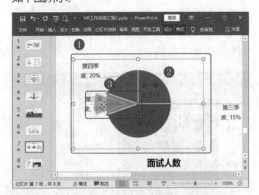

步骤 02 释放鼠标后，即可看到将所选扇区分离出来的效果，使用相同的方法分离第二个图表中的"第三季度"扇区，如下图所示。

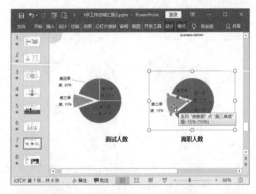

225 将折线图平滑化

扫一扫，看视频

在创建折线图时，默认情况下，线段与线段之间的交叉处为尖角状。为了在分析数据时估计折线的走向，并且让折线美观一些，可以将角点设置为平滑效果，具体操作方法如下。

步骤 01 ❶ 选择第 7 张幻灯片中第三个图表；❷ 单击"图表工具 设计"选项卡的"更改图表类型"按钮，如下图所示。

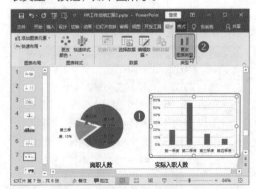

步骤 02 ❶ 选择需要平滑化的折线；❷ 单击"图表工具 格式"选项卡"当前所选内容"组中的"设置所选内容格式"按钮，如下图所示。

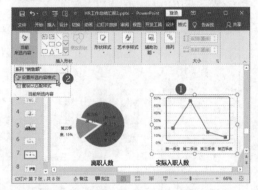

步骤 03 显示"设置数据系列格式"任务窗格，❶单击"填充与线条"按钮；❷在"线条"选项卡中勾选"平滑线"复选框，如下图所示。

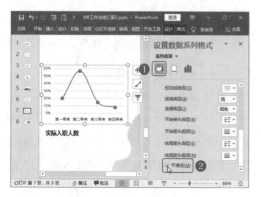

226 让图表中的数据显示更精确

在根据坐标轴查看图表的数值时，经常想把数值估计得准一些，但是很难做到，这时可以通过提高坐标轴的精度及设置网格线的属性来解决。

扫一扫，看视频

例如，要让"HR工作总结汇报2"演示文稿中柱形图的数据变得更容易读取，具体操作方法如下。

步骤 01 ❶选择第6张幻灯片中柱形图的垂直坐标轴，并在其上右击；❷在弹出的快捷菜单中选择"设置坐标轴格式"命令，如下图所示。

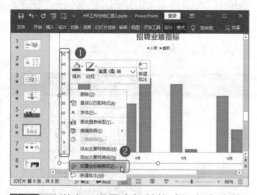

步骤 02 弹出"设置坐标轴格式"任务窗格，❶在"坐标轴选项"选项卡中单击"坐标轴选项"按钮；❷在"坐标轴选项"栏的"大"

文本框中输入坐标轴的主要刻度单位，这里输入10.0，如下图所示，即可改变坐标轴的刻度间距。

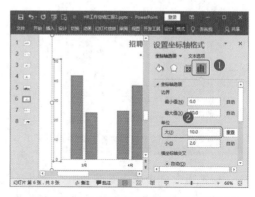

小提示

在"坐标轴选项"栏中还可以设置坐标轴的最小值、最大值、次要刻度单位等刻度值。

步骤 03 ❶单击"添加图表元素"按钮；❷在弹出的下拉列表中选择"网格线"选项；❸在弹出的下级列表中选择"主轴主要水平网格线"，如下图所示，即可在图表中根据主要刻度单位显示水平网格线。

步骤 04 ❶选择图表中添加的网格线；❷单击"图表工具 格式"选项卡"形状样式"组中的"形状轮廓"按钮；❸在弹出的下拉列表中选择网格线颜色，如"深灰色"，如下图所示，即可看到修改网格线颜色后的效果。

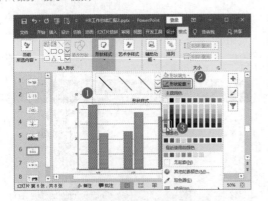

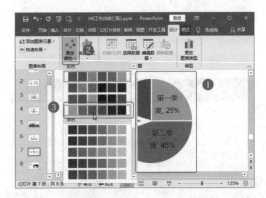

 小技巧

如果图表值由较大数字构成，可以通过更改坐标轴的显示单位使坐标轴文本更短或更易读。例如，图表值的范围是1000000~5000000，只要显示一个标志指出每单位代表100万，就可以只在坐标轴中显示数字1~50。设置坐标轴单位需要在"设置坐标轴格式"任务窗格的"坐标轴选项"选项卡中单击"坐标轴选项"按钮，在"坐标轴选项"栏的"显示单位"下拉列表中进行。

步骤02 使用相同的方法对第二个饼图的颜色进行更改，让该图表采用单色进行配色，如下图所示。

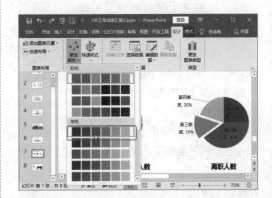

227 更改图表的颜色

想让图表变得更美观，设置合适的颜色是必不可少的。这一步可以放在图表设计的最后进行操作。

扫一扫，看视频

例如，要为"HR 工作总结汇报 2"演示文稿中的饼图设置配色，具体操作方法如下。

步骤01 ❶选择第 7 张幻灯片中的第一个图表；❷单击"图表工具 设计"选项卡"图表样式"组中的"更改颜色"按钮；❸在弹出的下拉列表中选择一种预置的配色方案，如下图所示，即可快速根据所选配色方案修改图表中的配色。

步骤03 ❶选择图表中需要强调的"第三季度"数据系列代表的扇区；❷单击"图表工具 格式"选项卡"形状样式"组中的"形状填充"按钮，❸在弹出的下拉列表中选择一种颜色，如下图所示，即可快速更改该扇区的颜色。

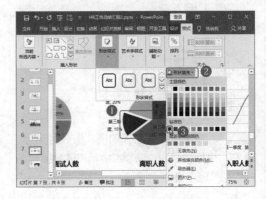

228　将图表保存为模板

对于制作好的图表，还可以将其保存为模板，以后在制作同类型或相同效果的图表时，直接对图表中的数据进行加工便能使用。

扫一扫，看视频

例如，要将"云瑞用户画像"演示文稿中的图表保存为模板，具体操作方法如下。

步骤 01 ❶ 选择第 6 张幻灯片中的图表，并在其上右击；❷ 在弹出的快捷菜单中选择"另存为模板"命令，如下图所示。

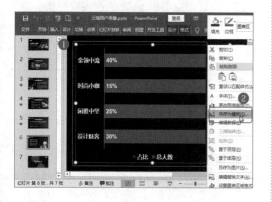

步骤 02 打开"保存图表模板"对话框，❶ 在"文件名"文本框中输入模板的名称，保存位置保持默认；❷ 单击"保存"按钮，如下图所示。

步骤 03 此时便可以将选择的图表保存为模板，并显示在"插入图表"对话框的"模板"选项卡中，如下图所示。

✎ 读书笔记

第10章

PPT 中音频与视频的应用技巧

在幻灯片中插入音频和视频等多媒体文件，可以增强幻灯片的播放效果。为了更好地利用这些多媒体文件，PowerPoint 2019 中提供了很多插入和设置技巧。本章将针对这些功能讲解一些实用技巧。

以下是在处理音频和视频过程中常见的问题，请检测自己是否会处理或已掌握与其相关的知识。

√ PPT 中可以插入哪些音频文件？应该如何插入？

√ 插入 PPT 中的音频文件，可以设置只在当前幻灯片放映时播放，或在整个 PPT 放映过程中循环播放吗？

√ 幻灯片制作好之后，还可以配置旁白录音，应该如何操作？

√ 有一段内容的讲述效果不佳，配上视频文件更能说明问题，有什么方法可以插入幻灯片中呢？

√ 如果只需要插入视频文件中的部分视频内容，可以在 PowerPoint 2019 中对其进行剪辑吗？

√ 视频文件的封面和视频图标效果都是可以自定义的，应该如何操作？

通过本章内容的学习，可以解决以上问题，并学会添加多媒体文件或通过多媒体文件增加播放效果的技巧。本章相关知识技能如下图所示。

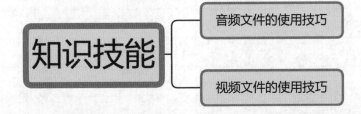

10.1　音频文件的使用技巧

在编辑演示文稿时，有时需要使用一些音频文件，以增加幻灯片放映时的听觉效果。在 PowerPoint 2019 中可以快速地在幻灯片中插入保存或录制的音频文件，还可以根据需要对音频长短、音频属性和音频图标效果进行编辑，使音频文件能体现演示文稿的整体效果。本节具体知识框架如下图所示。

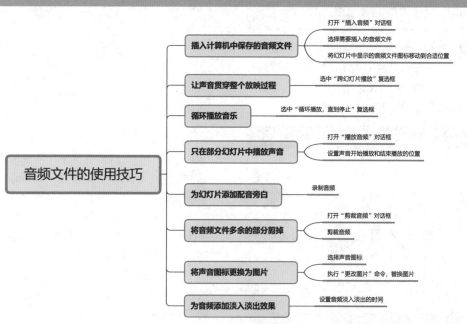

229　插入计算机中保存的音频文件

要在幻灯片中插入的音频文件，一般会先保存在计算机中。首先需要了解 PowerPoint 2019 支持的音频文件格式，这样才能有针对性地挑选音频文件。

扫一扫，看视频

当需要插入计算机中保存的音频文件时，可以通过 PowerPoint 2019 提供的"PC 上的音频"功能快速插入，具体操作方法如下。

步骤 01 打开素材文件（位置：素材文件 \ 第 10 章 \ 读书文化 .pptx），❶ 选择第 1 张幻灯片；❷ 单击"插入"选项卡"媒体"组中的"音频"按钮；❸ 在弹出的下拉列表中选择"PC 上的音频"选项，如下图所示。

步骤 02 打开"插入音频"对话框，❶ 在地址栏中设置要插入的音频的保存位置；❷ 选择需要插入的音频文件"背景轻音乐 .mp3"；❸ 单击"插入"按钮，如下图所示。

步骤 03 此时便可以将选择的音频文件插入幻灯片中，并在幻灯片中显示音频文件的图标。将鼠标指针移动到该图标上，单击并拖动鼠标即可移动该图标的位置，如下图所示。

小提示

在 PowerPoint 2019 中插入音频文件后，有时可能无法播放。通常情况下，这是因为音频文件的格式不被程序支持。不同版本的 PowerPoint 所支持的音频文件格式有一些差异，不必刻意记住这些格式，只需要在"插入音频"对话框中单击"音频文件"按钮，即可查看当前版本的 PowerPoint 支持的所有音频文件格式。

230　让声音贯穿整个放映过程

扫一扫，看视频

默认情况下，放映 PPT 时，其中插入的声音只在音频文件所在的幻灯片中播放。为了营造一种氛围，有时需要让声音贯穿于

PPT 播放的整个过程，此时就需要将声音设置为跨幻灯片播放，可以进行以下操作。

❶ 选择声音图标；❷ 在"音频工具 播放"选项卡中勾选"跨幻灯片播放"复选框，如下图所示。

231　循环播放音乐

扫一扫，看视频

默认情况下，音乐播放完一遍后会自动停止。如果幻灯片还没放映完音乐就已经停止了，很可能影响现场氛围。所以，将音乐作为背景音乐时，通常需要将其设置为循环播放，具体操作方法如下。

❶ 选择声音图标；❷ 在"音频工具 播放"选项卡中勾选"循环播放，直到停止"复选框，如下图所示。

232　只在部分幻灯片中播放声音

扫一扫，看视频

有时在幻灯片中添加的声音文件只需要在部分幻灯片中播放，通过设置播放范围可以让声音在指定的幻灯片内播放，具体操作方法如下。

步骤 01 ❶ 选择声音图标；❷ 单击"动画"选项卡"动画"组右下角的"对话框启动器"按钮，如下图所示。

步骤 02 打开"播放音频"对话框，❶ 在"开始播放"栏中选择声音开始播放的位置，如"从头开始"；❷ 在"停止播放"栏中设置声音结束的位置，如此处的"在 5 张幻灯片后"，表示声音将在播放 5 张幻灯片后停止；❸ 单击"确定"按钮，如下图所示。

小提示

在"开始播放"栏的 3 个选项中，"从头开始"表示声音将随声音图标所在的幻灯片放映而开始播放；"从上一位置"表示，如果当前幻灯片中有多个动画，声音将随上一动

画开始播放；在"开始时间"中，可以设置声音在当前幻灯片开始放映后多少秒进行播放。

233　为幻灯片添加配音旁白

扫一扫，看视频

在制作 PPT 时，有的幻灯片中需要添加特别的语音说明，以帮助观众理解传递的信息。一般情况下没有固定的音频文件可供使用，这时可以使用现场录音的方法为幻灯片添加配音旁白。

例如，在"转型销售技巧培训"演示文稿中插入录制的音频文件，具体操作方法如下。

步骤 01 打开素材文件（位置：素材文件 \ 第 10 章 \ 转型销售技巧培训 .pptx），❶ 选择第 2 张幻灯片；❷ 单击"插入"选项卡"媒体"组中的"音频"按钮；❸ 在弹出的下拉列表中选择"录制音频"选项，如下图所示。

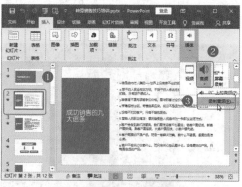

小提示

录制音频，首先要保证计算机中安装有声卡和录制声音的设备，否则将不能进行录制。

步骤 02 打开"录制声音"对话框，❶ 在"名称"文本框中输入录制的音频名称；❷ 单击 按钮，如下图所示。

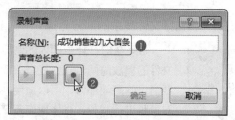

步骤 03 开始录制声音，录制完成后，❶ 单击"录制声音"对话框中的■按钮，暂停声音录制；❷ 单击"确定"按钮，将录制的声音插入幻灯片中，如下图所示。

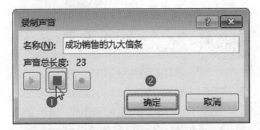

小提示

在"录制声音"对话框中单击▶按钮，可以对录制的音频进行试听。

步骤 04 插入录制的声音后会出现声音图标。选择音频图标，在出现的播放控制条上单击▶按钮，即可播放录制的声音，如下图所示。

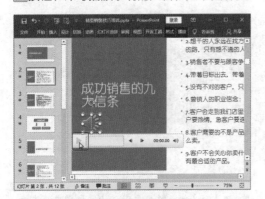

小提示

在音频图标下方出现的播放控制条中单击▮▶按钮，向后移动 0.25 秒；单击◀▮按钮，向前移动 0.25 秒；单击🔊按钮，可以调整声音的大小。

234 将音频文件多余的部分剪掉

扫一扫，看视频

如果在幻灯片中插入的音频文件的播放时间过长，或者只需要音乐的高潮部分，可以适当地对音频进行裁剪，具体操作方法

如下。

步骤 01 ❶ 选择声音图标；❷ 单击"音频工具 播放"选项卡"编辑"组中的"剪裁音频"按钮，如下图所示。

步骤 02 打开"剪裁音频"对话框，❶ 将鼠标指针移动到▮图标上，当鼠标指针变成╫形状时，按住鼠标左键向右拖动，调整声音播放的开始时间；❷ 将鼠标指针移动到▮图标上，当鼠标指针变成╫形状时，按住鼠标左键向左拖动，调整声音播放的结束时间；❸ 单击▶按钮，对剪裁的音频进行试听；❹ 试听完成，确认不再剪裁后，单击"确定"按钮，如下图所示。

小技巧

剪裁音频时，在"剪裁音频"对话框的"开始时间"和"结束时间"数值框中，可以直接输入音频的开始时间和结束时间进行剪裁。

235 将声音图标更换为图片

扫一扫，看视频

音频文件插入幻灯片后，默认显示的是一个小喇叭图标。从整个幻灯片的布局着想，可能默

认的声音图标有损幻灯片的美观度。为了让幻灯片的整体布局更加协调，可以将声音图标更换为合适的图片，具体操作方法如下。

步骤 01 ❶ 选择声音图标；❷ 单击"音频工具 格式"选项卡"调整"组中的"更改图片"按钮；❸ 在弹出的下拉列表中选择"来自文件"选项，如下图所示。

步骤 02 打开"插入图片"对话框，❶ 选择需要替换的图片；❷ 单击"插入"按钮，如下图所示。

步骤 03 将声音图标更换成图片后的效果如下图所示，通过拖动鼠标调整图片的大小和位置到合适状态。

小提示

幻灯片中音频文件的图标拥有图片属性，所以，可以像图片一样，对音频图标的效果进行相应的设置。

236　为音频添加淡入淡出效果

扫一扫，看视频

淡入是指音频开始播放时音量逐步增强的效果；淡出是指音频结束后音量逐步减弱的效果。

当需要为音频添加淡入和淡出效果时，可以通过如下操作实现。

❶ 选择声音图标；❷ 在"音频工具 播放"选项卡"编辑"组中的"渐强"数值框中输入淡入时间，如输入"00.50"，❸ 在"渐弱"数值框中设置音频的淡出时间，如下图所示。

✏️ 读书笔记

10.2 视频文件的使用技巧

除了在幻灯片中插入音频文件外，也可以将各类视频文件插入幻灯片中。本节介绍视频文件的插入与设置技巧，具体知识框架如下图所示。

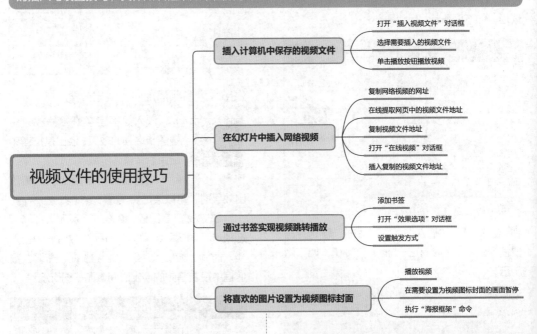

237 插入计算机中保存的视频文件

扫一扫，看视频

PowerPoint 2019 提供了视频功能，可以在幻灯片中插入计算机中保存的视频，以增强幻灯片的视觉效果。

例如，要在"汽车宣传"演示文稿中插入计算机中保存的视频文件，具体操作方法如下。

步骤 01 打开素材文件（位置：素材文件\第 10 章\汽车宣传 .pptx），❶ 选择第 2 张幻灯片；❷ 单击"插入"选项卡"媒体"组中的"视频"按钮；❸ 在弹出的下拉列表中选择"PC 上的视频"选项，如下图所示。

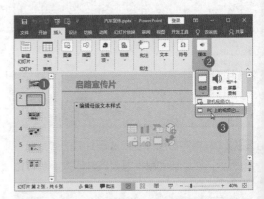

步骤 02 打开"插入视频文件"对话框，❶ 在地址栏中设置计算机中视频的保存位置；❷ 选择需要插入的视频文件"汽车宣传片 .mp4"；❸ 单击"插入"按钮，如下图所示。

PowerPoint 2019 支持的视频文件格式有 .asf、.avi、.mov、.mp4、.m4v、.mpg、.mpeg、.swf、.wmv。

步骤 03 此时便可以将选择的视频文件插入幻灯片中，选择视频图像后，单击出现的播放控制条中的▶按钮，如下图所示，即可对插入的视频文件进行播放。

238　在幻灯片中插入网络视频

在幻灯片中不仅可以插入保存在计算机中的视频，还可以在计算机连接网络的情况下，在幻灯片中插入网络中搜索到的视频，以增强幻灯片的视觉效果。

扫一扫，看视频

例如，要在"动物保护宣传 PPT"演示文稿中插入网络中搜索到的视频，具体操作方法如下。

步骤 01 先使用浏览器找到需要插入的网络视频，❶ 选择地址栏中的网址；❷ 单击弹出的"复制网址"按钮，如下图所示。

步骤 02 在浏览器中，❶ 打开一个在线提取网页中的视频文件地址的网页，这里打开的是硕鼠官网；❷ 把刚刚复制的视频播放网页的地址复制到文本框中；❸ 单击"开始 GO"按钮，如下图所示。

步骤 03 此时便可以轻松提取网页中的视频文件地址，单击"复制地址"按钮，如下图所示。

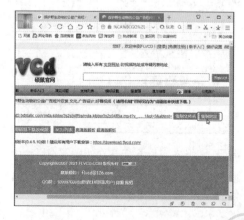

小提示

网页地址和视频地址是不同的，不能直接将网页地址复制到对话框中插入视频。有的网络视频下方提供了一个"复制 HTML 代码"按钮，直接单击该按钮即可复制代码。

步骤 04 切换到 PowerPoint 2019 窗口，打开素材文件（位置：素材文件＼第 10 章＼动物保护宣传 PPT.pptx），❶ 选择第 2 张幻灯片；❷ 单击"插入"选项卡"媒体"组中的"视频"按钮；❸ 在弹出的下拉列表中选择"联机视频"选项，如下图所示。

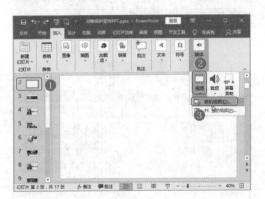

步骤 05 打开"在线视频"对话框，❶ 按 Ctrl+V 组合键将复制的地址粘贴到文本框中；❷ 单击"插入"按钮，如下图所示。

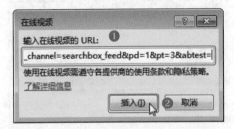

步骤 06 此时可以将视频文件插入幻灯片中，如下图所示，拖动鼠标可以调整视频的大小和位置。

239 通过书签实现视频跳转播放

扫一扫，看视频

在对幻灯片中的视频进行播放时，如果需要反复播放某一段视频，又不希望对视频进行裁剪，可以为视频设置书签。为视频设置书签后，视频播放到书签的位置将会自动停止。该方法也适用于音频文件。

继续上例操作，在"动物保护宣传 PPT"演示文稿中为视频添加书签，实现视频跳转播放，具体操作方法如下。

步骤 01 ❶ 单击选中幻灯片中的视频，并按空格键进行播放，当视频播放到需要分段的位置时，再次按空格键暂停播放；❷ 单击"视频工具 播放"选项卡"书签"组中的"添加书签"按钮，如下图所示。

小提示

在定位播放位置时，也可以通过在进度条上拖动鼠标来操作。

步骤 02 此时便可以在视频暂停处添加一个黄色圆圈，表示添加的书签，使用相同的方法继续为视频添加其他书签，如下图所示。

步骤 03 ❶ 单击选择设置了书签的视频；❷ 单击"动画"选项卡"动画"组右下角的"对话框启动器"按钮，如下图所示。

步骤 04 打开"效果选项"对话框，❶ 选择"计时"选项卡；❷ 在"开始"下拉列表中选择开始方式，如"单击时"；❸ 单击"触发器"按钮；❹ 在展开的列表中选择开始播放效果，这里选中"播放下列内容时启动动画效果"单选按钮，并在后面的下拉列表中选择书签位置，如"书签 1"；❺ 单击"确定"按钮，如下图所示。

　　在"效果选项"对话框中选择开始播放效果为"书签 1"，放映幻灯片时，视频播放到书签 1 的位置将会自动停止；在"开始"下拉列表中选择的是"单击时"选项，再次单击鼠标，视频将跳转至开头重新播放，直到再次播放到书签 1 的位置时结束。

240　将喜欢的图片设置为视频图标封面

扫一扫，看视频

　　在幻灯片中插入视频后，视频图标上的画面将显示视频中的第一个场景。为了让幻灯片的整体效果更加美观，可以在视频中选择一个效果比较好的画面作为视频图标的显示画面，具体操作方法如下。

步骤 01 ❶ 选择第 2 张幻灯片中的视频，单击 ▶ 按钮播放视频，当播放到需要的画面时，单击 ‖ 按钮暂停播放；❷ 单击"视频工具 格式"选项卡"调整"组中的"海报框架"按钮；❸ 在弹出的下拉列表中选择"当前帧"选项，如下图所示。

小技巧

　　在"海报框架"下拉列表中选择"文件中的图像"选项，可以将视频图标的显示画面更改为其他图片。

　　如果对设置的视频显示画面不满意，可以单击"海报框架"按钮，在弹出的下拉列表中选择"重置"选项，即可使视频图标显示画面恢复到未设置前的状态。

步骤 02 此时便可以将当前画面标记为视频的显示画面，如下图所示。

小技巧

　　插入 PPT 中的视频同样可以进行裁剪，只需要选择视频后，单击"视频工具 播放"选项卡"编辑"组中的"剪裁视频"按钮即可。

　　对于幻灯片中的视频图标，还可以通过更改视频图标形状、应用视频样式、设置视频效果等操作对视频图标进行美化。这些操作都可以在"视频工具 格式"选项卡"视频样式"组中进行设置。

✎ 读书笔记

第**11**章

PPT 中幻灯片切换与动画的设置技巧

在 PPT 中，合理运用动画可以提升 PPT 的整体效果，使幻灯片更具视觉冲击力。如果想让幻灯片中的对象动起来，可以为幻灯片和幻灯片中的对象添加动画效果。本章将针对这些功能讲解一些实用技巧。

以下是在为 PPT 制作动态效果时常见的问题，请检测自己是否会处理或已掌握与其相关的知识。

√ 想为幻灯片添加简单的动画效果，需要掌握幻灯片切换效果的设置方法。

√ 为幻灯片中的对象添加动画，就可以让它动起来。想让对象动得更自然，效果更好，常常需要叠加多个动画效果，设置各个动画之间的衔接，应该如何操作？

√ 让某些对象沿着固定的轨迹进行运动，需要学习自定义路径动画的制作。

√ 动画设置的重点和难点是对多个动画的播放顺序、播放时间、开始方式进行合理的规划，这些需要多练习才能有进步。

√ 在放映幻灯片时，如何做到幻灯片播放顺序的快速跳转？

√ 要在 PPT 中链接一些外部文件，方便进行内容的拓展，应该如何设置？

通过本章内容的学习，可以解决以上问题，并学会为幻灯片和幻灯片对象添加动画的相关技巧。本章相关知识技能如下图所示。

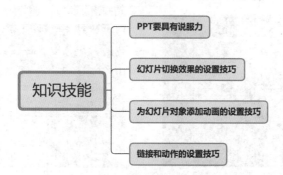

11.1 PPT 要具有说服力

　　PPT 主要用于演示，在幻灯片中适当地借助图片、表格、音频、视频等对象，可以让 PPT 表达的主题更加鲜明、易于理解。除此之外，要想更好地表现 PPT 中的逻辑，还需要为其添加合适的动画或链接。本节具体知识框架如下图所示。

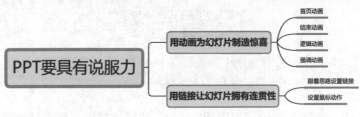

241　用动画为幻灯片制造惊喜

　　PPT 的最大特色就是赋予静态的事物以动感，让静止的对象活动起来，以此来增强视觉冲击力，让观众提起兴趣、强化记忆。

　　演示文稿的动感主要来自各种类型的动画效果。因此，掌握动画的相关知识，就能制作令人惊喜的演示文稿。

1. 首页动画

　　首页动画非常重要，是演示文稿能否抓住观众眼球的关键。在进行幻灯片演示时，观众往往需要一段适应时间，无法第一时间将视线聚焦到演示中。此时，可以用一个精美而有创意的片头带给观众震撼，吸引其注意力。

　　下图所示是"探索星球的奥秘"演示文稿的首页，通过添加黑色背景，设置繁星"闪烁"的动画效果，表现宇宙的深邃；通过设置飞船"缩小"的动画效果，表现越飞越远的效果。

2. 结束动画

　　添加结束动画是为了给演讲画上一个完美的句号。结束动画与首页动画相呼应，做到有始有终，避免给人虎头蛇尾的感觉。此外，添加结束动画是一种礼貌的表现，提醒观众演示结束。

　　下图所示是 PPT 的结束幻灯片，为感谢文字添加"旋转"的动画效果后，文字会不断旋转并逐渐消失，提醒观众演讲结束。

4. 强调动画

如果用颜色的深浅、字号的大小和字体的不同来突出幻灯片上的重点文本，存在一个弊端：这些强调的内容会一直处于强调地位，在讲其他知识点时，会分散观众的视线。使用动画则可以避免这个问题，当讲解某个知识点时，通过对象的放大、缩小、闪烁、变色等动作实现强调效果，强调过后可以自动恢复到原始状态。

当需要对某个对象进行介绍时，对它进行强调，可以让观众更加明确接下来所讲的内容是什么。如下图所示的幻灯片，为文字设置了"笔画颜色"强调动画，文字会逐渐变成设置的颜色。

3. 逻辑动画

如果幻灯片上存在多个对象，而对象之间缺乏逻辑引导，观众将难以把握重点，只有看完之后进行多方面思考才能明白，这样会浪费观众极大的精力和注意力。如果给这些对象加上清晰的逻辑动画，就能把观众自己找线索变成帮观众梳理线索。通过设置对象出现的先后顺序、出现后的位置变化等，可以引导观众按照演讲者的思路理解演示文稿的内容。

如下图所示，为幻灯片中的各对象设置了出现的先后顺序，观众很容易就能理解每个步骤之间的关系。

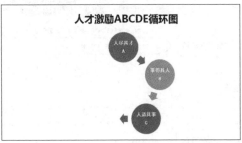

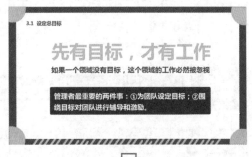

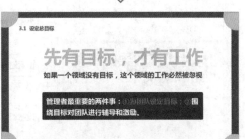

242　用链接让幻灯片拥有连贯性

演讲不是朗诵，必须和观众有交互。不同观众的兴趣点不一样，通过在演示文稿中设置交互，可以使演讲更具有针对性与灵活性。

在演示文稿中要实现与观众的交互，可以通过超链接和设置鼠标动作来完成。

1. 跟着思路设置链接

超链接是演示文稿中非常实用的功能，通过超链接将分散的幻灯片组合起来，按照演讲者的思路，形成一定的逻辑关系。超链接还可以将观众带到隐藏幻灯片、某个网站或数据文件等外部资源，极大地扩展了演讲的范围。

如下图所示是一张设置了超链接的幻灯片，在播放过程中单击"更多产品"超链接，可以打开链接的对象查看更多内容，这样在演讲时可以获得更多信息。

2. 设置鼠标动作

在演讲时，演讲者用得最多的就是鼠标，因此针对鼠标的动作设置一些交互，将会非常实用。鼠标动作包括单击鼠标和鼠标移过，可以针对不同的操作设置超链接、运行程序、运行宏、播放声音等动作。如下图所示，右下角是一个动作按钮，在演示 PPT 时进行相应的操作，会让 PPT 的放映变得更加多元化。

11.2　幻灯片切换效果的设置技巧

PowerPoint 2019 中提供了很多幻灯片切换的动画效果，可以将需要的切换动画添加到幻灯片中，使上一幻灯片与下一幻灯片之间的切换更自然。本节具体知识框架如下图所示。

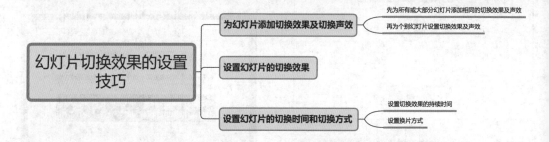

243　为幻灯片添加切换效果及切换声效

扫一扫，看视频

为幻灯片添加切换效果很简单，但很多人会忽略切换声效的设置。如果有良好的音频播放设备，为幻灯片设置合适的切换声效也是吸引观众不错的一个方法。例如，要为"电子相册"演示文稿中的幻灯片添加切换效果

和切换声效，具体操作方法如下。

步骤 01 打开素材文件（位置：素材文件＼第 11 章＼电子相册 .pptx），❶ 选择需要设置切换效果的幻灯片；❷ 单击"切换"选项卡"切换到此幻灯片"组中的"切换效果"按钮，❸ 在弹出的下拉列表中选择需要的切换效果，如选择"悬挂"选项，如下图所示。

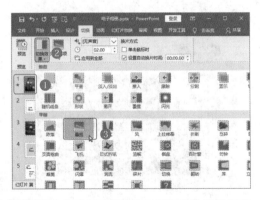

步骤 02 此时便可以为幻灯片添加选择的切换效果，并在幻灯片窗格中的幻灯片编号下添加 ★ 图标。❶ 单击"计时"组中"声音"右侧的下拉按钮；❷ 在弹出的下拉列表中选择需要使用的声音，如"风声"，如下图所示。

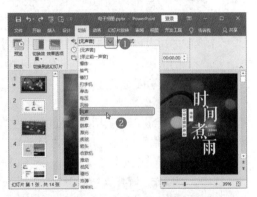

步骤 03 单击"切换"选项卡"预览"组中的"预览"按钮，如下图所示。

步骤 04 此时便可以对添加的切换效果和切换声效进行播放预览，如下图所示。

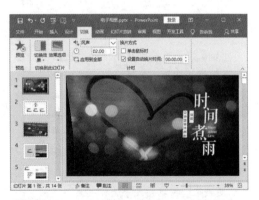

步骤 05 单击"计时"组中的"应用到全部"按钮，如下图所示，即可将刚刚设置的切换效果和切换声效应用到该演示文稿的所有幻灯片中。

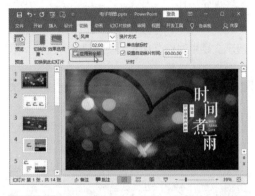

步骤 06 ❶ 选择第 1 张幻灯片；❷ 单击"切换"选项卡"切换到此幻灯片"组中的"切换效果"按钮；❸ 在弹出的下拉列表中选择"帘式"切换效果，如下图所示，即可改变该幻灯片的切换效果。

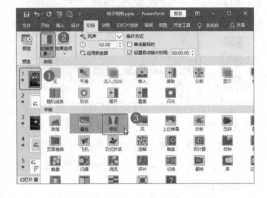

小提示

如果需要为演示文稿中的所有幻灯片添加页面切换效果，则可以按照本例介绍的方法先设置大多数幻灯片都采用的页面切换效果，单击"全部应用"按钮，再单独设置少数幻灯片需要的页面切换效果。一个演示文稿中不适合拥有太多种不同的页面切换效果。若要删除幻灯片中的切换效果，可以在"切换效果"下拉列表中选择"无"选项。

244 设置幻灯片的切换效果

扫一扫，看视频

为幻灯片添加切换效果后，还可以根据实际需要对幻灯片的切换效果进行相应的设置。

例如，在"云瑞用户画像"演示文稿中对幻灯片的切换效果进行设置，具体操作方法如下。

步骤 01 打开素材文件（位置：素材文件\第11章\云瑞用户画像.pptx），❶ 选择第1张幻灯片；❷ 单击"切换"选项卡"切换到此幻灯片"组中的"效果选项"按钮；❸ 在弹出的下拉列表中选择需要的切换效果选项，如选择"自右侧"选项，如下图所示。

步骤 02 此时，该幻灯片的切换动画方向将发生变化。❶ 选择第2张幻灯片；❷ 单击"效果选项"按钮；❸ 在弹出的下拉列表中选择"自顶部"选项，完成动画效果的设置，如下图所示。

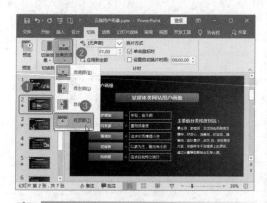

小提示

不同的幻灯片切换动画，其提供的切换效果是不相同的。

245 设置幻灯片的切换时间和切换方式

扫一扫，看视频

为幻灯片添加切换效果后，还可以根据实际情况对切换效果的放映时间进行控制，从而调整整个切换动画的快慢。

默认情况下，幻灯片进入放映状态后，只有单击幻灯片才会进行页面切换。如果在某些特定的场合下演讲，演讲者不能或不方便操作，可以将幻灯片设置为自动切换。

继续上例操作，调整第1张幻灯片的切换时间和切换方式，具体操作方法如下。

步骤 01 ❶ 选择第1张幻灯片；❷ 在"切换"选项卡"计时"组的"持续时间"数值框中输入幻灯片切换的持续时间，如输入"02.25"，如下图所示。此时，会放慢整个页面切换的动画效果。

步骤 02 在"计时"组中勾选"设置自动换片时间"复选框，并设置切换时间。如下图所示，放映幻灯片时，如果 5 分钟内单击幻灯片，就切换到下一张幻灯片，如果没有，5 分钟后会自动切换到下一张幻灯片。

11.3 为幻灯片对象添加动画的设置技巧

PowerPoint 2019 中内置了多种动画效果，可以根据实际情况为幻灯片中的对象添加单个或多个动画，使幻灯片显得更具吸引力。

为幻灯片中的对象添加动画效果后，还需要对动画的动画效果选项、播放顺序及动画的计时等进行设置，使幻灯片对象中各动画的衔接更自然、播放更流畅。本节具体知识框架如下图所示。

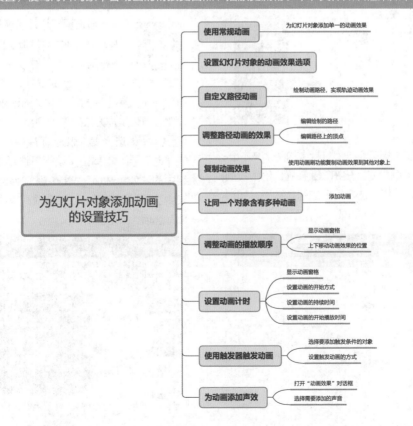

246 使用常规动画

扫一扫，看视频

PowerPoint 2019 提供了进入动画、强调动画、退出动画和动作路径 4 种类型的动画效果，每种动画效果下又包含多种相关的动画。不同的动画效果能带来不一样的感觉。

例如，要为"电子相册"演示文稿中的对象添加进入动画和强调动画，具体操作方法如下。

步骤 01 打开"电子相册.pptx"演示文稿，❶ 选择第 1 张幻灯片中的"时"字；❷ 单击"动画"选项卡"动画"组中的"动画样式"按钮；❸ 在弹出的下拉列表的"进入"栏中选择需要的进入动画，如选择"飞入"选项，如下图所示。随后会预览一次使用该动画后的效果。

步骤 02 ❶ 选择第 4 张幻灯片中的两个文本框；❷ 单击"动画样式"按钮；❸ 在弹出的下拉列表的"强调"栏中选择需要的强调动画，如选择"加粗展示"选项，如下图所示。

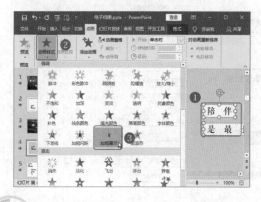

小提示

进入动画是指对象进入幻灯片的动画效果，可以实现多种对象从无到有、陆续展现的动画效果。

强调动画是指对象从初始状态变化到另一个状态，再回到初始状态的效果。强调动画主要用于对象已出现在屏幕上，需要以动态方式作为提醒的情况，常用在需要特别说明或强调突出的内容上。

退出动画是让对象从有到无、逐渐消失的一种动画效果。退出动画实现了画面的连贯过渡，是不可或缺的动画效果，主要包括消失、飞出、浮出、向外溶解、层叠等动画。

动作路径是让对象按照绘制的路径运动的一种高级动画效果，可以实现动画的灵活变化，主要包括直线、弧形、六边形、漏斗、衰减波等动画。

247 设置幻灯片对象的动画效果选项

扫一扫，看视频

与设置幻灯片切换效果一样，为幻灯片对象添加动画后，还可以根据需要对动画效果进行设置。

继续上例操作，在"电子相册"演示文稿中对幻灯片对象的动画效果进行设置，具体操作方法如下。

步骤 01 ❶ 选择第 1 张幻灯片中添加了动画的"时"字；❷ 单击"动画"选项卡"动画"组中的"效果选项"按钮；❸ 在弹出的下拉列表中选择动画需要的效果选项，如选择"自顶部"选项，如下图所示。

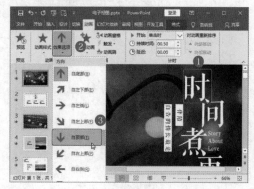

步骤 02 此时，动画的播放路径将发生变化。❶ 选择第 4 张幻灯片中添加了动画的两个文本框；❷ 单击"效果选项"按钮；❸ 在弹出的下拉列表中选择"全部一起"选项，如下图所示。

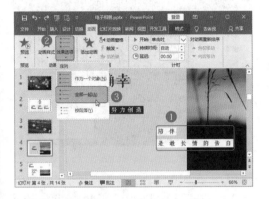

小提示

"效果选项"下拉列表中包含的选项并不是固定的，而是根据动画效果的变化而变化的。

248　自定义路径动画

当 PowerPoint 2019 中内置的动画不能满足需要时，可以为幻灯片中的对象添加自定义的路径动画。

扫一扫，看视频

要为幻灯片中的对象添加自定义的路径动画，首先需要根据动画的运动来绘制动画的运动轨迹。

例如，要为"星星点灯"演示文稿中第 3 张幻灯片中的圆形对象绘制动作路径，具体操作方法如下。

步骤 01 打开素材文件（位置：素材文件 \ 第 11 章 \ 星星点灯 .pptx），❶ 选择第 3 张幻灯片中的圆形；❷ 单击"动画"选项卡"动画"组中的"动画样式"按钮；❸ 在弹出的下拉列表中选择"动作路径"栏中的"自定义路径"选项，如下图所示。

步骤 02 此时鼠标指针变成"十"形状，❶ 在需要绘制动作路径的开始处，拖动鼠标绘制动作路径，如下图所示；❷ 绘制到合适位置后双击，即可完成路径的绘制。

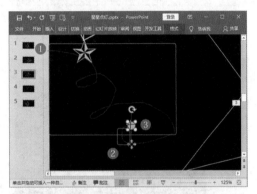

小提示

如果将动作路径的起点绘制到幻灯片外，播放幻灯片时，该动画会变成进入动画；如果将路径的终点绘制到幻灯片外，该动画会变成退出动画。

249　调整路径动画的效果

绘制的动作路径就是动画的运动轨迹，但是绘制的动作路径不一定完全符合要求，后期可以对动作路径的长短、方向等进行调整，使路径动画能满足需要。

扫一扫，看视频

继续上例操作，对幻灯片中绘制的路径动画进行调整，具体操作方法如下。

步骤 01 ❶ 选择第 3 张幻灯片中绘制的动作路径，动作路径四周将显示控制点；❷ 将鼠标指针移动到任意控制点上，这时鼠标指针将变成双向箭头，拖动鼠标即可像调整普通图形的大小一样调整路径的长短，如下图所示。

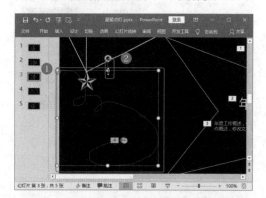

步骤 02 将鼠标指针移动到路径上方的旋转控制柄上，并按住鼠标左键进行拖动，可以像选择普通图形一样旋转路径的方向，如下图所示。

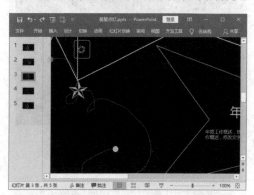

步骤 03 将鼠标指针移动到路径选择框内，按住鼠标左键进行拖动，可以像移动普通图形一样移动路径的位置，如下图所示。

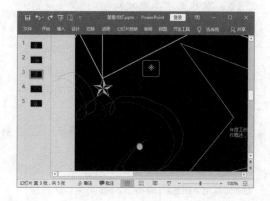

步骤 04 选择路径后，在其上右击，在弹出的快捷菜单中选择"编辑顶点"命令，如下图所示。

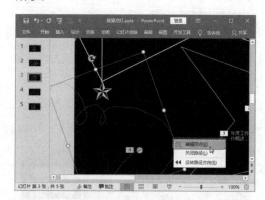

步骤 05 此时在动作路径中将显示路径的所有顶点，在需要编辑的顶点上单击即可选择该顶点，按住鼠标左键拖动，即可调整顶点的位置，从而改变动作路径，如下图所示。编辑动作路径顶点的方法与编辑形状顶点的方法基本相同。

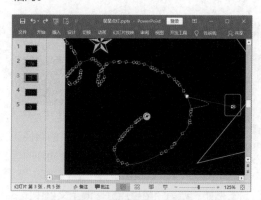

小提示

动作路径中，绿色的三角形表示路径动画的开始位置，红色的三角形表示路径动画的结束位置。

250 复制动画效果

扫一扫，看视频

一份演示文稿中的动画样式最好不要太多，3 种以内最为适宜。很多时候可以为各个对象设置相同的动画。为了省去一些动画的设置操作，PowerPoint 2019 提供了复制动画的功能。将某个对象的动画设置好后，可以直接进行复制。

　　例如，在"电子相册"演示文稿中使用动画刷复制动画，具体操作方法如下。

步骤 01 ❶ 选择第 1 张幻灯片中设置好动画的对象；❷ 双击"动画"选项卡"高级动画"组中的"动画刷"按钮，如下图所示。

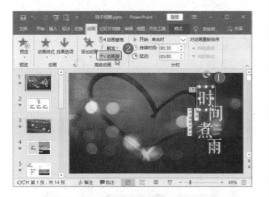

🔔 **小技巧**

　　单击"动画刷"按钮，可以为单个对象进行动画效果的复制。选择已设置好动画效果的对象后，按 Alt+Shift+C 组合键，也可以对对象的动画效果进行复制。

步骤 02 此时鼠标指针将变成 ⬚ 形状，将鼠标指针移动到需要复制动画效果的对象上，单击即可为该对象应用复制的动画效果，如下图所示。

步骤 03 使用相同的方法为其他对象复制动画效果，完成后按 Esc 键取消使用动画刷，如下图所示。

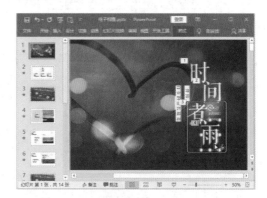

251 让同一个对象含有多种动画

扫一扫，看视频

　　PPT 中的对象有的可能需要显示不仅一种动画。例如，一个对象需要设置进入、强调、退出 3 种动画，这时可以使用"添加动画"功能来实现。

　　例如，在"星星点灯"演示文稿中，要为已经添加了路径动画的圆形添加强调动画，具体操作方法如下。

步骤 01 在"星星点灯"演示文稿中，❶ 选择第 3 张幻灯片中需要添加动画的圆形对象；❷ 单击"动画"选项卡"高级动画"组中的"添加动画"按钮；❸ 在弹出的下拉列表中选择"更多强调效果"选项，如下图所示。

步骤 02 打开"添加强调效果"对话框，❶ 选择需要使用的动画，这里选择"华丽"栏中的"闪烁"选项；❷ 单击"确定"按钮，如下图所示，即可为该对象添加第 2 个动画。

252 调整动画的播放顺序

扫一扫，看视频

默认情况下，幻灯片中对象的播放顺序是根据添加动画的先后顺序决定的。实际使用中，并不能保证每次添加的动画都是正常顺序，常常需要对动画的播放顺序进行调整。

继续上例操作，需要将幻灯片中圆形对象的相关动画调整到最开始处，具体操作方法如下。

步骤 01 单击"动画"选项卡"高级动画"组中的"动画窗格"按钮，如下图所示。

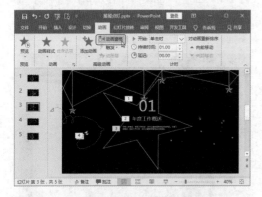

步骤 02 显示"动画窗格"任务窗格，在其中可以看到该幻灯片中已经添加的所有动画效果选项。❶ 选择需要调整顺序的动画效果选项，这里选择与圆形有关的最后两个动画效果选项；❷ 单击"动画窗格"任务窗格右上角的 ▴ 按钮，向上调整这两个动画效果的位置，如下图所示。

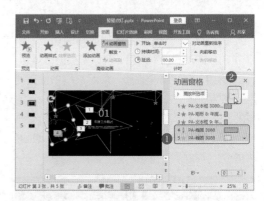

步骤 03 ❶ 继续单击 ▴ 按钮，直到将选择的两个动画效果选项移动到最上方；❷ 单击"动画"选项卡"预览"组中的"预览"按钮，如下图所示。预览调整动画顺序后的该页幻灯片的播放效果。

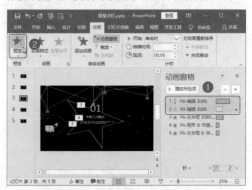

 小技巧

在"动画窗格"任务窗格中选择动画效果选项后，单击任务窗格右上角的 ▾ 按钮，可以逐步向下调整该动画效果选项的播放位置；单击"动画"选项卡"计时"组中的"向前移动"按钮，可以将动画效果选项向前移动一步；单击"向后移动"按钮，可以将动画效果选项向后移动一步。

253 设置动画计时

扫一扫，看视频

为幻灯片对象添加动画后，还可以设置动画计时，如动画播放方式、持续时间、延迟时间等，使幻灯片中的各动画衔接更自然，播放更流畅。

继续上例操作，对幻灯片中各个动画的计时进行设置，使整个动画效果更加流畅，具体操作方法如下。

步骤 01 ❶ 选择"动画窗格"任务窗格中的第 1 个动画效果选项,即圆形的路径动画;❷ 单击"动画"选项卡"计时"组中的"开始"下拉按钮;❸ 在弹出的下拉列表中选择开始播放选项,如选择"上一动画之后"选项,如下图所示。这里是本幻灯片中的第 1 个动画效果选项,选择"上一动画之后"选项后,意味着在完成该幻灯片的页面切换动画后,就开始播放该对象的动画。

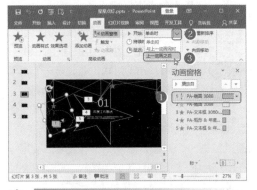

🔔 小提示

　　"开始"下拉列表中提供的"单击时"选项,表示单击后才开始播放动画;"与上一动画同时"选项,表示当前动画与上一动画同时开始播放;"上一动画之后"选项,表示上一动画播放完成后才开始播放。

步骤 02 在"计时"组的"持续时间"数值框中输入动画的播放时间,如输入 05.00,如下图所示,可以更改动画的播放时间的长短。

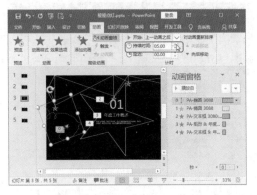

步骤 03 在"计时"组的"延迟"数值框中输入动画开始播放的延迟时间,如输入 00.50,如下图所示。

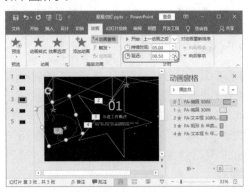

步骤 04 ❶ 在"动画窗格"任务窗格中选择第 2 个动画效果选项;❷ 在"计时"组的"开始"下拉列表中选择"上一动画之后"选项;❸ 在"持续时间"数值框中输入 01.00;❹ 在"动画窗格"任务窗格中单击第 2 个动画效果选项后的下拉按钮;❺ 在弹出的下拉列表中选择"计时"选项,如下图所示。

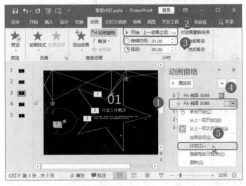

步骤 05 打开"闪烁"对话框,❶ 单击"计时"选项卡;❷ 在"重复"下拉列表中选择"直到幻灯片末尾"选项;❸ 单击"确定"按钮,如下图所示。

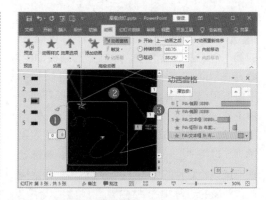

小提示

"重复"下拉列表用于设置动画重复播放的时间，通常用于强调幻灯片中的某些内容，设置后该内容会不断地执行动画，很容易就能引起观众的注意。

步骤 06 预览动画效果时，发现在开始路径动画前，圆形就显示在幻灯片中，有点违和，因此需要将其移动到幻灯片外。❶单击"开始"选项卡"编辑"组中的"选择"按钮；❷在弹出的下拉列表中选择"选择窗格"选项，如下图所示。

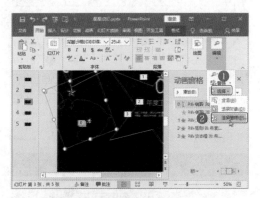

小技巧

在设置动画计时的过程中，通过单击"动画窗格"任务窗格中的"播放自"按钮，可以随时对设置的动画效果进行预览，以便及时调整动画的播放顺序和计时等。

步骤 07 ❶显示"选择"任务窗格，幻灯片中的所有对象都会显示在该窗格中。通过选择选项，就可以选择相应的对象。这里选择椭圆对象，并将其移动到幻灯片的外侧；❷将椭圆对象上的路径移动到幻灯片中原来的位置；❸在"动画窗格"任务窗格中，依次选择各动画效果选项，并按前面介绍的方法在"计时"组中设置各动画的计时效果，如下图所示。

254　使用触发器触发动画

扫一扫，看视频

大部分人都习惯在演讲时自己控制动画的播放。但是有时会由于不小心单击幻灯片，造成第一个动画没放完，第二个动画就开始播放了。

要解决这个问题，可以利用触发器制作交互式动画，对动画进行精确控制。触发器就是通过单击一个对象，触发另一个对象或动画。在幻灯片中，触发器既可以是图片、图形、按钮，也可以是一个段落或文本框。

例如，在"英语教学课件"演示文稿中要使用触发器触发动画，具体操作方法如下。

步骤 01 打开素材文件（位置：素材文件 \ 第 11 章 \ 英语教学课件 .pptx），❶选择第 8 张幻灯片中需要添加触发条件的文本框；❷单击"动画"选项卡"高级动画"组中的"触发"按钮；❸在弹出的下拉列表中选择"通过单击"选项；❹在弹出的下级列表中选择需要单击的对象，如选择"图片 3"，如下图所示。

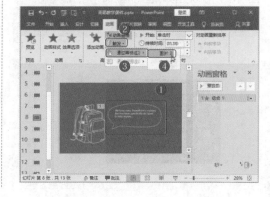

小提示

　　为对象添加触发器（除视频和音频文件外），首先需要为对象添加动画效果，然后才能激活触发器功能。

步骤 02 此时会在所选文本框前面添加一个触发器图标，如下图所示。触发器犹如动画的启动开关，此处单击幻灯片中的图片，就会触发文本框的动画效果。

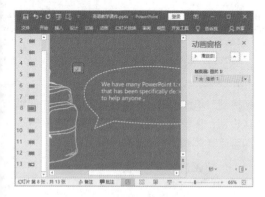

255　为动画添加声效

　　在幻灯片放映时，有时需要伴随声效出现动画。这样一方面可以为动画的开始播放起到提示作用，另一方面也可以增强动画的播放效果，具体操作方法如下。

扫一扫，看视频

步骤 01 ❶ 在"动画窗格"任务窗格中选择需要添加声音效果的动画效果选项，并单击其后的下拉按钮；❷ 在弹出的下拉列表中选择"效果选项"选项，如下图所示。

小提示

　　在"动画窗格"任务窗格中选择动画效果选项后，幻灯片中对应对象左上角的动画序号会显示为橙色，在选择时一定注意不要

把目标对象弄错了。

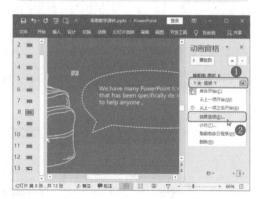

步骤 02 打开"随机线条"对话框，❶ 在"效果"选项卡的"声音"下拉列表中选择需要添加的声音，如"照相机"；❷ 单击"确定"按钮，如下图所示。

小技巧

　　如果需要删除幻灯片中对象元素的动画，可以在"动画窗格"任务窗格中先选择对应的动画效果选项，然后在其上右击，在弹出的快捷菜单中选择"删除"命令。

11.4 链接和动作的设置技巧

使用链接和动作不仅可以让幻灯片进行跳转播放，还可以在幻灯片播放过程中打开其他程序或文件，本节具体知识框架如下图所示。

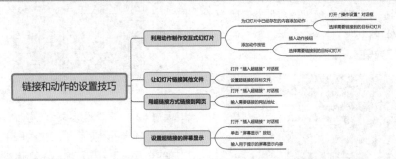

256 利用动作制作交互式幻灯片

扫一扫，看视频

在播放 PPT 时，根据内容安排，可能需要跳跃性地播放指定的幻灯片。在幻灯片中添加动作可以制作交互式幻灯片，实现幻灯片跳跃播放。

在制作交互式幻灯片时，既可以为幻灯片中已经存在的内容添加动作，也可以重新添加动作按钮。

例如，要在"销售工作计划"演示文稿中实现幻灯片之间的交互，具体操作方法如下。

步骤 01 打开素材文件（位置：素材文件\第 11 章\销售工作计划 .pptx），❶选择第 2 张幻灯片中需要设置动作的第一个标题文本框；❷单击"插入"选项卡"链接"组中的"动作"按钮，如下图所示。

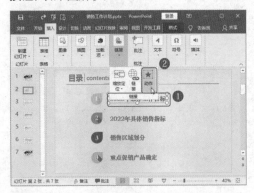

步骤 02 打开"操作设置"对话框，❶选中"超

链接到"单选按钮，并保持其下拉列表中的默认设置；❷单击"确定"按钮，如下图所示，即可让该文本框链接到下一张幻灯片。

步骤 03 ❶选择第二个标题文本框；❷单击"插入"选项卡"链接"组中的"动作"按钮，如下图所示。

步骤 04 打开"操作设置"对话框，❶ 选中"超链接到"单选按钮；❷ 在下方的下拉列表中选择"幻灯片"选项，如下图所示。

步骤 05 打开"超链接到幻灯片"对话框，❶ 在左侧的列表框中选择需要链接到的目标幻灯片；❷ 单击"确定"按钮，如下图所示。完成上述操作后，返回"操作设置"对话框，单击"确定"按钮即可完成超链接的设置。

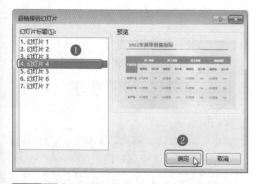

步骤 06 ❶ 选择需要插入动作按钮的第 7 张幻灯片；❷ 单击"插入"选项卡"插图"组中的"形状"按钮；❸ 在弹出的下拉列表的"动作按钮"栏中选择需要绘制的动作按钮的形状，这里选择"动作按钮：转到主页"，如下图所示。

步骤 07 按住鼠标左键并在幻灯片上拖动，绘制动作按钮，如下图所示。

步骤 08 绘制动作按钮后，自动弹出"操作设置"对话框，❶ 选中"超链接到"单选按钮；❷ 在下方的下拉列表中根据需要选择，这里选择"第一张幻灯片"选项；❸ 单击"确定"按钮即可完成动作按钮的链接设置，如下图所示。

257 让幻灯片链接其他文件

扫一扫，看视频

在播放幻灯片的过程中，有时为了更好地说明幻灯片的内容，需要借助一些其他文件。如果退出幻灯片放映再打开其他文件，会非常麻烦。为了避免这些烦琐操作，可以在幻灯片中添加链接，以打开目标文件。

让幻灯片链接其他文件的具体操作方法如下。

步骤 01 打开素材文件（位置：素材文件\第 11 章\转型销售技巧培训 .pptx），❶ 选择第 13 张幻灯片中需要设置链接的文本框对象；❷ 单击"插入"选项卡"链接"组中的"链接"按钮，如下图所示。

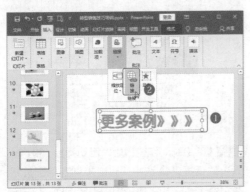

步骤 02 打开"插入超链接"对话框，❶ 在"查找范围"下拉列表中选择目标文件的保存位置；❷ 在列表框中选择需要链接的文件；❸ 单击"确定"按钮，如下图所示。

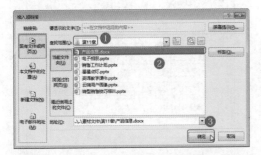

步骤 03 此时就为文本框设置了超链接，将鼠标指针移动到该文本框上时，会显示链接提示框，如下图所示。

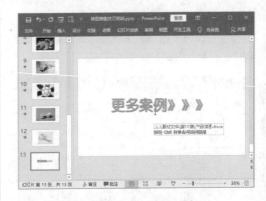

258 用超链接方式链接到网页

扫一扫，看视频

在放映 PPT 时，可能需要联网查看一些信息，如查看公司网站上的产品信息等。通过在幻灯片中添加指向公司网站的链接，在放映幻灯片时可以直接打开网页，省去了切换放映状态、打开浏览器并输入网址的过程。

步骤 01 ❶ 新建一个演示文稿，在其中插入文本框，输入合适的文本；❷ 选择需要设置超链接的文本内容；❸ 单击"插入"选项卡"链接"组中的"链接"按钮，如下图所示。

🔔 小技巧

如果需要改变链接文本的颜色，只能通过改变主题色进行更改，但整个演示文稿的颜色会同时发生变化。为了在为文本添加超链接时不影响文本格式，插入文本框后，可以为文本框插入超链接，这样就不会影响文本框中文本的格式了。

步骤 02 打开"插入超链接"对话框，❶ 在"地址"文本框中输入需要链接的网站地址；❷ 单击"确定"按钮，如下图所示。

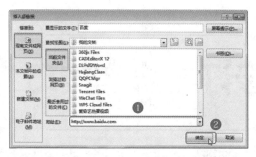

步骤 03 使用相同的方法为其他文本设置网页链接，完成后的效果如下图所示。默认情况下，添加了网页链接的文本会变成蓝色，并在下方显示下画线。

内事问 百度

外事问 谷歌

259　设置超链接的屏幕显示

在为幻灯片添加超链接时，有的链接的是幻灯片，有的链接的是计算机中的文件，有的链接的是互联网网址。如果忘记了链接的内容，就会在播放幻灯片时把这些链接搞混。为了避免出现这样的尴尬情形，可以为超链接设置屏幕显示。

扫一扫，看视频

为幻灯片中的超链接设置屏幕提示的具体操作方法如下。

步骤 01 选择设置了链接的对象，再次单击"插

入"选项卡"链接"组中的"链接"按钮，打开"编辑超链接"对话框（或直接在设置链接对象后），单击"屏幕显示"按钮，如下图所示。

🔔 **小技巧**

在"编辑超链接"对话框中单击"删除链接"按钮，可以删除当前选择的链接。

步骤 02 打开"设置超链接屏幕提示"对话框，❶ 在文本框中输入需要用于提示的文字内容；❷ 单击"确定"按钮，如下图所示。

步骤 03 此时，只要将鼠标指针移动到设置了链接的对象，就可以显示设置的屏幕提示信息，如下图所示。

第12章

PPT 的审阅、修订与协作技巧

在 PowerPoint 2019 中，很多功能对一些用户来说并不常用，如审阅、修订功能，以及与其他办公软件协作等。如果掌握并能善用这些功能，可以为制作和应用 PPT 带来很多便捷。本章将针对这些功能讲解一些实用技巧。

以下是在 PowerPoint 2019 的高级应用中常见的问题，请检测自己是否会处理或已掌握与其相关的知识。

√ 审查他人的 PPT 时，想给出建议或意见，如何添加批注？

√ PPT 中的部分或全部内容都是外国文字，看不懂怎么办？

√ 使用拼写检查功能，可以让 PPT 中不出现简单的拼写错误，应该如何操作？

√ 已经在 Word 中编写好 PPT 的大纲内容，制作 PPT 时还需要在 PowerPoint 2019 中重新输入吗？

√ 如果要在幻灯片中使用的表格内容已经在 Excel 中制作好了，可以直接调用吗？

√ 在 Excel 中制作的图表可以直接插入 PPT 中吗？没有原始数据支撑可以进行编辑吗？

通过本章内容的学习，可以解决以上问题，并学会 PPT 内容的审阅、修订与协作办公技巧。本章相关知识技能如下图所示。

知识技能 ——┬— **PPT的审阅与修订技巧**

　　　　　　└— **PPT与Word和Excel的协作技巧**

12.1 PPT 的审阅与修订技巧

通常情况下，PPT 都是用于展示的，如果出现一些错误就会非常尴尬，甚至造成不可预知的严重后果。为了避免这些情况，可以利用审阅与修订功能。本节具体知识框架如下图所示。

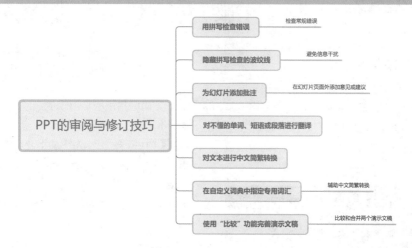

260 用拼写检查错误

如果没有足够的时间逐一检查演示文稿中是否存在拼写和语法错误，可以使用 PowerPoint 2019 提供的"拼写检查"功能快速地对幻灯片内容进行检查，具体操作方法如下。

扫一扫，看视频

步骤 01 打开素材文件（位置：素材文件\第 12 章\职场人心理素质培训 .pptx），单击"审阅"选项卡"校对"组中的"拼写检查"按钮，如下图所示。

步骤 02 显示"拼写检查"任务窗格，同时会选中幻灯片中检查出的第一处错误，并在"拼写检查"任务窗格的列表框中给出修改意见。如果查看后发现并不需要修改，而且想对该演示文稿中同样的错误不再进行提示，可以单击"全部忽略"按钮，如下图所示。以后将不再对内容"jian"进行检查。

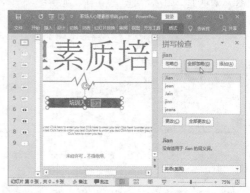

步骤 03 自动跳转到第二处检查出的错误位置，发现也不需要修改，单击"忽略"按钮，如下图所示。

步骤 04 继续检查其他错误，如果发现需要修改，但是"拼写检查"任务窗格中并没有提供修改建议。❶ 可以直接在幻灯片中修改内容；❷ 单击"继续"按钮，如下图所示，继续检查其他错误。

步骤 05 完成 PPT 中的所有错误检查后，弹出提示对话框，单击"确定"按钮，如下图所示。

🔔 **小技巧**

如果"拼写检查"任务窗格中给出了修改建议，则可以直接选择需要的建议选项，单击"更改"按钮，完成该处错误的修改；或单击"全部更改"按钮，快速对 PPT 中同样的错误统一进行更改。

261 隐藏拼写检查的波纹线

扫一扫，看视频

在 PowerPoint 2019 中，有些特定的词语并没有错，但是不能被程序正确识别，这时程序会自动以红色波纹线进行错误标识，如下图所示。为了避免让审阅 PPT 的人误以为是错误，可以将这些波纹线隐藏。

要隐藏拼写检查出现的波纹线，可以进行如下操作。

步骤 01 打开"PowerPoint 选项"对话框，❶ 选择"校对"选项卡；❷ 在"在 PowerPoint 中更正拼写和语法时"栏中，选中"隐藏拼写和语法错误"复选框；❸ 单击"确定"按钮，如下图所示。

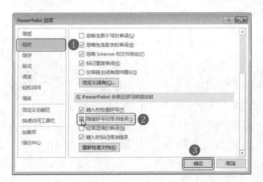

步骤 02 隐藏拼写检查的波纹线后，幻灯片变得更加整洁，如下图所示。

262 为幻灯片添加批注

扫一扫，看视频

批注既可以用于对幻灯片进行审阅时添加批语，也可以像备注那样作为幻灯片演讲时的提示。批注的应用对象可以是整张幻灯片，也可以是幻灯片中某个单独的对象，包括文本内容、文本框、图片等。

继续上例操作，对拼写检查时未检查到的内容进行批注，具体操作方法如下。

步骤 01 ● 选择第 1 张幻灯片中需要添加批注的错误文本；● 单击"审阅"选项卡"批注"组中的"新建批注"按钮，如下图所示。

步骤 02 此时会在所选文本内容附近显示批注图标，并显示"批注"任务窗格，在批注文本框中输入批注内容，如下图所示。

小提示

在 PowerPoint 2019 中即使没有显示"批注"任务窗格，通过幻灯片上显示的批注图标也可以知道该处添加了批注，单击批注图标就可以显示"批注"任务窗格。

步骤 03 如果需要对整张幻灯片进行批注，● 可以在左侧的窗格中选择对应的幻灯片；● 单击"新建批注"按钮，如下图所示。

步骤 04 此时在幻灯片的左上角显示批注图标，在"批注"任务窗格中输入批注内容即可，如下图所示。

小技巧

如果有需要和批注者针对某个批注进行沟通的内容，可以单击该处的批注图标，在"批注"任务窗格中该项批注下的"答复"文本框中输入具体内容，以方便对方查看。

263　对不懂的单词、短语或段落进行翻译

扫一扫，看视频

在阅读一些 PPT 时，如果其中使用了其他语言的内容，为了让所有人都能看懂演示内容，可以使用"翻译"功能进行临时翻译，具体操作方法如下。

● 选择需要翻译的内容；● 单击"审阅"选项卡"语言"组中的"翻译"按钮，如下图所示，此时便可以在显示的任务窗格中看到翻译结果。

小提示

　　使用"翻译"功能翻译后的语序与正常的语序可能不相符，所以翻译后需要进行检查和调整。另外，在使用"翻译"功能时，必须保持计算机连接了互联网。

264　对文本进行中文简繁转换

扫一扫，看视频

　　利用"中文简繁转换"功能可以让演示文稿中的文本在简体中文和繁体中文之间转换，具体操作方法如下。

步骤 01 ① 选择任意幻灯片；② 单击"审阅"选项卡"中文简繁转换"组中的"简转繁"按钮，如下图所示。

步骤 02 此时可以看到，整个演示文稿中的文字都变成繁体，如下图所示。

小提示

　　如果在执行繁简转换操作前只选中某一部分内容，则只对该部分内容进行转换。

265　在自定义词典中指定专用词汇

扫一扫，看视频

　　在进行中文繁简转换时，还可以自定义一些词语，并指定其转换后的词性。

　　如果希望在进行中文简繁转换时将一些专有名词一起转换，可以在自定义词典中指定专用词汇，具体操作方法如下。

步骤 01 单击"审阅"选项卡"中文简繁转换"组中的"简繁转换"按钮，如下图所示。

步骤 02 打开"中文简繁转换"对话框，单击"自定义词典"按钮，如下图所示。

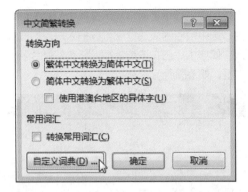

步骤 03 打开"简体繁体自定义词典"对话框，❶ 设置转换方向、需要转换的词、转换的目标词和词性；❷ 单击"添加"按钮；❸ 在弹出的"自定义词典"对话框中单击"确定"按钮，如下图所示。

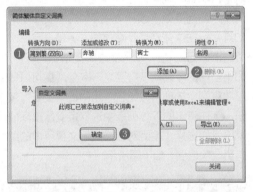

步骤 04 此后在进行中文简繁转换时，打开"中文简繁转换"对话框，勾选"转换常用词汇"复选框即可，如下图所示。

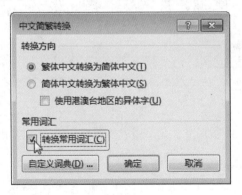

小技巧

如果希望将添加的词典与他人共享，在"简体繁体自定义词典"对话框中单击"导出"按钮，将词典进行保存，再次需要使用该自定义词典时，单击"导入"按钮将保存的文件导入 PPT 中即可。

266 使用"比较"功能完善演示文稿

扫一扫，看视频

使用 PowerPoint 2019 中的"合并比较"功能，可以比较当前演示文稿和其他演示文稿，了解它们之间的不同之处，或者立即合并它们，使演示文稿取长补短，更加完善。

例如，使用"比较"功能，对"如何高效阅读一本书"和"如何高效阅读一本书 2"演示文稿进行比较，具体操作方法如下。

步骤 01 打开素材文件（位置：素材文件\第 12 章\如何高效阅读一本书 .pptx），单击"审阅"选项卡"比较"组中的"比较"按钮，如下图所示。

步骤 02 打开"选择要与当前演示文稿合并的文件"对话框，❶ 选择需要进行合并比较的演示文稿；❷ 单击"合并"按钮，如下图所示。

步骤 03 显示"修订"任务窗格，在"幻灯片更改"列表框中显示检查出的第一处内容不同的幻灯片，根据提示选择第 6 张幻灯片，如下图所示。

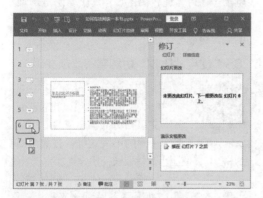

步骤 04 ① 单击幻灯片中出现的"修改"图标 ；② 在弹出的下拉列表中列举了两个演示文稿中不同的内容，选中相应的复选框可以应用修改。如选中"填充样式"复选框，文本框中的填充样式就发生了变化，如下图所示。

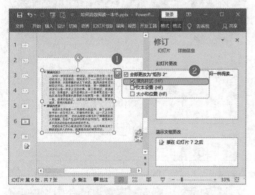

步骤 05 在"修订"任务窗格的"演示文稿更改"列表框中显示了检查出的第一处内容不同的演示文稿。① 根据提示在左侧窗格中单击第 7 张幻灯片后出现的"修改"图标 ；② 在弹出的

下拉列表中列举了两个演示文稿中不同的幻灯片，选中相应的复选框就可以插入对应的幻灯片，如选中"已在该位置插入所有幻灯片"复选框，如下图所示。

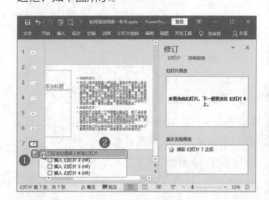

步骤 06 此时便可以在第 7 张幻灯片后插入原属于"如何高效阅读一本书 2"演示文稿中的幻灯片，在这些幻灯片缩略图右上角会有一个复选框标记，单击可以取消加载对应的幻灯片。如果当前的修改项不需要逐一审查，① 可以单击"审阅"选项卡"比较"组中的"接受"按钮；② 在弹出的下拉列表中选择接受修改项的范围，如选择"接受对当前演示文稿所做的所有更改"选项，如下图所示。

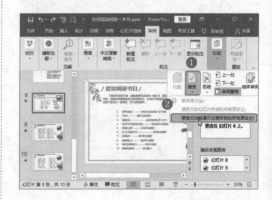

✎ 读书笔记

12.2　PPT 与 Word 和 Excel 的协作技巧

PPT 一般用于讲解和展示各种工作内容和成果，在制作时经常需要其他办公软件的协作。本节介绍 PPT 与 Word 和 Excel 的协作技巧，具体知识框架如下图所示。

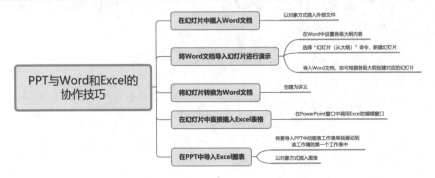

267　在幻灯片中插入 Word 文档

在制作一些特殊幻灯片的过程中，如果需要输入的是某个 Word 文档中的内容，并且内容已经编辑加工，为了节省时间，可以直接将 Word 文档插入幻灯片中，这样还能避免输入时出现错误。在幻灯片中插入 Word 文档的具体操作方法如下。

扫一扫，看视频

步骤 01 打开素材文件（位置：素材文件 \ 第 12 章 \ 企业培训 .pptx），❶ 选择第 4 张幻灯片；❷ 单击"插入"选项卡"文本"组中的"对象"按钮，如下图所示。

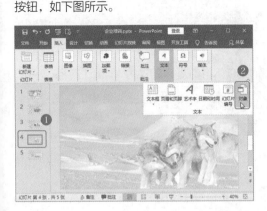

步骤 02 打开"插入对象"对话框，❶ 选中"由文件创建"单选按钮；❷ 单击"浏览"按钮；

❸ 在打开的对话框中选择需要插入幻灯片中的 Word 文档，这里选择素材文件（位置：素材文件 \ 第 12 章 \ 狼性文化 .docx）；❹ 单击"确定"按钮，如下图所示。

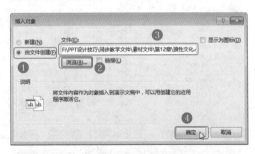

步骤 03 返回幻灯片中，可以看到插入的对象，拖动鼠标适当缩放对象，如下图所示。

小提示

以该方式插入幻灯片中的文档，如果需要编辑内容，在对象上双击即可进入编辑状态。

268　将 Word 文档导入幻灯片进行演示

扫一扫，看视频

有时候，需要将 Word 文档的内容用幻灯片进行演示。此时，可以先在 Word 中为文件设置大纲级别，然后导入 PowerPoint 2019，根据大纲创建幻灯片，以提高创建效率。

将 Word 文档导入幻灯片的具体操作方法如下。

步骤 01 在 Word 中先将要导入 PowerPoint 2019 中的文件转换为大纲视图，并设置各级标题，如下图所示。

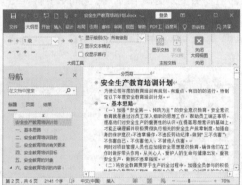

步骤 02 打开 PowerPoint 2019，❶ 单击"开始"选项卡"幻灯片"组中的"新建幻灯片"按钮；❷ 在弹出的下拉列表中选择"幻灯片（从大纲）"选项，如下图所示。

步骤 03 打开"插入大纲"对话框，❶ 选择设置好的 Word 文档；❷ 单击"插入"按钮，如下图所示。

步骤 04 将 Word 文档导入幻灯片的效果如下图所示。

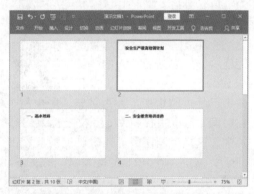

小提示

将 Word 文档导入幻灯片后，在一些幻灯片中可能内容过多，需要在 PowerPoint 2019 中将内容进行合理分配。

269　将幻灯片转换为 Word 文档

扫一扫，看视频

有时需要将演示文稿打印输出为讲义（具体内容在第 13 章中介绍），讲义主要用于打印。如果暂时不需要打印，也可以先将其保存为独立的电子文档。

将幻灯片转换为 Word 文档的具体操作方法如下。

步骤 01 ❶ 在"文件"菜单中选择"导出"

选项卡；❷ 在中间栏选择"创建讲义"选项；❸ 单击"创建讲义"按钮，如下图所示。

步骤 02 打开"发送到 Microsoft Word"对话框，❶ 选择讲义所需的版式；❷ 单击"确定"按钮，如下图所示。

步骤 03 完成以上操作后，系统将自动生成一个 Word 文档，如下图所示，进行保存即可。

270　在幻灯片中直接插入 Excel 表格

在制作一些数据类的幻灯片时，经常需要在幻灯片中插入表格，如果计算机中有已经制

扫一扫，看视频

作好的 Excel 文件，可以通过前面介绍的方法直接将文件插入幻灯片中。

如果需要在幻灯片中插入表格，想使用 Excel 的一些编辑表格的功能，也可以在幻灯片中插入 Excel 表格。

在幻灯片中直接插入 Excel 表格的具体操作方法如下。

步骤 01 ❶ 单击"插入"选项卡"表格"组中的"表格"按钮，❷ 在弹出的下拉列表中选择"Excel 电子表格"选项，如下图所示。

步骤 02 PowerPoint 2019 窗口中会出现一个 Excel 的编辑窗口，如下图所示。拖动鼠标可以调整显示的单元格大小，可以像在 Excel 中一样进行数据的输入和编辑，完成后单击空白处即可。

271　在 PPT 中导入 Excel 图表

扫一扫，看视频

有的图表在 PPT 中操作起来会比较复杂，甚至完全无法制作。在 PPT 中插入图表可以使用一种"偷懒"的方法，也就是直接将 Excel 中的图表导入 PPT。

在 PPT 中导入 Excel 图表与导入 Excel 文件的方法基本相同，具体操作如下。

步骤 01 在 Excel 中制作图表，并将其移动到该工作簿的第一个工作表中，如下图所示。

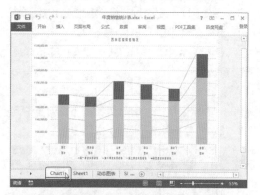

小提示

在导入图表时，图表必须放置于 Excel 工作簿的第一个工作表中，并且在该工作表中不能有表格数据，表格数据需要放置到其他工作表中。直接选择图表，单击"图表工具设计"选项卡中的"移动图表"按钮即可完成。

步骤 02 在 PowerPoint 2019 中，单击"插入"选项卡"文本"组中的"对象"按钮，如下图所示。

小技巧

从 Excel 工作簿中复制图表，最简单的方法是选择图表后，按 Ctrl+C 组合键进行复制，然后切换至需要导入图表的 PPT 中，按 Ctrl+V 组合键进行粘贴。

步骤 03 打开"插入对象"对话框，❶ 选中"由文件创建"单选按钮；❷ 单击"浏览"按钮；❸ 在打开的对话框中选择需要插入幻灯片的图表所在的工作簿，这里选择素材文件（位置：素材文件＼第 12 章＼年度销售统计表 .xlsx）；❹ 单击"确定"按钮，如下图所示。

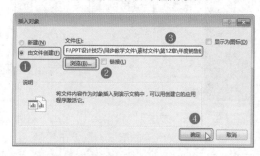

小提示

在"插入对象"对话框中选定需要插入的文件后，如果选中"链接"复选框，则在幻灯片中插入的内容将随源文件内容的变化而变化。

步骤 04 返回幻灯片中，即可看到插入的图表，如下图所示。

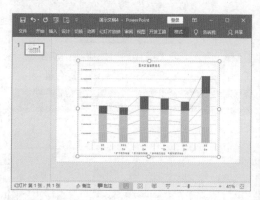

✎ 读书笔记

_____

_____

_____

_____

_____

第13章

PPT 的演讲、放映与输出技巧

一份优秀的 PPT 不仅需要丰富的幻灯片内容，还需要在放映过程中能带给观众惊喜，抓住观众的眼球。要达到这样的目的，需要掌握 PPT 的演讲、放映与输出的相关技巧。本章将针对这些功能讲解一些实用技巧。

以下是在 PPT 的演讲与放映中常见的问题，请检测自己是否会处理或已掌握与其相关的知识。

- √ 进行 PPT 演讲前，需要检查幻灯片的放映方式，合理分配演讲时间，还需要对放映的周边设备和环境有所了解，提前演练，具体应该怎样操作？
- √ 进行 PPT 演讲时，需要掌握相关的技巧，有哪些基础的技巧呢？
- √ 演示过程中可能用到一些材料，如备注、讲义等，如何制作这些材料？
- √ 在幻灯片放映时需要掌握基础的放映技巧，否则幻灯片的播放效果和演讲的内容可能不同步，或无法跳转到需要的幻灯片。
- √ 有些内容经常需要在不同环境中播放，这时并不需要重新制作 PPT，只需要根据放映环境设置要播放的幻灯片，应该如何处理？
- √ 制作好的 PPT，还可以输出为纸质文件、视频文件、PDF 文件吗？

通过本章内容的学习，可以解决以上问题，并学会 PPT 的演讲、放映与输出方面的知识。本章相关知识技能如下图所示。

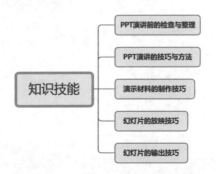

13.1　PPT 演讲前的检查与整理

在前面的章节中主要介绍了 PPT 的制作和设计理念。大部分 PPT 是用于辅助演讲的，这就要求演讲者首先要对演讲稿非常熟悉，避免在演讲时出错。演讲前必须对 PPT 做最后的检查与整理。例如，查看幻灯片的顺序是否需要调整，PPT 中有没有不需要播放的幻灯片等，尽量为演讲做足准备。本节具体知识框架如下图所示。

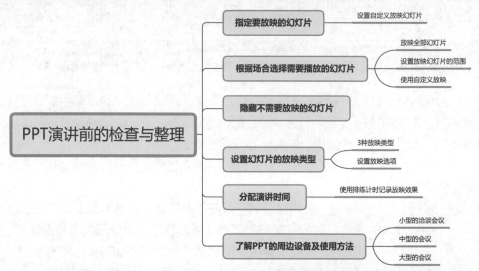

272　指定要放映的幻灯片

扫一扫，看视频

有时候制作的 PPT 需要在多个场合播放。在不同场合、不同演讲对象和不同演讲时间等情况下，可能做不到放映每个幻灯片，这就需要重新整理演示文稿。如果对 PPT 的框架没有大的调整，放映前可以直接根据需要指定演示文稿中要放映的幻灯片。

例如，在"读书文化"演示文稿中指定要放映的幻灯片，具体操作方法如下。

步骤 01 打开素材文件（位置：素材文件＼第 13 章＼读书文化 .pptx），❶ 单击"幻灯片放映"选项卡"开始放映幻灯片"组中的"自定义幻灯片放映"按钮；❷ 在弹出的下拉列表中选择"自定义放映"选项，如下图所示。

步骤 02 打开"自定义放映"对话框，单击"新建"按钮，如下图所示。

步骤 03 打开"定义自定义放映"对话框，❶ 在"幻灯片放映名称"文本框中输入放映名称；❷ 在"在演示文稿中的幻灯片"列表框中选中需要放映幻灯片的复选框；❸ 单击"添加"按钮，如下图所示。

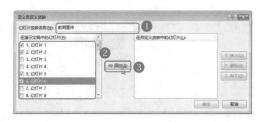

步骤 04 此时便可以将选择的幻灯片添加到"在自定义放映中的幻灯片"列表框中。❶ 在列表框中选择幻灯片名称，如选择"幻灯片 2"；❷ 单击右侧的按钮可以调整幻灯片的位置，如单击"向上"按钮，如下图所示。

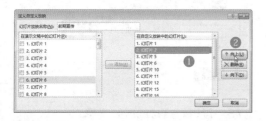

步骤 05 此时便可以将"幻灯片 2"向上移一位，继续调整幻灯片到合适位置，如果有误添加的幻灯片，可以单击"删除"按钮进行删除，完成后单击"确定"按钮，如下图所示。

步骤 06 返回"自定义放映"对话框，在其中显示了自定义放映幻灯片的名称，单击"放映"按钮，如下图所示。

小提示

在"自定义放映"对话框中，单击"编辑"按钮，可以对幻灯片放映名称、需要放映的幻灯片等进行设置；单击"删除"按钮，可以删除自定义放映的幻灯片。

步骤 07 此时便可以对指定的幻灯片进行放映，如下图所示。

273　根据场合选择需要播放的幻灯片

前面介绍了为避免在放映时让观众看到一些没有必要放映的幻灯片，可以指定用于放映的幻灯片，并预览了放映效果。但在

扫一扫，看视频

实际播放时，一般事先就指定好了要放映的幻灯片，怎样实现按要求放映这些幻灯片呢？

当需要播放指定放映的幻灯片时，可以直接指定部分连续的幻灯片，也可以按设置的自定义放映方式进行播放，具体操作方法如下。

步骤 01 打开需要播放的演示文稿，单击"幻灯片放映"选项卡"设置"组中的"设置幻灯片放映"按钮，如下图所示。

步骤 02 打开"设置放映方式"对话框，❶ 在"放映幻灯片"栏中选中"从……到……"单选按钮，并设置需要放映幻灯片的起始页和结束页；❷ 单击"确定"按钮，如下图所示。

小提示

指定要放映的幻灯片后，在"自定义放映"下拉列表中显示了自定义放映的幻灯片名称，选择该名称即可进行指定幻灯片的放映。

274　隐藏不需要放映的幻灯片

在播放演示文稿时，如果临时决定减少一些幻灯片，则可以将不需要放映的幻灯片隐藏，但不删除，以便在其他演讲中使用，具体操作方法如下。

扫一扫，看视频

步骤 01 ❶ 选择需要隐藏的幻灯片；❷ 单击"幻灯片放映"选项卡"设置"组中的"隐藏幻灯片"

按钮，如下图所示。

步骤 02 此时该幻灯片前的编号上出现删除标记，如下图所示。同时，在放映时不会再进行播放。

275　设置幻灯片的放映类型

演示文稿的放映类型主要有演讲者放映、观众自行浏览和在展台浏览 3 种，可以根据放映场所来选择放映类型。

扫一扫，看视频

设置幻灯片的放映类型的具体操作方法如下。

步骤 01 单击"幻灯片放映"选项卡"设置"组中的"设置幻灯片放映"按钮，打开"设置放映方式"对话框，❶ 在"放映类型"栏中选择放映类型，如选中"观众自行浏览（窗口）"单选按钮；❷ 在"放映选项"栏中选中"循环放映，按 ESC 键终止"复选框；❸ 单击"确定"按钮，如下图所示。

小技巧

　　"放映类型"栏中的"演讲者放映（全屏幕）"就是由演讲者播放幻灯片，演讲者对放映进行完全控制并需要对内容进行解说；"观众自行浏览（窗口）"与"在展台浏览（全屏幕）"两种放映类型的区别在于，观众对放映的控制程度不同。设置为"观众自行浏览（窗口）"时，观众可以对幻灯片进行控制。例如，可以选中"循环放映，按 ESC 键终止"复选框，以便观众可以结束放映。设置为"在展台浏览（全屏幕）"时，观众完全不能控制幻灯片的放映。

步骤 02 放映幻灯片时，以窗口的形式显示，如下图所示。

小提示

　　在"设置放映方式"对话框的"放映选项"栏中，可以指定放映时的声音文件、解说或

　　动画在演示文稿中的运行方式；在"推进幻灯片"栏中，可以设置幻灯片的切换方式。

276　分配演讲时间

扫一扫，看视频

　　在 PPT 演讲时一定要把握时间，否则可能出现演讲时间不够或演讲时间太长的尴尬情况。为了避免出现这种情况，可以使用"排练计时"功能，为各张幻灯片设置播放时间。

　　为幻灯片分配演讲时间的具体操作方法如下。

步骤 01 单击"幻灯片放映"选项卡"设置"组中的"排练计时"按钮，如下图所示。

步骤 02 进入幻灯片放映状态，并打开"录制"窗格，记录第 1 张幻灯片的播放时间，如下图所示。

小提示

　　若在排练计时过程中出现错误，单击"录制"窗格中的"重复"按钮↺，可以重新开始当前幻灯片的录制；单击"暂停"按钮❚❚，可以暂停当前排练计时的录制。

对于隐藏的幻灯片，将不能对其进行排练计时。

步骤 03 第 1 张幻灯片录制完成后，单击进入第 2 张幻灯片进行录制，继续单击进行下一张幻灯片的录制，录制完最后一张幻灯片的播放时间后，按 Esc 键打开提示对话框，在其中显示了录制的总时间，单击"是"按钮进行保存，如下图所示。

小技巧

设置排练计时后，打开"设置放映方式"对话框，选中"如果出现计时，则使用它"单选按钮，这样才可以自动放映演示文稿。

步骤 04 返回幻灯片编辑区，单击状态栏的"幻灯片浏览"按钮 品，切换到幻灯片浏览视图，如下图所示，可以看到在每张幻灯片下方显示的录制时间。

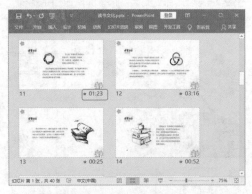

小提示

PPT 页面比较多，在对全局内容进行结构和逻辑方面的检查时，使用"幻灯片浏览"模式查看是最好不过的方法。如果检查中发现 PPT 的结构或内容不够完善，可以通过添加新幻灯片进行补充。制作完幻灯片后，可能需要更改顺序，这时直接拖动幻灯片缩略图到目标位置即可。

277 了解 PPT 的周边设备及使用方法

PPT 的发表等同于综合成果的发表，因此对周边设备也必须进行全面的准备。

一场只有两三个人的小规模 PPT 演示，只要有笔记本电脑就够用了，人数多的时候只有一台笔记本电脑是不够的，必须利用投影仪等设备演示才可以。现在针对比较具有代表性的周边设备及其使用方法进行说明。

1. 小型的洽谈会议

虽然现在液晶屏幕的可视角度很广，但是从旁边观看仍然有很大的不便。在小型的洽谈会议中，使用笔记本电脑进行文稿演示时，笔记本电脑的摆放位置很重要。可以参照下图的方法进行摆放，尽可能地让所有听众看到笔记本电脑的整个屏幕。建议使用非常便利且能在不影响观看的位置进行鼠标操作。

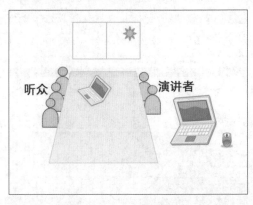

2. 中型的会议

在中型的会议中，可以使用会议室的电视设备放映 PPT，将笔记本电脑与电视利用 TV 连接器进行连接，如下图所示。这样就不用担心座位安排问题了。

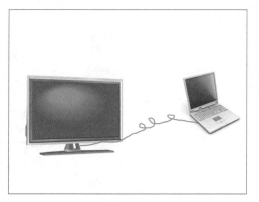

3. 大型的会议

在数十人至数百人的大型的会议中进行

PPT 演示时，利用能够将笔记本电脑画面的影像放大的投影仪是最合适的，如下图所示。

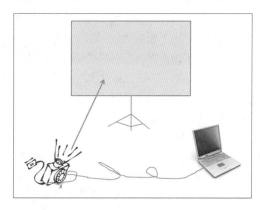

13.2　PPT 演讲的技巧与方法

　　无论什么样的演讲，临场发挥始终都是最重要的，利用 PPT 演讲也是一样。下面介绍在 PPT 演讲中可以使用的技巧，具体知识框架如下图所示。

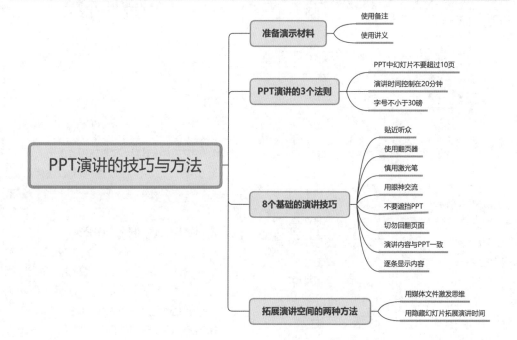

278 准备演示材料

在制作 PPT 时，为了美观，不会把所有内容都添加到幻灯片页面中。只是讲解幻灯片中的内容肯定也不能充分地利用演讲时间，加上观众都想听演讲者对内容的扩展和独到的见解，在 PPT 演讲前应该准备充足的演示材料。

这些演示材料可以通过两种方式准备，即备注和讲义。

1. 使用备注

在制作 PPT 时可以看到幻灯片页面下方有添加备注的区域。在播放幻灯片时，观众无法看到备注，备注是专门为演讲者提供的。

在使用投影仪等第二屏幕对 PPT 进行放映时，可以设置在演讲者使用的笔记本电脑和观众看到的屏幕上显示不同的内容，即观众只看到 PPT 的放映页面，演讲者既可以看到正在放映的 PPT，也可以看到备注内容，如下图所示。

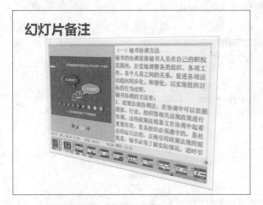

2. 使用讲义

讲义与备注的关系可以理解为，讲义是打印出来的备注。讲义只有打印成纸张时才能体现其价值，否则就和备注一样。

如果演讲内容非常重要，为了能让每位听众都能毫无遗漏地了解演讲内容，可以事先打印出讲义，然后发放给所有听众，这样即便听众走神也不会遗漏要点。但这样对演讲者来说是一个挑战，演讲者必须讲得更加精彩才更能吸引听众。

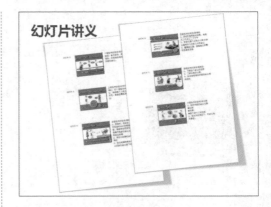

279 PPT 演讲的 3 个法则

如果演讲不能顺利进行，无论多优秀的 PPT 都会变得一文不值，所以演示 PPT 需要掌握一定的技巧。

下面介绍的演讲法则是日本著名的风险投资家盖川崎提出的 PPT 演讲的"10/20/30 法则"。这些看似简单的法则，其实含义深刻，如下图所示。

10/20/30法则

10张幻灯片　　20分钟演讲时间　30号的字

1. PPT 中幻灯片不要超过 10 页

10 页是 PPT 演讲中最理想的幻灯片页数，因为人们在一次会议中一般能理解 10 个以内的概念。

2. 演讲时间控制在 20 分钟

一般会议的总时长在一个小时左右，而会议不仅仅是听个人的演讲，还需要更多的时间进行讨论分析。因此用 20 分钟演示 PPT，将充裕的时间用于进行会议中更加重要的安排。

3. 字号不小于 30 磅

PPT 中的文字使用不小于 30 磅的字号，会让演讲效果更好。这就迫使演讲者在制作

PPT 时挑选最重要的部分，并且知道如何解释好它们。

280　8 个基础的演讲技巧

演讲法则也不是完全需要生搬硬套的，还需要根据具体情况酌情调整。在演示过程中有一些必须遵守和注意的事项。

下面介绍 8 个基础的演讲技巧。

1. 贴近听众

在 PPT 演讲时，演讲者不用一直站在讲台上，不停地按动鼠标。可以离开讲台，亲近听众，边走边讲，这样更有利于与听众进行交流。这种方式传送出的活力和说服力是躲在讲台后怎样也不可能做到的。

2. 使用翻页器

在演讲过程中，需要对幻灯片进行切换。为了避免回到讲台，保持与听众的交流，可以使用翻页器对幻灯片进行切换，如下图所示。在使用翻页器时，一定要确保其质量，否则因无法操作或操作失误造成演讲的间断就不太好了。

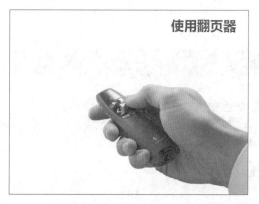

使用翻页器

3. 慎用激光笔

很多翻页器上都有激光笔的功能，使用时有以下两个要点。

（1）不能乱晃，否则可能在不经意间转移了观众的注意力，或让观众无法抓住重点。使用激光笔，只需要在要强调的位置，点到为止或画个小圆圈。

（2）不能指向观众，这样是非常不礼貌的，很容易让观众反感，而且激光笔对眼睛是有伤害的。因此在不需要对幻灯片内容进行指示时，应松开激光笔的按钮。

4. 用眼神交流

很多演讲者有一个习惯，就是将目光集中在放映的幻灯片上，甚至直接将 PPT 当成提词器。一定要和观众保持目光接触，在无法进行一对一交流的情况下，使用眼神交流是最有效的沟通方式。

5. 不要遮挡 PPT

在离开讲台进行演讲时，一定要注意自己所在的位置。在与观众进行眼神交流的同时，不要遮挡观众观看幻灯片的视线，更不要站在投影仪与屏幕之间，否则投影布上会出现巨大的影子，影响观众观看幻灯片内容。演讲者最好站在屏幕的两侧，如果空间足够大，可以将投影仪和屏幕置于身后，如下图所示。

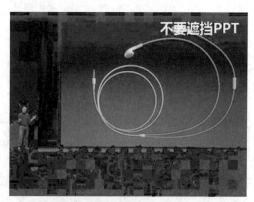

不要遮挡PPT

6. 切勿回翻页面

在放映 PPT 前，应该先安排好顺序，不要在演讲过程中来回翻页，否则可能把自己和观众的思路弄混。如遇特殊情况，必须查看前面的页面，可以在幻灯片播放状态下，通过鼠标操作来定位到指定幻灯片。

7. 演讲内容与 PPT 一致

演讲内容与 PPT 一致，这是很重要的一点，PPT 在演示中起到视觉辅助的作用，若讲的内容与屏幕显示的内容不一样，很容易给观众造成困扰。

如果某些需要演讲的内容很长，并且没有

准备视觉辅助，不妨暂时将屏幕切换至白屏或黑屏，让观众集中精力。

8．逐条显示内容

如果一个页面上的要点比较多，并且每条内容都需要进行详细讲解，则最好采用逐条显示的方法，以免相互之间造成影响。这样做也能保证观众可以集中精力，而不是走神去看其他要点。要设置内容逐条显示，可以为每条内容设置出现动画，如下图所示。

281 拓展演讲空间的两种方法

拓展演讲空间包含两方面的意思，一是拓展演示文稿内容的深度空间，使观众的思考范围不仅仅停留在所演示的幻灯片上；二是拓展演示文稿演讲的时间范围，使演讲者能根据实际情况压缩或者延长演讲，而不必重新制作演示文稿。

拓展演讲空间主要有以下两种方法。

1．用媒体文件激发思维

根据演示文稿的内容，插入合适的音乐或视频，一方面能吸引观众的注意力，另一方面能激发观众的情感，使其联想到与之相关的事物，从而拓展演讲的空间。

2．用隐藏幻灯片拓展演讲时间

同一份演示文稿，由于观众对内容的熟悉程度不一样，演讲者演讲时的速度肯定有所区别。如果演讲速度较快，容易造成一个尴尬局面——时间还没有结束，幻灯片就播放完了。为了避免这种情况的发生，可以适当地在演示文稿中插入一些隐藏幻灯片，幻灯片的内容以拓展资料、讨论题或习题形式存在。这样做的好处是，当原定的幻灯片播放完之后，有救场的幻灯片播放，不至于冷场。

需要注意的是，在演讲时不可能关闭放映或单独打开隐藏的幻灯片。因此必须在相应幻灯片上设置切换到隐藏幻灯片的超链接，使过渡更加自然。

13.3 演示材料的制作技巧

前面介绍了在演示 PPT 前应该准备好备注和讲义。本节介绍具体的制作方法，具体知识框架如下图所示。

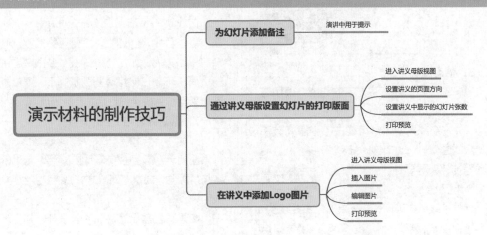

282　为幻灯片添加备注

前面介绍过可以使用备注为演讲者提供思路。为幻灯片添加备注的具体操作方法如下。

❶ 单击"视图"选项卡"演示文稿视图"组中的"备注页"按钮；❷ 在对应幻灯片的备注框中输入备注内容，如下图所示。

扫一扫，看视频

🔔 小技巧

在普通视图中，单击幻灯片编辑窗口下方的"备注"按钮，可以直接添加和编辑备注文字。

283　通过讲义母版设置幻灯片的打印版面

讲义母版是为制作讲义而准备的，通常需要打印输出，因此讲义母版的设置大多和打印页面有关。它允许在一页讲义中设置包含几张幻灯片，还可以设置页眉、页脚和页码等基本信息。

扫一扫，看视频

通过讲义母版设置幻灯片的打印版面的具体操作方法如下。

步骤 01 单击"视图"选项卡"母版视图"组中的"讲义母版"按钮，如下图所示。

步骤 02 进入讲义母版视图，❶ 单击"讲义母版"选项卡"页面设置"组中的"每页幻灯片数量"按钮；❷ 在弹出的下拉列表中选择要在一页中显示的幻灯片张数，如"3 张幻灯片"，如下图所示。

步骤 03 可以看到调整幻灯片数量后的页面效果。❶ 单击"页面设置"组中的"讲义方向"按钮；❷ 在弹出的下拉列表中选择讲义的排布方向，如"横向"，如下图所示。

步骤 04 ❶ 在"文件"菜单下选择"打印"选项卡；❷ 在中间栏中选择"3 张幻灯片"选项，如下图所示。

步骤 05 完成以上操作后，打印预览将呈现3张横向排列的幻灯片讲义，如下图所示。

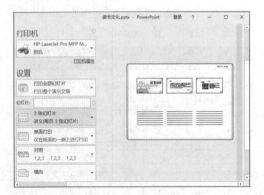

284 在讲义中添加 Logo 图片

扫一扫，看视频

为了让打印出的幻灯片讲义具有组织或个人的独特标识，可以在幻灯片讲义中添加相应的 Logo 图片等元素，具体操作方法如下。

步骤 01 ❶ 单击"视图"选项卡"母版视图"组中的"讲义母版"按钮，进入讲义母版视图；❷ 单击"插入"选项卡"图像"组中的"图片"按钮，如下图所示。

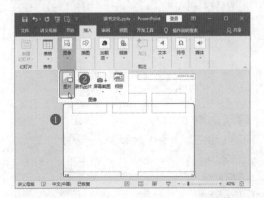

步骤 02 ❶ 在打开的对话框中选择需要插入的图片，单击"插入"按钮，插入讲义母版中；❷ 像在普通视图中编辑图片一样，对图片进行编辑，这里将图片移动到页面的左上角，并调整为合适的大小；❸ 单击"图片工具 格式"选项卡"调整"组中的"颜色"按钮；❹ 在弹出的下拉列表中选择一种着色效果，如下图所示。

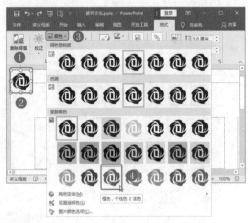

步骤 03 进行打印预览，可以看到在讲义页面中显示了 Logo 图片，如下图所示。

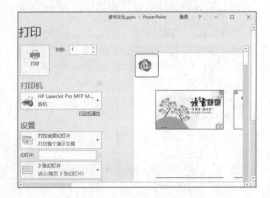

✏ 读书笔记

13.4 幻灯片的放映技巧

演讲者在播放幻灯片时，为了能够更灵活地应对一些临时状况，掌握一些必要的幻灯片放映技巧是非常必要的。本节具体知识框架如下图所示。

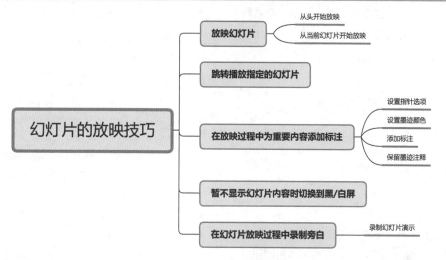

285　放映幻灯片

做好演示文稿的放映准备后，即可对演示文稿进行放映。在 PowerPoint 2019 中放映演示文稿的方法包括从头开始放映、从当前幻灯片开始放映和自定义放映等，可以根据实际情况选择放映方法。

扫一扫，看视频

一般情况下，需要从演示文稿的第 1 张幻灯片开始放映，具体操作方法如下。

步骤 01 单击"幻灯片放映"选项卡"开始放映幻灯片"组中的"从头开始"按钮，如下图所示。

步骤 02 此时便可以进入幻灯片放映状态，并从演示文稿的第 1 张幻灯片开始进行全屏放映，如下图所示。第 1 张幻灯片放映完成后，单击进入第 2 张幻灯片的放映。

🔔 **小技巧**

单击"幻灯片放映"选项卡"开始放映幻灯片"组中的"从当前幻灯片开始"按钮，可以从当前选择的幻灯片开始放映。

286　跳转播放指定的幻灯片

在放映幻灯片的过程中，如果遇到没有设

置链接和动作，又需要进行跳转播放的情况应该怎么办呢？这时可以通过鼠标进行控制。

在放映演示文稿时要快速跳转到指定的幻灯片，可以进行如下操作。

步骤 01 进入幻灯片放映状态，在放映的幻灯片上右击，在弹出的快捷菜单中选择"查看所有幻灯片"命令，如下图所示。

步骤 02 在打开的页面中显示了演示文稿的所有幻灯片，如下图所示，单击需要查看的幻灯片，即可切换到对应的幻灯片进行放映。

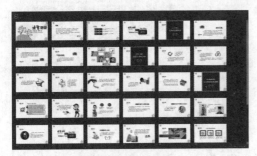

小提示

在放映幻灯片的过程中，如果想要快速跳转到第 1 张幻灯片，可以按 Home 键。

287 在放映过程中为重要内容添加标注

在放映演示文稿的过程中，可以为幻灯片中的重点内容添加标注。

在演示文稿的放映状态下，为幻灯片中的重要内容添加标注的具体操作方法如下。

步骤 01 进入幻灯片放映状态，放映到需要标注重点的幻灯片上右击，❶ 在弹出的快捷菜单中选择"指针选项"命令；❷ 在弹出的下级子菜单中选择"笔"命令，如下图所示。

步骤 02 再次右击，❶ 在弹出的快捷菜单中选择"指针选项"命令；❷ 在弹出的下级子菜单中选择"墨迹颜色"命令；❸ 在弹出的下一级菜单中选择"笔"需要的颜色，如下图所示。

步骤 03 此时，鼠标指针将变成 ▌形状，在需要标注的文本上拖动鼠标，圈出来重点内容，如下图所示。

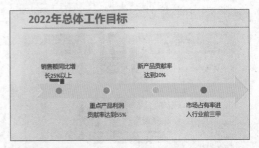

步骤 04 继续在幻灯片中拖动鼠标标注重点内容，直到放映完成后，打开提示对话框，提

示是否保留墨迹注释,这里单击"保留"按钮,如下图所示,即可对标注墨迹进行保存,返回到普通视图中,也可以查看保存的标注墨迹。

288　暂不显示幻灯片内容时切换到黑 / 白屏

在演示 PPT 前或演示 PPT 的过程中,暂时不希望观众将目光集中在幻灯片上时,可以为幻灯片设置显示颜色,让幻灯片内容暂时消失,具体操作方法如下。

扫一扫,看视频

在播放幻灯片的任意一处右击, ❶ 在弹出的快捷菜单中选择"屏幕"命令; ❷ 在弹出的下级子菜单中选择屏幕显示的颜色,如"白屏",如下图所示。

289　在幻灯片放映过程中录制旁白

很多会议中都会使用 PPT 进行演讲,有时候因为各种原因有人缺席,为了让那些缺席会议的人也能了解整个会议的过程,在

扫一扫,看视频

利用 PPT 演讲时,可以将旁白录制下来,会议结束后将 PPT 发给缺席会议的人员。为演示文稿录制旁白的具体操作方法如下。

步骤 01 ❶ 单击"幻灯片放映"选项卡"设置"组中的"录制幻灯片演示"按钮; ❷ 在弹出的下拉列表中选择需要的录制选项,如选择"从头开始录制"选项,如下图所示。

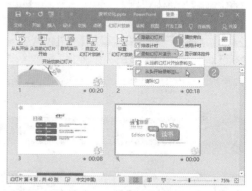

步骤 02 打开演示窗口,单击左上角的"开始录制"按钮 ,如下图所示。

步骤 03 开始放映第 1 张幻灯片,并对其播放时间进行录制,在窗口左上方会显示该幻灯片的放映时间和总的录制时间。第 1 张幻灯片录

制完成后，单击 ▶ 按钮进入下一张幻灯片进行播放，如下图所示。

步骤 `04` 录制完成后，❶ 单击窗口左上角的"停止录制"按钮 ██，即暂停录制；❷ 单击窗口右

上角的"关闭"按钮 ██，关闭录制演示窗口，返回到普通视图，再切换到幻灯片浏览视图中，即可查看每张幻灯片的录制时间，如下图所示。

13.5　幻灯片的输出技巧

有时候一份 PPT 不仅只在一台计算机上放映，还可能需要传到其他计算机上放映，这时就要用到 PowerPoint 2019 的输出功能。本节围绕幻灯片的输出功能介绍一些实用技巧，具体知识框架如下图所示。

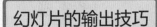

290　保存特殊字体

扫一扫，看视频

为了获得好的效果，在制作 PPT 时通常会在幻灯片中使用一些非常漂亮的字体，但是将幻灯片复制到其他计算机上播放时，这些字体会变成普通字体，甚至还因为字体而导致格式变得不整齐，严重影响演示效果。这时需要将特殊字体保存下来。

保存特殊字体的具体操作方法如下。

打开"PowerPoint 选项"对话框，❶ 选择"保存"选项卡；❷ 选中"将字体嵌入文件"复选框；❸ 单击"确定"按钮，如下图所示，以后保存演示文稿时就会嵌入字体了。

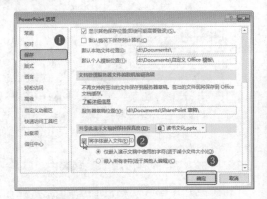

291　将演示文稿打包

要将包含链接的 PPT 文件传送到其他计算机进行编辑或放映，最好将 PPT 打包。这

样可以将 PPT 所包含的所有内容存放在一个文件夹中，以避免放映时达不到预期的效果。将演示文稿打包后，还可以在没有安装 PowerPoint 2019 的计算机上放映。

扫一扫，看视频

将演示文稿打包的具体操作方法如下。

步骤 01 ❶ 在"文件"菜单中选择"导出"命令；❷ 在中间栏选择"将演示文稿打包成 CD"选项；❸ 在右侧单击"打包成 CD"按钮，如下图所示。

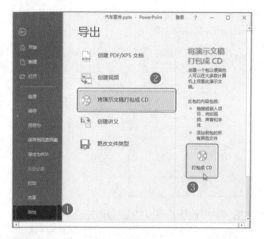

步骤 02 打开"打包成 CD"对话框，❶ 输入 CD 名称；❷ 单击"复制到文件夹"按钮，如下图所示。

小提示

如果计算机中安装了光驱，将光盘放置到光驱中，单击"复制到 CD"按钮，这样可以直接将打包的 PPT 刻录到光盘中。

步骤 03 打开"选择位置"对话框，❶ 选择文件夹要保存的位置；❷ 单击"选择"按钮，如下图所示。

步骤 04 打开"复制到文件夹"对话框，单击"确定"按钮，如下图所示。

步骤 05 完成以上操作后将弹出一个对话框，提示用户打包演示文稿中的所有链接文件，单击"是"按钮，开始复制到文件夹，如下图所示。

步骤 06 完成以上步骤后，将自动弹出对话框显示复制进度。复制完成后，演示文稿将被打包到指定位置，如下图所示。

292 将演示文稿转成视频文件

扫一扫，看视频

如果需要在视频播放器上播放演示文稿，或在没有安装 PowerPoint 2019 的计算机上播放，可以将演示文稿导出为视频文件，这样既可以播放幻灯片中的动画效果，还可以保护幻灯片中的内容不被他人利用。

将演示文稿导出为视频文件的具体操作方法如下。

步骤 01 ❶ 在"文件"菜单中选择"导出"命令；❷ 在中间栏选择"创建视频"选项；❸ 在右侧设置视频的清晰度等内容；❹ 单击"创建视频"按钮，如下图所示。

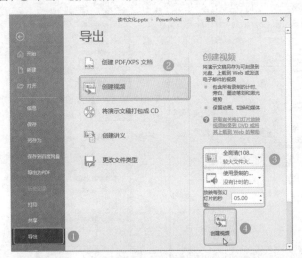

步骤 02 打开"另存为"对话框，❶ 设置视频的保存位置；❷ 其他保持默认设置，单击"保存"按钮，如下图所示。开始制作视频，并在 PowerPoint 2019 工作界面的状态栏中显示视频的导出进度。导出完成后，即可使用视频播放器将其打开，预览演示文稿的播放效果。

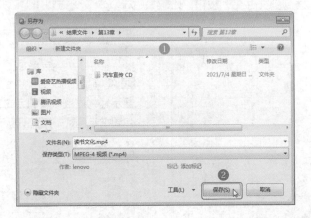